Tina von der Brüggen / Camilla Fischer

Naturheilverfahren für Hunde

Tina von der Brüggen / Camilla Fischer

Naturheilverfahren für Hunde

Oertel+Spörer

Bildnachweis
Titelbild: Dr. Gabriele Lehari (großes Bild), Dr. Leonora Schwarz / pixelio.de (kleines Bild links), Petra Pawletko (kleines Bild Mitte), J. Pfeiffer / Arco Images (kleines Bild rechts)

Innenteilbilder:
Tommy, Ruth und Rolf Kahle S. 113
Petra Pawletko S. 19, 21, 118, 175
Yaari und Isabell Pohl S. 166 (4)

Alle anderen Bilder von Dr. Gabriele Lehari

Bibliografische Information der Deutschen Nationalbibliothek
Die Deutsche Nationalbibliothek verzeichnet diese Publikation in der Deutschen Nationalbibliografie; detaillierte bibliografische Daten sind im Internet über http://dnb.d-nb.de abrufbar.

Postfach 16 42 · 72706 Reutlingen

DTP und Repro: Petra Pawletko
Druck und Bindung: Oertel+Spörer Druck und Medien-GmbH+Co., Riederich
Printed in Germany
ISBN 978-3-88627-870-1

Inhalt

Vorwort 8

Krank oder nicht krank – das ist hier die Frage 11

Alternative Naturheilverfahren – viele Wege führen zum Ziel 12

Hinweise zur Auswahl eines Mittels 12
Homöopathie 13
- Klassische Homöopathie 14
- Klinische Homöopathie 14
- Hinweise zum Aufbau der Behandlungsvorschläge 14
- Fünf Fragen zur Wahl des richtigen Mittels 15
- Die richtige Dosierung 15
- Homöopathische Komplexmittel 17

Isopathie 17
Nosoden 17
Organpräparate 18
Schüßler Salze 18
Bachblüten 19
- Zubereitung einer Gebrauchslösung 19
- Anwendung 20
- Dosierung 20

Chakrablüten Essenzen 20
Phytotherapie 21
Traditionelle Chinesische Medizin 22
Heilzeichen 23
- Die Zeichen und ihre Wirkung 23

Emotionscode nach Dr. Bradley Nelson 25

Konstitutionsbehandlung 27

Arsenicum album 27
Calcium carbonicum 29
Calcium phosphoricum 30
Ignatia 31
Lachesis 32
Lycopodium 33
Natrium muriaticum 34
Nux vomica 35
Phosphorus 37
Pulsatilla 38
Sepia 39
Silicea 40
Sulfur 41

Die Augen 43

Bindehautentzündung (Konjunktivitis) 44
Eitrige Bindehautentzündung (Eitrige Konjunktivitis) 46
Trockenes Auge (Keratokonjunktivitis sicca) 47
Augenverletzungen 49
Linsentrübung (Katarakt, Grauer Star) 50
Glaukom (Grüner Star) 51

Die Ohren 53

Gehörgangentzündung (Ohrenzwang, Otitis externa) 54
Blutohr (Othämatom) 57
Mittelohrentzündung (Otitis media) 58
Vestibulärsyndrom (akuter Schwindel) 60
Schwerhörigkeit 61

Inhalt

Die Schilddrüse 63
Schilddrüsenunterfunktion (Hypothyreose) 63
Schilddrüsenüberfunktion (Hyperthyreose) 66

Das Herz 67
Herzerkrankungen 68

Die Atemwege 71
Nasenausfluss (Schnupfen) 73
Nasenbluten 75
Husten, Zwingerhusten, Bronchitis 76
Die Maulhöhle 80
Zahnstein 80
Zahnfleischentzündung (Gingivitis) 81
Zahnerkrankungen/Zahnwechsel 84
Verletzungen/Fremdkörper 87

Die Verdauungsorgane 88
Appetitlosigkeit 88
Erbrechen (Vomitus) 90
Magendrehung 92
Reisekrankheit 92
Akuter Durchfall (Diarrhö) 94
Chronischer Durchfall (Diarrhö) 98
Verstopfung (Obstipation) 99
Analdrüsenentzündung 101
Blähungen (Flatulenzen) 102
Parasitenbefall 103
- Wurmbefall 103
- Giardiose 106
- Kokzidiose 108

Die Leber 109
Lebererkrankungen 109
Leberentgiftung 111

Die Bauchspeicheldrüse 113
Pankreatitis (Bauchspeicheldrüsenentzündung) 113
Diabetes mellitus (Zuckerkrankheit) 115

Die Harnorgane 117
Nierenstärkung 118
Blasenentzündung (Zystitis) 119
Harnträufeln (Harninkontinenz) 123
Harnsteine (Urolithen) 125
- Struvitsteine 127
- Kalziumoxalatsteine 128
- Uratsteine 129
- Cystinsteine 130

Fehlender Harnabsatz (Anurie) 131
Chronisches Nierenversagen (Chronische Niereninsuffizienz) 131

Die weiblichen Geschlechtsorgane 133
Scheidenentzündung (Vulvovaginitis) 133
Die Läufigkeit (Hitze) 134
- Störungen der Läufigkeit 137

Der Deckakt 138
Die Trächtigkeit 140
- Störungen während der Trächtigkeit 141

Die Geburt 141
- Störungen während der Geburt 142
- Die Welpen nach der Geburt 143
- Milchmangel 144

Scheinträchtigkeit (Lactatio falsa) 145

Gesäugeentzündung (Mastitis) . . . 146
Gebärmutterentzündung (Pyometra) . . . 148
Gesäugetumore . . . 150

Die männlichen Geschlechtsorgane . . . 152
Vorhautentzündung (Präputialkatarrh) . . . 153
Übersteigerter Sexualtrieb . . . 154
Prostatavergrößerung (Prostatahypertrophie) . . . 155

Haut und Fell . . . 158
Schnitt-, Biss- und Kratzverletzungen . . . 158
Eitrige Wunden . . . 160
Hot Spots . . . 162
Hautpilze . . . 164
Krallen- und Ballenverletzungen, Zwischenzehenekzem . . . 165
Flöhe, Läuse, Haarlinge, Milben, Zecken . . . 167
Allergien/Chronische Haut- und Fellprobleme . . . 173

Der Bewegungsapparat . . . 176
Wachstum . . . 177
Verletzungen . . . 179
Knochenbrüche (Frakturen) . . . 180
Bandscheibenvorfall (Dackellähme) . . . 181
Hinterhandschwäche (Cauda equina Syndrom) . . . 183
Gelenkprobleme . . . 183
  Arthrose . . . 184
  Hüftgelenkdysplasie (HD) . . . 186
  Ellenbogengelenkdysplasie (ED) . . . 187

Verhaltensprobleme . . . 188
Angst/Ängstlichkeit . . . 189
Protestpinkeln/Stubenunreinheit . . . 192

Notfälle . . . 193
Was ist ein Notfall? . . . 193
Für den Ernstfall gerüstet sein . . . 194
Notfallsituationen . . . 194
Grundausrüstung für Ihre Haus- und Notfallapotheke . . . 196
Homöopathische Versorgung bei Notfällen . . . 197
  Repertorium . . . 198

Sterbebegleitung . . . 202
Wenn der Abschied naht . . . 202
Euthanasie . . . 204
Vorbereitungen treffen . . . 205
Der Abschied . . . 206
Nach dem Tod: Trauern . . . 206

Anhang . . . 208
Literaturverzeichnis . . . 209
Register . . . 211

Vorwort

Liebe Hundebesitzer/innen!

Kaum hatten wir (die Lektorin Frau Dr. Lehari und die Autorinnen Tina von der Brüggen und Camilla Fischer) den Plan gefasst, ein Buch über Naturheilverfahren für Hunde zu schreiben, tauchten prompt viele Fragen auf:
Was treibt uns überhaupt an, ein solches Projekt anzugehen, von dem wir wissen, dass es viel Zeit erfordern wird? Was liegt uns dabei besonders am Herzen? Welche Themen sind aus unserer Sicht wichtig? Welche Erkrankungen sollen besprochen werden? Wie können wir Sie als Besitzer unterstützen, damit Sie auftretende Beschwerden Ihres Vierbeiners besser einordnen können? Wie können wir deutlich machen, ob und wann Selbsthilfemaßnahmen sinnvoll sind bzw. wann fachkundige Hilfe durch den Tierheilpraktiker/Tierarzt angebracht oder dringend notwendig ist? Wie sollen die Behandlungsvorschläge gestaltet werden? Welche Behandlungsmethoden wollen wir nennen? Und was wäre für Sie als Hundebesitzer wichtig? Was könnten Sie sich wünschen oder erwarten Sie von einem Ratgeber über Naturheilverfahren für Hunde?

Weil es uns am Herzen lag, ein alltagstaugliches und praxisorientiertes Buch zu schreiben, fragten wir Hundebesitzer nach ihren Vorstellungen, Wünschen und Erwartungen.
Mit Kollegen überlegten wir, welche Beschwerden oder Krankheitsbilder bei den Hundepatienten den Großteil des Praxisalltages ausmachen und mit welchen Fragen oder Anliegen die Tierbesitzer häufig Rat suchen.
Und so kristallisierte sich das Konzept für unser Buch heraus.

Bei unseren Empfehlungen beschränken wir uns auf folgende Erkrankungen und Beschwerden:

- Wenn Ihr Hund klare Krankheitssymptome zeigt, die auch ohne medizinisches Fachwissen gut erkennbar sind. Wir erklären, welche Krankheiten hinter den beobachteten Symptomen stecken können und welche Auslöser und Ursachen in Frage kommen.

- Wir weisen darauf hin, wann Sie unbedingt mit Ihrem Hund einen Tierarzt zur genauen Diagnosestellung und Behandlung aufsuchen sollten und wann Sie auf gar keinen Fall ohne tierärztliche Untersuchung auf eigene Faust behandeln sollten, da sonst bleibende Schäden zu befürchten wären.

- Wenn der Tierarzt bei Ihrem Vierbeiner eine Erkrankung diagnostiziert hat und Sie wissen möchten, in welchen Fällen Sie parallel oder alternativ zur schulmedizinischen Behandlung bewährte naturheilkundliche Mittel einsetzen können.

Darüber hinaus gibt es für diejenigen Krankheiten, die in diesem Buch nicht besprochen werden, selbstverständlich auch erfolgversprechende Behandlungsmöglichkeiten. Allerdings gehört die Wahl der im individuellen Fall geeigneten Verfahren und Mittel in die Hand der Fachleute.

Unsere Auswahl erhebt keinen Anspruch, vollständig oder das Maß aller Dinge zu sein. Wenn wir etwas aus der Vielfalt der altbewährten oder neuen Behandlungsweisen nicht vorschlagen, dann nur deshalb, weil wir selbst damit bisher zu wenig Erfahrungen gesammelt haben. Seien Sie offen für Empfehlungen oder Vorschläge, die Sie anderswo bekommen oder schon mit gutem Erfolg eingesetzt haben. Wenn Sie mögen, teilen Sie uns gerne mit, mit welchen naturheilkundlichen Behandlungen Sie gute Erfahrungen gemacht haben.

Möge das Buch Ihnen und Ihrem felltragenden Gefährten hilfreich zur Seite stehen.

Tina von der Brüggen
Camilla Fischer

Wichtiger Hinweis!
Dieses Buch hat nicht den Zweck, den Besuch beim Tierheilpraktiker oder Tierarzt zu ersetzen. Notfälle, alle heftigen Symptome oder unklare Beschwerden, für die Sie keine Auslöser finden, gehören grundsätzlich und unbedingt zur Abklärung in die Hände der Tiermediziner. Sonst verlieren Sie wertvolle Zeit und riskieren möglicherweise die Gesundheit oder das Leben Ihres vierbeinigen Gefährten.
Auch wenn Ihre Selbsthilfemaßnahmen innerhalb einer angemessenen Zeit zu keiner Besserung bzw. Ausheilung führen oder wenn sich das Befinden Ihres Hundes verschlechtert, sollten Sie Ihren Tierarzt konsultieren.

Ob ein Hund krank oder gesund ist, lässt sich nicht immer so leicht feststellen.

Krank oder nicht krank – das ist hier die Frage

Wenn eines hoffentlich fernen Tages Ihr Hund mal ganz anders drauf ist als sonst, irgendwie einen bedröppelten Eindruck macht und Sie das untrügliche Gefühl nicht loswerden, dass er krank ist, dann schnappen Sie sich bitte, bevor Sie irgendwelche anderen lebensrettenden Maßnahmen ergreifen, als allererstes ein Fieberthermometer und messen die Temperatur. Hat er Untertemperatur (unter 37,5 °C), brauchen Sie dieses Buch gar nicht erst aus dem Regal zu angeln, dann heißt es: ab zum Tierarzt. Bei Temperaturen über 39 °C hat er Fieber und es ist an Ihnen herauszufinden, warum, weshalb, wieso.

Öffnen Sie ihm dann bitte sein Maul und schauen sich Zunge und Zahnfleisch an. Bei einem gesunden Hund sollte die Schleimhaut feucht und rosarot sein – feucht an allen Stellen, rosarot nur dort, wo sie nicht dunkel pigmentiert ist. Als Nächstes ziehen Sie vorsichtig das Unterlid des Auges herab und schauen sich die Bindehaut an. Auch sie sollte rosarot sein.

Sind sowohl Maul- als auch Bindehaut sehr stark gerötet oder blass, weißlich, bläulich oder gelblich, geben diese Farbabweichungen berechtigten Anlass zur Sorge und sollten Sie veranlassen, Ihren Vierbeiner einem Tierarzt Ihres Vertrauens vorzustellen.

Gehen wir einmal davon aus, dass die Begutachtung der Schleimhäute Sie in keiner Weise weitergebracht hat, da alles wunderbar rosa ist, dann greifen Sie Ihrem Vierbeiner bitte als Nächstes an die Nase. Sie ist feucht und kühl? Es heißt doch, so soll die Hundenase sein, denken Sie. Und damit müsste doch der endgültige Beweis erbracht sein, dass das Fieberthermometer spinnt und Ihr Hund pumperlgesund ist. Aber ganz so einfach ist das nicht.

Ob der Nasenspiegel warm oder kalt, trocken oder feucht ist, kann im Laufe eines Tages mehrmals wechseln, ist von Hund zu Hund verschieden und hängt zum Beispiel davon ab, ob er gerade etwas Aufregendes erschnüffelt, ein Nickerchen gemacht oder sich genüsslich in der Sonne geaalt hat. Von der Nase auf den Gesundheitszustand zu schließen, ist nur dann möglich, wenn Sie ihm auch sonst immer wieder mal an die Nase gefasst haben und genau wissen, wann es was zu fühlen gibt.

Jetzt ist der Zeitpunkt gekommen, die Familie zu versammeln, um gemeinsam Kriegsrat zu halten beziehungsweise bei einer guten Tasse Tee in aller Ruhe in sich zu gehen und die folgenden Fragen zu beatworten:

Was war in den letzten Tagen anders als sonst? War der Hund baden, hat er etwas Ungewöhnliches gefressen, war es besonders heiß oder kalt, hatte er eine Zecke, hat er eine lange Autofahrt hinter sich ...?

Wo hat der Hund sich aufgehalten? Ist er im Ausland gewesen, in einer Tierpension/Hundeschule, hat jemand anders als Sie ihn betreut ...?

Wie hat er sich die letzten Tage verhalten? Ist er schon länger ein wenig antriebslos, appetitlos, übermäßig schläfrig oder unruhig ...?

Je nachdem zu welchem Ergebnis Ihre Überlegungen Sie gebracht haben, können Sie dann mithilfe des Stichwortverzeichnisses das zu den Befindlichkeitsstörungen Ihres Vierbeiners passende Kapitel finden und eine entsprechende Therapie beginnen (siehe Anhang Seite 211 ff.).

Bitte beachten Sie!

Sollten Sie sich unsicher fühlen, tritt eine Verschlechterung oder innerhalb von zwei Tagen keine deutliche Besserung ein, stellen Sie Ihr Tier unbedingt einem Tierarzt vor.

Alternative Naturheilverfahren – viele Wege führen zum Ziel

Die meisten Naturheilverfahren wie Homöopathie, Isopathie, Schüßler Salze und vieles mehr unterstützen die körpereigene Selbstheilungs- und Regulationsfähigkeit. Biologische Therapie hat ihre Grenzen, und zwar, wenn die Regulationsfähigkeit des Körpers massiv gestört ist. Das kann der Fall sein bei einer hochfiebrigen Infektion, nach einem Unfall oder auch wenn etwa altersbedingt ein Organ seine Funktion nicht mehr erfüllen kann. In diesen Fällen zeigt sich besonders deutlich, wie segensreich die Möglichkeiten der Schulmedizin sind.

Viele Beschwerden lassen sich mit naturheilkundlichen Verfahren lindern.

Hinweise zur Auswahl eines Mittels

Sollten Sie zu den Lesern gehören, die ein Buch nicht systematisch von vorne bis hinten durchlesen (was sich bei einem Sachbuch wie diesem auch als ausgesprochen mühsam erweisen würde), sondern es mal hier und mal dort aufschlagen, um sich einen groben Überblick über den Inhalt zu verschaffen, dann werden Sie sicher festgestellt haben, dass die Behandlungsvorschläge aus den unterschiedlichsten Bereichen der Naturheilkunde stammen. Schauen wir uns als Beispiel die Blasenentzündung aus dem Kapitel Harnwege an: Unter „Was Sie tun können" sind Mittel aus der Homöopathie, Komplexhomöopathie, Isopathie und Phytotherapie genannt. Sie als fürsorglicher Patientenbesitzer könnten nun denken: „Gut, dann entscheide ich mich für Aconitum aus dem Bereich der Homöopathie, für ReVet H 18 Blase und Niere Globuli aus der Komplexhomöopathie, für das isopathische Mittel Vetokehl® Not und schließlich noch für einen Brennnesseltee." Damit wäre Ihr Vierbeiner rundum versorgt, Sie mit der Verabreichung der Tropfen, Globuli und Kräuter gut beschäftigt und Ihr Geldbeutel mit Sicherheit ein gutes Stück leichter. Aber so ist das nicht gedacht.
Lesen Sie sich durch, welche unterschiedlichen Therapiemöglichkeiten bestehen – und dann entscheiden Sie sich ganz spontan für das, was am besten zu den Beschwerden Ihres Hundes passt und/oder Sie am ehesten anspricht. Vielleicht zeigt Ihr Hund viele Aconitum-Symptome. Und unter den homöopathischen Mitteln, die sich im Lauf der Zeit bei Ihnen angesammelt haben, befindet sich „zufällig" auch Aconitum. Dann verabreichen Sie Ihrem Vierbeiner Aconitum! Wenn Ihr Fläschchen eine andere Potenz als die von uns vorgeschlagene enthält, ist das

kein Problem, denn die richtige Mittelwahl hat Vorrang vor der Potenz. Sie müssen lediglich die Dosierung anpassen (siehe unten).

Oder Sie haben erst letzte Woche einen Artikel über die Isopathie gelesen, der Sie total begeistert hat, und haben sich daraufhin in der Apotheke eine Flasche Notakehl® gekauft. Und nun – am Samstagabend – bekommt Ihr Hund eine Blasenentzündung, nachdem er eine Weile mit nassem Fell bei Wind im Garten gelegen hat. Dieser auslösende Faktor bringt Sie auf die homöopathischen Mittel Pulsatilla oder Dulcamara, aber keines davon haben Sie in Ihrem Medikamentenschrank. Dort steht das neu erworbene Notakehl®, von dem Sie allerdings gelesen haben, dass es bei Blasenentzündungen angebracht ist, und entscheiden sich für die isopathische Therapie.

Vielleicht wachsen in Ihrem Garten auch Unmengen Brennnesseln, sodass Sie gar nicht wissen, wo Sie mit dem Jäten beginnen sollen? Dann kochen Sie, frei nach dem Spruch „Der Mensch umgibt sich mit seinem Heilmittel", Ihrem Fellträger Brennnesseltee. Es heißt, dass die Natur in unserer unmittelbaren Umgebung alles wachsen lässt, was wir brauchen, um gesund zu werden – wir müssen nur lernen, genau hinzuschauen. Wenn dem so ist, warum sollte das nicht auch für unsere Hunde, die ja schließlich auch dort leben, gelten?!

Wie Sie sich letztendlich auch entscheiden: Alle Therapievorschläge haben sich in unserer Praxis bewährt. Bei körperlichen Beschwerden verordnen wir bevorzugt und überwiegend homöopathische und/oder isopathische Mittel; Schüßler Salze, Bachblüten, Pflanzen usw. kommen ergänzend hinzu.
Wenn das Gemüt unserer Patienten Kapriolen schlägt, stehen meist Bachblüten, homöopathische Präparate oder Chakrablüten Essenzen auf dem Behandlungsplan.

Im Folgenden stellen wir Ihnen nun kurz zusammengefasst die in diesem Buch verwendeten Naturheilverfahren vor.

Homöopathie

Die Homöopathie ist das Werk Samuel Hahnemanns (1755-1843) und entwickelte sich aus seiner Beobachtung, dass eine Krankheit durch die Arzneistoffe geheilt werden kann, die beim Gesunden ähnliche Krankheitssymptome auszulösen vermögen. Hahnemann bezeichnete dieses Prinzip als Ähnlichkeitsregel (Ähnliches möge mit Ähnlichem geheilt werden) und seine Heilmethode als Homöopathie (griechisch: hómoios páthos = ähnliches Leiden).

Ein Beispiel möge das verdeutlichen: Schneiden wir eine Zwiebel, tränen die Augen und die Nase läuft. Tränende Augen und laufende Nase können somit als Symptome gesehen werden, die eine Küchenzwiebel im gesunden Organismus hervorrufen kann. Verabreichen wir einem Hund, der unter eben diesem Krankheitsbild leidet, das homöopathische Mittel Allium cepa (Küchenzwiebel), werden seine Beschwerden rasch gelindert. Je ähnlicher das Mittel dem jeweiligen Krankheitsbild ist, desto schneller und intensiver erfolgt der Heilungsprozess. Dabei wirkt das homöopathische Mittel auf die dem Organismus innewohnende Lebenskraft und ruft eine Heilreaktion hervor. Häufig erfolgt die Heilung zuerst auf seelisch-geistiger und danach auf körperlicher Ebene.

Die Ausgangsstoffe für homöopathische Arzneimittel sind Substanzen aus dem Pflanzen-, Mineral- oder Tierreich, die stufenweise verdünnt und zwischen den Verdünnungsschritten kräftig verschüttelt werden. Dieser Vorgang heißt „potenzieren".

Potenzierung

Die Potenzierung stellt ein weiteres wichtiges Grundprinzip der Homöopathie dar. Unterschieden werden die Centesimal-Potenzierung = C-Potenz, mit einer Verdünnung von 1:100, die Dezimal-Potenzierung = D-Potenz, mit einer Verdünnung von 1:10 und die Quinquaginta-Millesimal-Potenzen, die auch als LM Potenzen bezeichnet werden, mit einer Verdünnung von 1:50.000.

Klassische Homöopathie

Mithilfe einer ausführlichen Fallaufnahme das ähnlichste Mittel herauszufinden, wird als klassische Homöopathie, von manchen sogar als die Königsdisziplin der Naturheilverfahren bezeichnet. Dieses Attribut wird ihr zugeschrieben, da sie große Erfolge zu verzeichnen hat, aber auch sehr viel Wissen, eine gute Beobachtungsgabe und ein hohes Maß an Erfahrung verlangt.

Klinische Homöopathie

In Abgrenzung zur klassischen Homöopathie, die nach dem Leitsatz „Heile den Patienten und nicht die Krankheit" handelt, hat sich die klinische Homöopathie entwickelt. Im Laufe vieler Jahre hat man herausgefunden, dass manche Mittel einen besonders starken Bezug zu bestimmten Organsystemen haben. So gilt beispielsweise Arnica als Verletzungsmittel par excellence, da es zerrissene Blutgefäße und somit Quetschungen, Verstauchungen, Prellungen und Blutergüsse zu heilen vermag.
Die Kenntnisse über den Organbezug macht man sich vor allem bei der Behandlung akuter Erkrankungen zunutze, indem – ausgehend von der klinischen Diagnose, wie beispielsweise Ohrenentzündung – ein Mittel ausgewählt wird, das sich bei dieser Indikation besonders bewährt hat. Nichtsdestotrotz wird auch hier versucht, das jeweils ähnlichste Mittel für die Symptome des Patienten auszuwählen.

Hinweise zum Aufbau der Behandlungsvorschläge

Bei den homöopathischen Vorschlägen gehen wir unterschiedlich vor:

1. Nach Leitsymptomen

In vielen Fällen zeigt der Kranke (ob Mensch oder Tier) ganz ungewöhnliche, scheinbar widersprüchliche und doch klar umrissene Beschwerden. (So leidet ein Hund, der Bryonia braucht, zwar unter starkem Durst, wird sich aber nie und nimmer aus eigenem Antrieb zum Wassernapf begeben, da sich all seine Beschwerden durch Bewegung verschlimmern. Sobald Sie ihm die Schüssel aber direkt vor die Nase stellen, wird er durstig trinken.)
Oder sie treten nach genau benennbaren äußeren Faktoren auf. Diese auffälligen Symptome (die Homöopathen nennen sie auch „absonderlich") sind für die Wahl des richtigen homöopathischen Mittels besonders wertvoll und werden als Leitsymptome bezeichnet.

Beispiel: Ihr Hund entwickelt kurz nach einem Spaziergang bei nass-kaltem Wetter plötzlich Beschwerden. Vielleicht muss er immer wieder Wasserlassen, aber der Urin kommt nur tropfenweise, was auf eine Blasenentzündung deutet. Oder er fängt an zu husten, weil ihm die feuchte Kälte auf die Atemwege schlägt. In beiden Fällen ist Dulcamara das homöopathische Mittel der Wahl.
Das Arzneimittelbild dieser Pflanze enthält nämlich das spezifische Leitsymptom „Folgen von Durchnässung". Die ungemütliche Witterung kann, wenn das Immunsystem nicht schnell reagiert, zu verschiedensten Beschwerden führen, etwa zu Schnupfen, Bronchitis, Blasenentzündung oder Verdauungsstörungen. Meist wird das jeweils schwächste oder anfälligste Organ reagieren.

Wenn es zu einem Erkrankungsbild homöopathische Arzneien mit typischen Leitsymptomen gibt, werden diese entsprechend beschrieben.

Wenn Sie bei der Unpässlichkeit Ihres vierbeinigen Gefährten ein Leitsymptom erkennen, hat das entsprechende homöopathische Mittel absoluten Vorrang.

2. Nach den gesamten beobachteten Veränderungen und Störungen, die während einer Erkrankung auftreten
Sie sind oft nicht so spektakulär wie ein Leitsymptom, aber wichtig, um aus mehreren infrage kommenden homöopathischen Mitteln das passendste auszuwählen.
Bei unseren Behandlungsvorschlägen werden die homöopathischen Mittel, die in die engere Wahl kommen, aber eben keine auffälligen Leitsymptome aufweisen, in alphabetischer Reihenfolge aufgeführt.

Fünf Fragen zur Wahl des richtigen Mittels

Damit Sie möglichst schnell zum richtigen Mittel finden, sollten Sie sich, vor allem in akuten Situationen, immer die folgenden Fragen stellen und dann in den einzelnen Kapiteln anhand der Mittelbeschreibungen das für Ihren Vierbeiner ähnlichste Mittel auswählen.

Wo?	Welches Körperteil ist betroffen (Bsp. Blase)
Was?	Was für Beschwerden liegen vor? (Bsp. Entzündung der Blase)
Wodurch?	Wodurch wurden die Beschwerden ausgelöst? (Bsp. Unterkühlung)
Wie?	Wie sind die Beschwerden (Bsp. akut, mit ständigem Harndrang))
Was verbessert/verschlimmert?	(Bsp. Wärme bessert, Kälte verschlimmert)

Bei etlichen Mitteln verweisen wir zusätzlich auf das Kapitel „Konstitutionsmittel" hin. Die detaillierten Beschreibungen der Hundetypen werden Ihnen in vielen Fällen die Auswahl erleichtern.

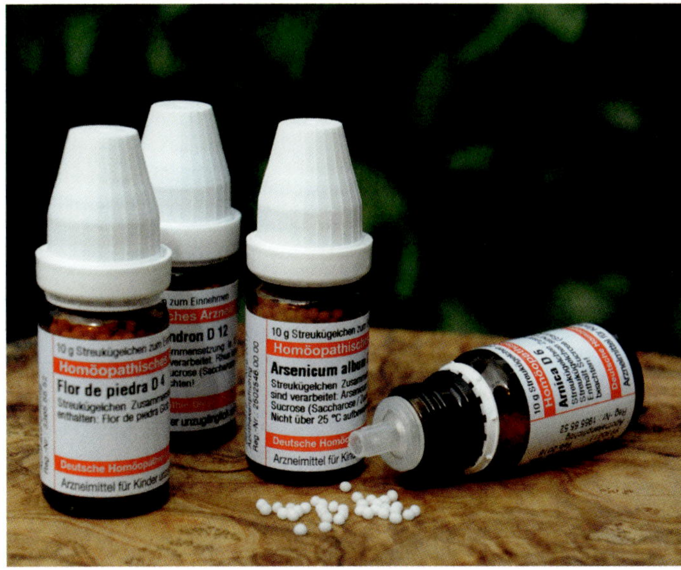

Bei der Homöopathie werden die Mittel vor allem in Form von Globuli verbreicht.

Die richtige Dosierung

Grundsätzlich können Sie Globuli, Tabletten oder Tropfen (Achtung, enthalten Alkohol!) verwenden. Eine Gabe besteht aus etwa 5 Globuli beziehungsweise 1 Tablette oder 5 Tropfen, unabhängig von Größe oder Gewicht Ihres Hundes.
Zu Ihrer Beruhigung sei gesagt: Ist die homöopathische Arznei richtig gewählt, wird eine einzige Gabe, so klein sie auch sein mag, die gewünschte Wirkung erzielen. Ist es das falsche Mittel, wird sich keine Besserung einstellen. Dann müssen Sie das weitere Vorgehen überdenken.
Bei unseren Behandlungsvorschlägen ist die jeweils empfohlene Potenz angegeben. Am häufigsten verwenden wir die homöopathischen Arzneien in der Potenz C30.
Bei akut auftretenden Beschwerden (ausgenommen Notfälle) geben Sie bitte davon nur eine einzige Gabe – es sei

denn, es wird ausdrücklich anders angegeben. Dann heißt es abwarten und beobachten. Aber wie lange? Dies hängt von der Erkrankung und vom allgemeinen Befinden Ihres Hundes ab. Bei hohem Fieber (über 40 °C) oder wenn Ihr Hund z. B. schlapp im Korb liegt, muss sich innerhalb weniger Stunden eine Besserung einstellen. Andernfalls ist der Gang zum Tierarzt unerlässlich. Bei einem plötzlich auftretenden Schnupfen, der Ihren vierbeinigen Freund kaum beeinträchtigt, können Sie dem Mittel ruhig einige Tage Zeit geben, seine Wirkung zu entfalten.

Verkleppern

Manchmal reicht es nicht aus, eine homöopathische Arznei einmalig zu geben, um die Beschwerden Ihres Hundes nachhaltig zu lindern. Möchten Sie das gewählte Mittel wiederholen, verkleppern Sie die Globuli/Tabletten/Tropfen wie folgt:
Eine Gabe (5 Globuli bzw. 1 Tablette bzw. 5 Tropfen) wird in einem halben Glas Wasser aufgelöst. Verwenden Sie zum Verrühren einen Plastik- oder Hornlöffel (niemals einen Metalllöffel). Von diesem Wasser geben Sie dem Tier über den Tag verteilt immer wieder ein wenig, bis sich seine Symptome bessern. Vor jeder Gabe muss das Wasser erneut mit dem Plastiklöffel verrührt werden. Sobald sich eine deutliche Besserung zeigt, wird nichts mehr gegeben. Es ist nicht nötig, das Wasser aufzubrauchen.

Sind die Beschwerden nach fünf bis sieben Tagen nach der einmaligen Gabe noch nicht völlig auskuriert, gibt es drei Möglichkeiten:

- Geht es dem Hund von Tag zu Tag kontinuierlich besser, gibt man keine weitere Gabe, sondern lässt das Mittel auswirken.
- Geht es dem Hund zwar besser, aber es gibt einen Stillstand im Heilungsverlauf, wird die Gabe der homöopathische Arznei wiederholt, wenn die bestehenden Symptome weiterhin dazu passen. Hierzu empfehlen wir, das Mittel zu verkleppern (siehe Kasten).
- Wenn die Beschwerden sich kaum gebessert haben oder das Erkrankungsbild sich geändert hat, bedarf eines anderen Homöopathikums.

Bei chronischen Erkrankungen ist es sinnvoll, die C30 über einen Zeitraum von vier bis acht Wochen einmal wöchentlich zu wiederholen. Nach Ablauf dieser Zeit prüfen Sie, ob die Symptome sich geändert haben.

- Wenn es dem Hund kontinuierlich besser geht, setzen Sie das Mittel ab und lassen es wirken. Bei Bedarf können Sie die Behandlung kurmäßig mehrmals im Jahr wiederholen.
- Haben sich die Beschwerden kaum oder gar nicht verändert oder ist ein Stillstand im Heilungsverlauf aufgetreten, ist die Zeit gekommen, ein anderes Mittel auszuwählen, eventuell in Zusammenarbeit mit einem homöopathisch arbeitenden Tierheilpraktiker oder Tierarzt.

Bei einigen Erkrankungen bzw. bei einigen homöopathischen Arzneien haben sich jedoch niedrige D-Potenzen besonders bewährt. Die Dosierung beträgt

- bei Potenzen unter D12 (z. B. D4 oder D6) 1 Gabe 2- bis 3-mal täglich,
- bei D12-Potenzen 1 Gabe 1-mal täglich.

Bei akut auftretenden Beschwerden sollte sich innerhalb weniger Stunden eine Linderung zeigen, in diesem Fall fahren Sie mit dem gewählten Mittel fort (in der Regel drei bis fünf Tage), bis eine Heilung bzw. deutliche Besserung eintritt. Andernfalls überprüfen Sie Ihre Mittelwahl bzw. ziehen Sie einen Fachmann zu Rate (siehe oben un-

ter C30). Wenn Ihr Hund nach diesen drei bis fünf Tagen noch Beschwerden hat, ist es eventuell notwendig, ein Folgemittel einzusetzen.
Zur Behandlung chronischer Erkrankungen verabreichen Sie die homöopathische Arznei zunächst über einen Zeitraum von vier bis sechs Wochen oder kurmäßig mehrmals jährlich. Eine längere Therapiedauer kann im Einzelfall und je nach Verlauf erforderlich sein, sollte jedoch mit einem homöopathisch arbeitenden Tierheilpraktiker oder Tierarzt abgesprochen werden.

Homöopathische Komplexmittel

Homöopathische Komplexmittel bestehen grundsätzlich aus mehreren homöopathischen Einzelmitteln. Die Auswahl der Mittel erfolgt nach ihren Hauptanwendungsgebieten. Die Idee, die dahinter steht, basiert auf dem Wunsch, durch die Kombination mehrerer homöopathischer Mittel ein breiteres Wirkungsspektrum zu erreichen. Die in Komplexmitteln enthaltenen Einzelmittel werden meist in niedriger Potenz eingesetzt und wirken rein auf der körperlichen Ebene. Ihr Vorteil: Die Auswahl des richtigen Mittels ist erheblich einfacher und weniger aufwendig als die zielgenaue Suche nach dem passenden Einzelmittel.

Isopathie

Die Isopathie (griechisch: iso = gleich, pathos = Krankheit), die sich von der Homöopathie ableitet, basiert auf dem Prinzip „Gleiches möge mit Gleichem geheilt werden".

Als Begründer der Isopathie gilt Günther Enderlein (1872-1968), der die Erkenntnisse des Leipziger Tierarztes Johann Josef Wilhelm Lux (1773-1849) weiterverfolgte und zu dem Schluss kam, dass jede ansteckende Krankheit ihr Heilmittel in sich trägt. Was nichts anderes bedeutet, als dass jede Krankheit mit dem Erreger geheilt werden kann, der sie ausgelöst hat (siehe auch Nosoden).

Zur Dosierung: Isopathische Präparate werden meist 1- bis 2-mal täglich verabreicht. Die Einzeldosis beträgt ½ bis 1 Tablette bzw. 3 bis 8 Tropfen, je nach Größe des Hundes.
Die Mittel werden bei akuten Beschwerden meist über 5 bis 7 Tage verabreicht, bei Bedarf auch länger, und bei chronischen Erkrankungen für 4 bis 8 Wochen.

Nosoden

Auch der Nosoden-Therapie liegt der isopathische Grundsatz „Gleiches möge mit Gleichem geheilt werden" zugrunde. Nosoden (griechisch: nosos = Krankheit) sind homöopathisch aufbereitete Mittel aus Krankheits- oder Stoffwechselprodukten von Mensch und Tier (beispielsweise Blut, Eiter, Sekrete, sonstige Ausscheidungen) oder Krankheitserregern. Eine Infektion durch die manchmal doch recht unappetitlich anmutenden Ausgangsstoffe ist ausgeschlossen, da sie vor der Weiterverarbeitung sterilisiert werden. Das Ziel der Therapie besteht darin, im Körper einen Reiz zu setzen und damit den Heilungsprozess günstig zu beeinflussen.

Als **Autonosoden** werden Nosoden bezeichnet, bei denen das Ausgangsmaterial für die Nosode vom Patienten selbst stammt. Am bekanntesten ist vermutlich die Eigenblutnosode. Viele Apotheken bieten den Service an, aus dem vom Patienten zur Verfügung gestellten Material Autonosoden herzustellen.

Organpräparate

Organpräparate enthalten homöopathische Aufbereitungen (Globuli, Tabletten, Tropfen oder Ampullen) von Organbestandteilen wie beispielsweise Lungen- oder Nierengewebe. Häufig werden sie als Komplexmittel hergestellt, die zusätzlich homöopathische Mittel enthalten. Die Wirkungsweise der Organpräparate besteht darin, die Funktion eines Organs zu unterstützen und gleichzeitig verabreichte andere naturheilkundliche Mittel zum Ort der Erkrankung zu leiten. Sie sind besonders hilfreich, wenn die körpereigenen Regenerationsfähigkeiten an ihre Grenzen kommen und damit etliche Naturheilverfahren nicht mehr ausreichend wirken.

Die Dosierung erfolgt entsprechend der Empfehlungen der Hersteller.

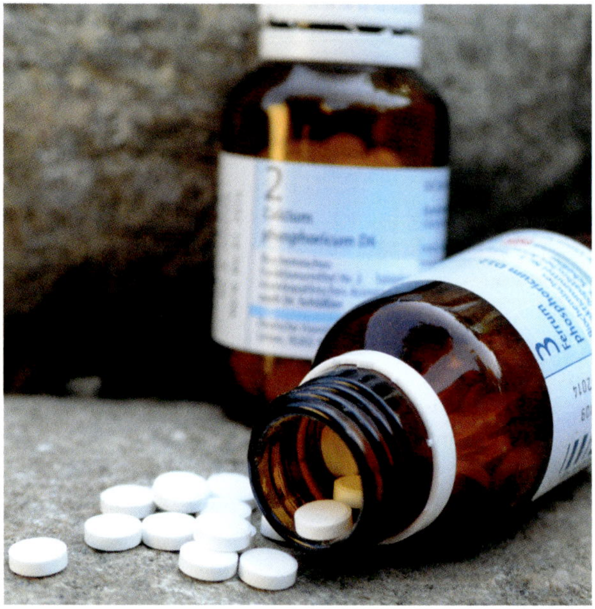

Schüßler Salze werden vor allem in Tablettenform angeboten.

Schüßler Salze

Jeder Organismus benötigt für einen gut funktionierenden Stoffwechsel u. a. ausreichende Mengen an verschiedenen Mineralstoffen, die außerdem in einem bestimmten Verhältnis zueinander stehen. Wenn die Zufuhr über die Ernährung ungenügend ist oder die Mineralstoffe vom Körper nicht richtig verarbeitet werden, treten Mangelsymptome auf.

Der Arzt Dr. Wilhelm Schüßler (1821-1898) entdeckte, dass mithilfe der Mineralsalze in homöopathischer Dosierung ein gestörter Mineralhaushalt reguliert werden kann. Beispielsweise führen Kalzium- und/oder Phosphormangel zu Knochenweiche, besonders bei jungen Hunden im Wachstum. Zur erfolgreichen Behandlung muss die ausreichende Zufuhr über das Futter sichergestellt werden. Die Gabe von Schüßler Salzen allein würde diesen Mangel nicht ausgleichen, da es sich ja um homöopathische Aufbereitungen handelt. Ihr Wert liegt darin, dass sie die Verwertung und den Einbau der Mineralien im Körper verbessern. Da die Salze also verschiedene Funktionen in den Zellen unterstützen, werden sie auch als Biochemische Funktionssalze bezeichnet.

Die ersten zwölf Schüßler Salze (die sogenannten Hauptmittel) wurden von Dr. Schüßler selbst entwickelt. Im Lauf der Jahre entdeckte die Medizin die Bedeutung weiterer Mineralstoffe, und so entstanden zusätzliche Schüßler Salze, die als Ergänzungsmittel bezeichnet werden.

Die Schüßler Salze werden in der Regel in der Potenz D6 oder D12 angewendet, die Dosierung beträgt, je nach Größe des Hundes, 2- bis 3-mal täglich 1 bis 3 Tabletten.

Bachblüten

Die Bachblüten-Therapie wurde Anfang des letzten Jahrhunderts von dem englischen Arzt Dr. Edward Bach (1886-1936) entwickelt. Dr. Bach, der zuvor als Homöopath tätig war, ging nach dem Motto „Behandle den Menschen und nicht die Krankheit" davon aus, dass negative Gemütszustände wie Sorgen, Ängste, Kummer und Stress zu einem seelischen Ungleichgewicht und damit zu Krankheit führen können. Die 38 zur Verfügung stehenden Essenzen enthalten die feinstofflichen Informationen von wild wachsenden Pflanzen bzw. einem natürlichen Quellwasser. Bachblüten wirken harmonisierend und ausgleichend – aber nur dann, wenn der Hund die für den jeweiligen Zustand genau passende Blüte bzw. Blütenmischung erhält. Daher ist die sorgfältige Auswahl der Bachblüten von entscheidender Bedeutung.

Sollten Sie Bachblüten kaufen wollen, müssen Sie unterscheiden zwischen den Stockbottles (Vorratsfläschchen), welche die reine Bachblüten-Essenz enthalten und erst noch mit Wasser verdünnt werden müssen, und fertigen Blütenmischungen.
Hunden werden Bachblüten grundsätzlich nicht pur, sondern mit Wasser verdünnt verabreicht.

Besonders bewährt haben sich zur Anwendung beim Tier die Notfalltropfen Rescue® Remedy. Sie setzen sich aus fünf der Essenzen zusammen und wirken bei Notfällen aller Art: Aufregung, Unruhe, Schwäche, Verletzungen, Angst und Panik.

Zubereitung einer Gebrauchslösung

Pro 10 ml gebrauchsfertiger Lösung wird jeweils 1 Tropfen (Ausnahme bei Rescue® Remedy: 3 Tropfen) der gewählten Blüte/n aus der Stockbottle in das leere Pipettenfläschchen gegeben, mit gutem Wasser aufgefüllt und ein

Die Bachblüte Chicory wird aus der Wegwarte gewonnen.

Bachblüten wirken harmonisierend und ausgleichend.

paar Mal geschüttelt. Die Mischung hält sich bei kühler Lagerung etwa 2 bis 3 Wochen. Bei Bedarf kann zur Konservierung ein Teil des Wassers durch Obstessig oder 10%igen Alkohol ersetzt werden.

Anwendung

Die Tropfen werden innerlich oder äußerlich angewandt:

- ins Fell, vorzugsweise auf den Hinterkopf, streichen
- ins Futter, Trinkwasser oder auf einem Leckerbissen bzw. aus der Hand lecken lassen
- als Spray, dazu mehrere Tropfen in eine Sprayflasche mit etwas Wasser geben und in die Umgebung des Tieres oder direkt auf das Tier sprühen
- als Wasch- oder Badezusatz, in Cremes oder Lotionen

Mit den Rescue® Remedy Tropfen können bei Bedarf die zugehörigen Menschen ebenfalls versorgt werden.

Dosierung

Die übliche Dosierung einer Blütenmischung beträgt 4-mal täglich 4 Tropfen, die der Notfalltropfen 3- bis 4-mal täglich 4 Tropfen. In extremen Situationen (z. B. Traumen, Silvester, Umzug, Tierarztbesuch) kann die Dosierung der Notfalltropfen je nach Bedarf von anfänglich 5- bis 10-minütigen Gaben auf stündliche erhöht werden, bis sich der Hund stabilisiert hat.
Die Dauer der Anwendung richtet sich nach der Art des belastenden Ereignisses und der Verfassung des Tieres. Normalerweise sind vier bis acht Tage ausreichend, längstens zwei Wochen.

Chakrablüten Essenzen

Die Chakrablüten Essenzen – eine noch sehr junge Behandlungsmöglichkeit – sind der Inspiration und Intuition der Heilpraktikerin Carola Lage-Roy zu verdanken.
Mit diesen Blüten können körperliche, seelische und geistige Störungen wieder ins Gleichgewicht gebracht werden. Wie der Name ausdrückt, wirken die Essenzen über die Chakren (siehe Literaturliste am Ende des Buches).
Dosierung: Meist genügen 1 bis 2 Tropfen täglich, in akuten Fällen mehrmals täglich wiederholen.

Phytotherapie

Hier kommen frische oder getrocknete Pflanzenteile (Blüten, Samen, Blätter, Wurzeln) zur Anwendung.

Für einen Tee geben Sie auf 1 bis 2 Teelöffel getrocknetes Kraut oder die doppelte Menge frisches Kraut etwa einen halben Liter kochendes Wasser und lassen ihn 10 Minuten zugedeckt ziehen, anschließend durch ein Sieb abgießen, abkühlen lassen und zum Trinken anbieten.

Die benötigte Menge hängt natürlich von der Größe Ihres Hundes ab. Wenn Ihr Vierbeiner sich bereit erklärt, den Tee mit oder anstelle von Wasser zu trinken, bekommen kleine Hunde etwa 100 bis 200 ml, mittelgroße Hunde 400 bis 500 ml und große Hunde 500 bis 1000 ml täglich. Wenn Sie den Tee eingeben wollen oder müssen, bereiten Sie ihn etwas stärker zu (1 Teelöffel getrocknetes Kraut auf 200 ml Wasser) und verabreichen Sie dem Hund 2- bis 3-mal täglich je nach Größe 1 bis 4 Teelöffel.

Sie können die Kräuter auch direkt ins Futter geben, gerade wenn die Zeit zum Teekochen knapp ist. Dazu 2-mal täglich etwa ¼ bis 1 Teelöffel (je nach Größe des Tieres) getrocknetes, zerkleinertes (oder die doppelte Menge frisches) Kraut oder Kräutermischung ins Futter mischen. Wenn Ihr Hund eine besonders feine Nase hat und ohnehin recht wählerisch mit seinem Futter ist, werden ihn der ungewohnte Geruch und Geschmack möglicherweise irritieren.
In diesem Fall reduzieren Sie die Kräutermenge oder wählen Sie ein anderes Behandlungsverfahren.

Zum Trocknen werden die Pflanzen an einem luftigen Ort aufgehängt.

Traditionelle Chinesische Medizin

Neben der Traditionellen Chinesischen Medizin (TCM) etablierte sich die Traditionelle Chinesische Veterinär Medizin (TCVM) schon vor einigen tausend Jahren, sodass heute niemand mehr zu sagen vermag, wann erstmalig Tiere mit ihr therapiert wurden. Einer Legende zufolge wurde vor 3500 Jahren ein an Koliken leidender Elefant erfolgreich akupunktiert. Erste konkrete Angaben zur Akupunktur bei Tieren tauchen um 900 v. Chr. auf und stammen von einem chinesischen Reitergeneral namens Sun Yang, der sich als Tierarzt auf die Akupunktur bei Pferden verstand. Zur damaligen Zeit wurden allerdings in erster Linie Tiere behandelt, die einen besonderen Nutzen für den Menschen hatten, wie beispielsweise Kriegspferde.

Bei einem gesunden Hund sind alle Elemente im Einklang.

Die chinesischen Ärzte gaben sich nicht mit den Informationen, die sie von ihren Patienten erhielten, zufrieden, sondern studierten darüber hinaus die Welt um sich herum und beobachteten die Bewegungen und Entwicklungen der Natur: die Einflüsse der Gestirne, die Wetterlagen und den Lebensraum von Mensch und Tier, ihr Verhalten im Alltagsleben, ihre Ernährungsgewohnheiten und ihre Lebensweise. Dabei entdeckten sie Gemeinsamkeiten zwischen den Kräften der Natur und den Organsystemen und formulierten die Fünf-Elemente-Lehre. Sie orientiert sich am Ablauf der vier Jahreszeiten, zu denen sich eine fünfte Zwischenzeit, der Spätsommer, gesellt, und die den fünf chinesischen Elementen Holz, Feuer, Erde, Metall und Wasser entsprechen. Alle Elemente stehen in enger Beziehung zueinander. Befinden sie sich in einem harmonischen Gleichgewicht, ist das Tier gesund.

Die folgende Beschreibung verdeutlicht bildhaft die Abhängigkeit der Elemente voneinander: Wasser befeuchtet die Natur und lässt die Bäume – das Holz – wachsen. Holz wird vom Feuer zu Asche verbrannt. Asche bildet die Erde und aus der Erde erheben sich die Felsen, die das Metall enthalten. (Mit Metall sind hier übrigens auch die Mineralien, das „Salz der Erde", gemeint.) Metalle und Felsen bilden schließlich den Grund, auf dem sich das Wasser zur Quelle bewegt. Angereichert mit Mineralien entspringt es dem Fels – und der Zyklus beginnt von Neuem.
Während in der westlichen Medizin (Schulmedizin) innere Organe anhand ihrer Funktion und anatomischen Struktur erklärt werden, werden in der TCM die Organe immer mit den ihnen zugehörigen Funktionen verstanden und darum als Organ-Funktionskreis bezeichnet. Das heißt, jedem Funktionskreis werden neben dem eigentlichen Organ noch Sinnesorgane, Körperflüssigkeiten, Körperöffnungen, Gewebe, die Anfälligkeit für krankheitsauslösende Faktoren, Tages- und Jahresrhythmus und vieles mehr zugeordnet.

Heilzeichen

Selbst Menschen, die Vertrauen in und gute Erfahrung mit Naturheilkunde haben, reagieren manchmal skeptisch, wenn sie von Heilzeichen hören. „Ein Zeichen auf den Körper malen? Und das soll helfen?“ Dabei haben Heilzeichen eine lange Tradition. Asiatische Kulturen verwenden Mudras (bestimmte Hand- und Fingerhaltungen, die auf Körper und Seele harmonisierend wirken), im Christentum gibt die Geste des Kreuzschlagens Schutz und Segen und Ötzi, der Mann aus dem Eis, hatte Tätowierungen an genau den Körperstellen, die Abnutzungserscheinungen oder Verletzungen aufwiesen.
Wer einmal erlebt hat, wie schnell eine Brandblase oder ein Insektenstich abschwellen und aufhören zu brennen bzw. zu jucken kann, wenn man mit einem Stift (oder einem Finger, wenn kein Stift zur Hand ist) einen Kreis auf die Haut (oder über dem Areal quasi „in die Luft“) um die betroffene Stelle zeichnet, wird neugierig, mehr über Heilzeichen zu erfahren.
Sie geben dem Körper einen energetischen Impuls, eine Heilinformation, und können die Selbstheilungskräfte unterstützen. Jedes Zeichen hat seine ganz eigene Wirkung.

Die Zeichen und ihre Wirkung

Es ist durchaus möglich, dass bei einer Erkrankung unterschiedliche Zeichen infrage kommen, so wie mehr als ein Kraut gegen jedes Leid gewachsen ist.

Es gibt verschiedene Möglichkeiten, die Heilzeichen zu verwenden. Wir beschreiben nachfolgend zwei Methoden:

1. Die Zeichen werden direkt auf die Haut an der Körperstelle gezeichnet, die Probleme bereitet. Dabei ist es gleichgültig, ob die Haut selbst betroffen ist oder darunterliegende Schichten. Das Zeichen „Gottvertrauen“ hat sich wie erwähnt besonders gut bewährt bei

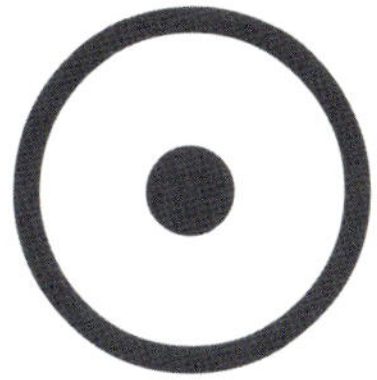

Zeichen Gottvertrauen

Y- Zeichen

Sinus-Zeichen

1-Strich-Sinus-Zeichen

2-Strich-Sinus-Zeichen

Zeichen bei Elektrosmogbelastung

Stichen von Flöhen und sonstigem Ungeziefer. Ebenso bei Hot Spots (siehe Seite 162 ff.) kann der Kreis um das entzündete Gebiet gezeichnet werden. Auch das Y-Zeichen (siehe unten) kann hier ohne Weiteres gezeichnet werden.

2. Die Zeichen werden verwendet, um den Körper gegen Belastungen aller Art zu stärken, seien es Allergene, Giftstoffe, unverträgliches Futter, Infekte oder Verhaltensauffälligkeiten. Dies erfolgt über eine sogenannte „Umschreibung". Dabei wird der Begriff, z. B. Allergen, auf einen Zettel geschrieben und mit einem entsprechenden Zeichen versehen. Der Zettel wird dann an einen geeigneten Platz (meist Futter-oder Wassernapf, Lieblingsschlafplatz) gelegt (Näheres siehe Beispiel Allergie weiter unten).

Das Zeichen **Gottvertrauen** hat eine ausgleichende, harmonisierende Wirkung. Wegen der Kreisform hilft das Zeichen auch, etwas einzugrenzen – wie den oben erwähnten Insektenstich.

Das **Y** hat generell eine positive Wirkung. Es macht unverträgliche Dinge verträglich. Ohnehin verträgliche Dinge behalten ihre positive Wirkung. Daher kann auch der Heilzeichen-Neuling das Zeichen bedenkenlos anwenden. Sie können z. B. künftig alle Medikamentenpackungen (auch Wurmkuren, Flohmittel) mit einem Y versehen oder die Schachteln auf einen Zettel legen, auf den Sie das Y gemalt haben. (Wenige Minuten vor der Anwendung genügen und bei Arzneien, die täglich gegeben werden, bleibt das Y einfach auf der Schachtel.)
Oder wenn Ihr Rüde nicht frisst, weil er Liebeskummer hat, können Sie einen Zettel mit dem Begriff „Appetit", „Appetitlosigkeit" oder „Liebeskummer" und einem Y versehen und unter den Futternapf legen. Da das Y prinzipiell eine positive Wirkung hat, wird es den Appetit verbessern und die unerwünschte Appetitlosigkeit bzw. den Liebeskummer beheben helfen. Die Zeichen werden entfernt, sobald Ihr Rüde „ganz der Alte" ist.

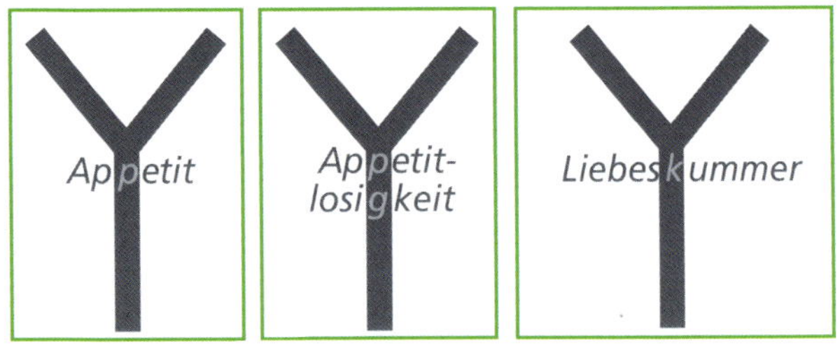

Das **Sinuszeichen** hat eine umkehrende Wirkung, das heißt, Negatives wird positiv, Positives wird negativ. Deshalb muss man bei der Verwendung dieses Zeichens achtsam sein.

Dies gilt auch für die Zeichen **1-Strich-Sinus** und **2-Strich-Sinus**, wobei das einfache Sinus bei leichteren, das 1-Strich-Sinus bei mittleren und das 2-Strich-Sinus bei starken Ungleichgewichten angewendet wird.
Vergessen Sie nicht: Das Sinus ist ein Umkehrzeichen. Wenn es falsch angewendet wird, kann man das Gegenteil von dem erreichen, was man eigentlich möchte. Beispiel: Wenn Sie Ihrem verliebten Rüden einen Zettel mit „Appetit" und Sinus versehen unter den Napf legen, wird er vermutlich noch schlechter fressen, denn das Sinuszeichen kehrt den Appetit ins Gegenteil, also in die Appetitlosigkeit um.
Zettel mit Appetitlosigkeit oder Liebeskummer und dem Sinus heben die Appetitlosigkeit und den Liebeskummer – wie gewünscht – auf.
Die Zettel werden entfernt, sobald Sie eine Besserung der bestehenden Beschwerden beobachten.
Zum Abschluss, damit der Zustand sich stabilisiert, empfiehlt es sich, einen entsprechenden Zettel mit dem

Y-Zeichen zu versehen (z. B. „Liebeskummer“ und Y) und für einige Tage unter den Napf zu legen.

Wenn Ihr Hund allergisch auf etwas reagiert und es nicht möglich ist, den Allergenkontakt abzustellen, z. B. bei Allergie auf Pollen, dann können Heilzeichen hilfreich sein. Je nachdem, ob das Allergen bekannt ist oder nicht, schreiben Sie auf einen Zettel „Allergie“ bzw. „Allergie auf ....“.
Je nachdem, wie stark die Allergie ist, wird als Zeichen ein Sinus, 1-Strich-Sinus oder 2-Strich-Sinus benötigt (siehe oben). Im Zweifelsfall verwenden Sie vorsichtshalber das mildeste der drei, das Sinus-Zeichen.

Der Zettel wird dann unter den Futternapf oder den Hundekorb gelegt und entfernt, sobald sich eine Besserung bemerkbar macht. Im Anschluss an diese erste „Umschreibung“ folgen eine (oder mehrere) weitere. Der Text auf dem Zettel bleibt gleich, das Zeichen ändert sich.

Dabei wird nach und nach das jeweils schwächere Zeichen verwendet: Auf 2-Strich-Sinus folgt zunächst 1-Strich-Sinus und darauf folgt das Sinus. Die Zettel können entweder jeweils so lange an ihrem Platz bleiben, bis sich eine weitere Besserung einstellt, oder sie werden nach etwa einer Woche ersetzt. Zum Abschluss der Behandlung wird noch ein Zettel mit Y verwendet.

Wenn Sie (oder Ihr Hund) unter Elektrosmogbelastungen leiden, die Sie nicht abstellen können, kann das **Elektrosmogzeichen** unter oder in die Nähe der Störquelle ausgelegt werden, um den störenden Einfluss abzupuffern.

Es gibt noch weitere Zeichen, die teils andere Anwendungsbereiche oder eine andere Wirkung haben (siehe Literaturempfehlungen am Ende des Buches).

Emotionscode nach Dr. Bradley Nelson

Hierbei handelt es sich um eine sehr wirkungsvolle, einfach anzuwendende und zu erlernende Methode, um emotionale Störungen und Blockaden aufzuspüren und aufzulösen.
Mögliche emotionale Belastungen werden nach einem bestimmten Abfrageschema ermittelt; daher kann die Methode auch bei Tieren angewendet werden, deren Vorgeschichte uns unbekannt ist (Tierheimtiere, Fundtiere) (siehe Literaturempfehlungen am Ende des Buches).

Konstitutionsbehandlung

Aufgrund des Ähnlichkeitsprinzips wirkt nicht jedes homöopathische Mittel bei jedem Hund gleich gut, denn Hunde sind, genau wie wir Menschen, sehr unterschiedlich und ein jeder von ihnen ist einzigartig. Dass dem einen bei Durchfall Phosphorus prompt und nachhaltig hilft, heißt nicht, dass es beim anderen ebenso wirkt.
Die homöopathische Konstitutionsbehandlung basiert auf der Vorstellung, dass jedes Tier aufgrund seiner Krankengeschichte, Persönlichkeit, Verhaltensmuster, Veranlagungen, Zu- und Abneigungen und vielem mehr seine ganz eigene homöopathische Arznei benötigt – sein Konstitutionsmittel. Mit dessen Hilfe ist es nicht nur möglich, die aus dem Gleichgewicht geratene Lebenskraft, die als Ursache jeder Erkrankung zu sehen ist, wieder herzustellen, sondern auch den gesunden Hund frühzeitig mit seinem Mittel zu begleiten, um Krankheiten und Entwicklungsstörungen vorzubeugen.

Behandelt wird nicht isoliert irgendein Symptom, wie beispielsweise Kopfschmerzen, sondern der Hund in seiner Gesamtheit als Einheit von Körper, Geist und Seele. Da aber allein in deutschen Haushalten mehr als 5 Millionen Hunde leben, kann es gar nicht anders sein, als dass es bestimmte Hundetypen gibt, denen ein Konstitutionsmittel gemeinsam ist. Die wichtigsten werden nachfolgend kurz beschrieben.
Die Konstitutionsbehandlung der klassischen Homöopathie gehört in die Hand eines homöopathisch arbeitenden Tierheilpraktikers oder Tierarztes. Dieser stellt dem Tierhalter im Rahmen der sogenannten Erstanamnese alle möglichen und „unmöglichen" Fragen, deren Antworten ihm helfen, das ähnlichste Mittel für seinen Patienten herauszusuchen.

Die Mittel-Beschreibungen im Rahmen dieses Buches verfolgen jedoch einen anderen Sinn: Es handelt sich durchweg um sehr vielseitig einsetzbare Mittel, die Ihnen bei den homöopathischen Behandlungsempfehlungen immer wieder begegnen werden. Wenn Sie anhand der Krankheitssymptome und Begleitumstände mehr als eines der Mittel in die engere Wahl gezogen haben, hilft Ihnen die Beschreibung der Konstitutionsmittel weiter, um sich für das passendste Mittel zu entscheiden.

Arsenicum album

Arsenicum album Hunde sind immer eher zierlich, fast schon mager. Im Krankheitsfall verlieren sie so rasant an Gewicht, dass sie schon nach kurzer Zeit nur noch Haut und Knochen sind und man sich als Besitzer ernsthafte Sorgen macht. Typisch für alle ihre Beschwerden ist die Periodizität. Egal worunter sie gerade leiden, fast immer lässt sich beobachten, dass beispielsweise ein Hautausschlag jedes Jahr im Sommer oder der Durchfall pünktlich alle sieben Tage auftritt. Und mit genauso schöner Regelmäßigkeit sind alle Krankheiten von großer Unruhe, Reizbarkeit und Schwäche begleitet. Erschöpft schleicht der Hund durchs Haus, trinkt ein paar Schlucke Wasser, fällt kraftlos auf sein Kissen, um schon bald wieder aufzustehen und einen neuen Schlafplatz aufzusuchen, getrieben von einer inneren Unruhe. Auch dabei wird wieder am Wassernapf Halt gemacht, denn der Durst ist groß, doch mehr als ein paar Schlucke mag er nicht trinken.
Ganz typisch für Arsenicum Hunde sind ihre Ängste. Wären es konkrete Ängste, wie die Angst vorm Postboten

oder dem struppigen Nachbarshund, wäre das Zusammenleben mit ihnen kein großes Problem. Die Schwierigkeit besteht jedoch darin, dass sich nie vorhersehen lässt, was diese Hunde in Angst und Schrecken versetzt. Ist es heute der Müllwagen, der mit laut quietschenden Bremsen um die Ecke fährt und den Arsenicum Hund voll Panik davonrennen lässt, zuckt er eine Woche später nicht einmal mit dem Ohr, wenn der Wagen an ihm vorbeirumpelt. Dafür weigert er sich jetzt, an dem umgeknickten Baum vorbeizugehen, der schon seit vielen Wochen, mehr wie ein alter Bekannter als eine Gefahrenquelle, den Spazierweg säumt. Nur sehr vorsichtig nähert er sich ihm, jederzeit bereit, sein Heil in der Flucht zu suchen.

Neben unbekannten Dingen, die grundsätzlich potenzielle Gefahrenquellen bedeuten und denen es sich mit äußerster Vorsicht zu nähern gilt, gibt es noch etwas, was der Arsenicum Hund überhaupt nicht schätzt. Und das ist Dreck. Matschige Wege, schlammige Pfützen, alles, was sein herrlich glänzendes Fell beschmutzen und seine empfindliche Nase beleidigen könnte, wird gemieden. Da hilft auch gutes Zureden nicht.

Calcium carbonicum

Den Calcium carbonicum Konstitutionstyp findet man am ehesten unter den schweren, großen Hunderassen. Schon die Welpen haben mehr Fell als Muskeln, einen großen Kopf und riesige Pfoten, auf denen sie tapsig-unbeholfen durchs Leben spazieren. Alles, was diese Hunde betrifft, ist verlangsamt: die körperliche Entwicklung ebenso wie die geistige – weshalb diese Tiere manchmal fälschlicherweise als dumm bezeichnet werden, was nicht richtig ist. Sie sind zwar Spätentwickler, die für alles ein wenig länger brauchen als ihre gleichaltrigen Geschwister und für deren Erziehung man sicher eine Menge Geduld aufbringen muss. Sie deshalb dumm zu nennen, ist schlicht und ergreifend falsch. Denn hat man ihnen erst einmal etwas beigebracht, vergessen sie es oft ihr ganzes Leben lang nicht mehr.

Calcium carbonicum Hunde haben einen enormen Appetit. Egal, welches Futter ihnen vorgesetzt wird, mit Begeisterung leeren sie ihren Napf – und nicht nur den. Diese Hunde fressen so ziemlich alles: rohe Kartoffeln ebenso wie Sand und Erde und manchmal sogar den Putz von der Wand. Da aber auch ihr Stoffwechsel ein wenig langsam ist, neigen sie zum Dickwerden. Ist man als Besitzer also nicht wirklich diszipliniert, hat man in Kürze einen trägen, fetten Hund.

Vom Gemüt her sind diese Tiere ausgesprochen gutmütig und anspruchslos, aber auch ängstlich und eigensinnig. Sie lieben einen geregelten Tagesablauf mit möglichst langen Ruhephasen, die sie gemütlich auf ihrem Schlafplatz verbringen. Abwechslungsreiche, ausgiebige Spaziergänge, während denen es sich zu verausgaben gilt, womöglich sogar ein wenig Training auf einem Hindernisparcours – nein, so etwas liegt ganz sicher nicht in der Natur von Calcium carbonicum. Jegliche Art von körperlicher Aktivität ist ihm viel zu mühsam und schon bei der kleinsten Anstrengung geht ihm die Puste aus. Ohne diese Hunde zu sehr vermenschlichen zu wollen, ist es sicher nicht verkehrt, sie schlicht und ergreifend als „häuslich" zu bezeichnen. Und sollten seine Besitzer trotzdem auf die irrwitzige Idee verfallen, den Calcium carbonicum Hund zum Wachhund ausbilden zu lassen, tun sie gut daran, diesen Gedanken schnellstmöglich zu verwerfen.
Als gemütlicher Familienhund, der seine Ruhe liebt, sich von jedermann alles gefallen lässt und dazu auch noch Angst in der Dunkelheit hat, gibt es kaum einen Hund, der schlechter dazu geeignet wäre.

Calcium phosphoricum

Der Calcium phosphoricum Hund ist gar nicht so leicht zu beschreiben, hat er doch keine so ungewöhnlichen, auffälligen Symptome wie die meisten anderen Typen. Ein wenig ähnelt er noch immer dem moppeligen, tapsigen Welpen mit dem großen Kopf, der er einmal war und der den Calcium carbonicum Typen nur allzu deutlich verkörperte: mit seinem Appetit auf alle möglichen und unmöglichen Dinge, die nun wirklich nicht zum Verzehr geeignet sind (Kalk, Papier, sogar Taschentücher), der mangelnden Ausdauer, der Angst vor der Dunkelheit, dem späten Zahnwechsel und der großen Erkältungsneigung bei Wetterwechsel. Gleichzeitig trägt er mit seinem lebhaften und verspielten, unruhigen und neugierigen, aber auch ängstlichen Wesen und dem schlanken, feingliedrigen Körper deutliche Züge vom Phosphorus Hund. Kann man sich bei der Wahl nur schwer entscheiden, weil ein Hund von beiden Mitteln etwas hat, aber keines ihn 100%ig beschreibt, liegt die Wahrheit, wie so oft, in der Mitte – und die heißt in unserem Fall Calcium phosphoricum.

Am ehesten findet man diese Hunde unter den schlanken, schnell wachsenden, um nicht zu sagen explosionsartig in die Höhe schießenden Jungtieren, die auffällig oft unter Wachstumsschmerzen und Verzögerungen beim Zahnwechsel leiden. Sie sind oftmals ziemlich launisch, aber auch außerordentlich verspielt. In ihrem jugendlichen Überschwang zerbeißen sie alles, was ihnen unter die Zähne kommt – manchmal sogar die eigenen Pfoten. Sie langweilen sich schnell und sind dankbar für jede Abwechslung, solange sie nicht überfordert werden. Welcher Art die Überforderung ist, ist dabei nebensächlich. Ein hohes Maß an geistigen Eindrücken erschöpft sie ebenso wie ein Zuviel an körperlicher Betätigung. Gereizt ziehen sie sich zurück und möchten am liebsten allein sein.

Ignatia

Ignatia ist eher unter den Hündinnen zu finden. Wird es für Rüden benötigt, was durchaus möglich ist, dann nur, wenn diese ausgeprägt weibliche Züge tragen. Auffällig häufiges Seufzen gibt oft einen ersten Hinweis darauf, dass man es mit einem Ignatia Hund zu tun hat.
Es sind durchweg sensible, liebe, aber auch extrem launische Individuen, die sich zwar gut in die Familie einfügen, ihr Herz aber grundsätzlich nur einer Person schenken. Diese Person bedeutet für sie ihr ganzes Glück. Mit ihr leiden sie mit bei Krankheit und Trauer. Werden sie von ihr getrennt, bricht für sie die Welt zusammen und sie kommen über den Verlust nur schlecht hinweg. Als Folge davon ziehen sie sich zurück, wollen allein sein und verabscheuen Trost und Zuspruch. Es erklärt sich von selbst, dass Ignatia ein ganz großes Mittel für die Folgen von Kummer ist, egal ob durch Liebeskummer, Verlust oder Trennung.
Wer die letzten Sätze aufmerksam gelesen hat, dem mag aufgefallen sein, dass „Heimweh" auf der einen und „mag allein sein" auf der anderen Seite ein Widerspruch in sich ist. Diese Widersprüchlichkeit zieht sich wie ein roter Faden durch alle Lebensbereiche des Ignatia Hundes: Beispielsweise möchte der Hund es gern allen recht machen, steht sich dabei aber mit seiner extremen Empfindlichkeit selbst im Weg. Der kleinste Anlass reicht manchmal schon aus, ihn so aus der Fassung zu bringen, dass er mit Krampfanfällen reagiert. Auch sein Körper reagiert widersprüchlich: So bessert das Fressen – und damit auch Schlucken – von hartem Trockenfutter die Schmerzen bei einer Halsentzündung, wohingegen das Schlucken von Wasser Schmerzen bereitet. Oder er verträgt ohne Probleme Schwerverdauliches, während normales Futter Magen-Darm-Beschwerden hervorruft.
Was das Zusammenleben mit solch einem Hund aber zu einer echten Herausforderung macht, sind die Stimmungsschwankungen, die er urplötzlich wie aus heiterem Himmel erleidet. In einem Moment das reinste Kuscheltier, verwandelt er sich urplötzlich ins reizbare Rühr-mich-nicht-an, um Stunden später, so als wäre nie etwas gewesen, hingebungsvoll mit seinem Herrchen zu schmusen. Alle Befindlichkeitsstörungen, die ein Ignatia Hund so haben kann, bessern sich, sobald man ihn ablenkt, besonders durch lange, möglichst anstrengende Spaziergänge.

Lachesis

Der Lachesis Hund ist ein lebhafter, nervöser, bewegungsfreudiger und auch verspielter Zeitgenosse. Alles was er macht, scheint irgendwie übertrieben zu sein: sein Bewegungsdrang ebenso wie sein Verlangen nach Aufmerksamkeit, seine Eifersucht wie sein Verlangen nach Streitigkeiten. Kann ein Hund einen Streit vom Zaun brechen? Die Antwort ist: Ja, Lachesis kann. Unermüdlich neckt er andere so lange, bis ihnen die Hutschnur platzt. Und schon ist der schönste Streit im Gang.

Und dann ist da noch eine ausgeprägte Launenhaftigkeit: Im einen Moment noch freundlich und anschmiegsam reagiert der Lachesis Hund aus heiterem Himmel mit an Hysterie grenzender Aggression, ausgelöst durch Argwohn und Eifersucht. Wehe, es nähert sich ein Fremder seinem Herrn – Schwupps, schon hat er ihn knurrend am Hosenbein. Betiteln könnte man diese Szenerie mit den Worten: Finger weg, der gehört mir! Denn dem Lachesis Hund ist sein Besitz lieb und teuer – egal, ob es sich um sein Futter, sein Rudel oder seinen Rang handelt. Alles wird eifersüchtig bewacht. Damit bloß keiner sagen kann, er habe seine Botschaft nicht verstanden, unterstreicht der Lachesis Hund seine Handlungen mit demonstrativem Urinieren.
Ein weiterer Punkt, der heftige Aggressionen hervorrufen kann, ist Beengung – Beengung in jeder Form und im weitesten Sinne des Wortes: So leiden diese Vierbeiner unter Platzangst ebenso wie unter einem sehr dominanten Besitzer, zeigen Beschwerden nach Kastrationen (Einengung ihres Sexualtriebs), lassen sich nur äußerst ungern festhalten und finden den Druck des Halsbands schier unerträglich. Die Berührungsempfindlichkeit ihrer Haut ist sehr ausgeprägt und kann sich im Krankheitsfall bis zur Schmerzhaftigkeit steigern. So mancher Tierarzt weiß ein Lied davon zu singen.
Zwei Besonderheiten gilt es noch zu erwähnen. Da wäre zum einen die sogenannte Verschlimmerung durch Schlaf. Erkrankt der Lachesis Hund, geht es leidlich gut, bis er sich schlafen legt – doch wenn er erwacht, ist alles viel schlimmer als vorher. Dieses Phänomen gibt es noch in einer extremeren Variante: Hier rollt sich der Hund zum Schlafen gesund und munter zusammen, um krank zu erwachen.

Auffällig ist außerdem, dass viele Krankheiten nur die linke Seite betreffen oder erst auf der linken Seite auftreten und dann nach rechts wandern.

Lycopodium

Der Lycopodium Hund deckt, in Abhängigkeit von seinem sozialen Umfeld, einen bunten Strauß möglicher Verhaltensmuster ab. Lebt er in Gemeinschaft mit einem Menschen, der seinen Schützling konsequent führt und ihm ein Gefühl von Sicherheit vermittelt, ordnet er sich problemlos unter und zeigt sein freundlichstes Gesicht, das seine angeborene Griesgrämigkeit hell überstrahlt. Ist sein Besitzer jedoch wenig hundeerfahren oder einfach zu nett und nachgiebig, zeigt sich schnell sein wahrer Charakter, der von Dominanz und vermeintlichem Selbstbewusstsein, ausgelöst durch Unsicherheit, Misstrauen und Furcht, geprägt ist. Wähnt Lycopodium sich in Sicherheit, am besten mit Herrchen als Beschützer an seiner Seite und möglichst aus sicherer Entfernung, reagiert er auf alles und jeden wie der unbesiegbare Superhund. Trifft er aber auf Artgenossen, die ihm überlegen sind, lässt sich leicht erkennen, dass sein jähzorniges Gehabe in Wirklichkeit nur Täuschung ist (Angstbeißer). Sie richtet sich ausschließlich gegen Schwächere. Ranghöheren gegenüber zieht er unterwürfig den Schwanz ein und tritt den Rückzug an.

Intelligent und eigensinnig wie der Lycopodium Hund nun einmal ist, versucht er bei jeder sich bietenden Gelegenheit, seine Bedürfnisse zu befriedigen – und dabei duldet er keinen Widerspruch. Das macht seine Erziehung nicht gerade einfach und es sind häufig genau diese Hunde, die bei jeder sich bietenden Gelegenheit ausbüxen, um auf der Suche nach Abenteuern durch die Gegend stromern.

Es sind zurückhaltende Tiere, die aufgrund ihrer Unsicherheit nicht gut allein sein können. Gerne wissen sie jemanden in ihrer Nähe, bleiben aber auf Distanz und mögen keinen Körperkontakt. Und wehe dem, der das nicht akzeptiert, denn Zudringlichkeiten kann der Lycopodium Hund nur schwer ertragen. So reagiert er, wenn er

sich bedrängt fühlt, oft mit unvermuteter Aggressivität. Das bekommt mitunter auch der Tierarzt zu spüren. Mit einem Hund, der sich nur ungern berühren lässt, ist wahrlich nicht gut Kirschen essen. Doch wie so oft gilt auch hier, dass in allem Schlechten etwas Gutes liegt – und das soll auch Erwähnung finden. Der Lycopodium Hund ist niemals falsch! Bevor er beißt, tut er seine Absicht mit gebleckten Zähnen knurrend kund.

Zum Schluss noch eine kurze Bemerkung zum merkwürdigen Fressverhalten dieser Vierbeiner: Hungrig wie der sprichwörtliche Tiger warten sie nur darauf, dass man ihnen die Futterschüssel vorsetzt – um sich dann nach wenigen Bissen scheinbar satt wieder abzuwenden. Das mag zum einen daran liegen, dass Lycopodium Hunde, was Futter betrifft, ausgesprochen heikel sind und manche Sorten schlichtweg ablehnen, zum anderen aber auch an ihrer Intelligenz, die sie stets auf besondere Leckerbissen hoffen lässt. Süßes z. B. lieben sie sehr und haben keine Hemmungen, im günstigen Augenblick die begehrte Speise vom Tisch zu klauen. Bekommen tut´s ihnen leider nicht.

Natrium muriaticum

Natrium muriaticum Hunde sind schlecht anhand äußerer Merkmale zu erkennen. Zu diesem Typ gehören sowohl magere als auch aufgeschwemmte Tiere, denen allen gemeinsam ist, dass es sich eher um ernste Tiere handelt, die sich nur selten zum Spielen animieren lassen. Allerdings muss ausdrücklich unterschieden werden zwischen dem gesunden Natrium muriaticum Hund, der auf der Sonnenseite des Lebens steht, seit klein auf bei „seiner" Familie lebt, dem nie etwas Schlechtes widerfahren ist, und Hunden, die schon viel mitgemacht haben.

Der gesunde Natrium muriaticum Hund, wie wir ihn jetzt einmal nennen wollen, ist ein gemütlicher, freundlicher, anspruchsloser Hund. Er ist absolut pflegeleicht, schätzt aber seine Privatsphäre und ist gern für sich. Deshalb kann er auch gut allein bleiben. In der Familie schließt er sich meist nur einer einzigen Person an, mehr braucht er nicht. Vor allem braucht er keinen anderen Hund zum Glücklichsein. Ganz im Gegenteil, anderen Hunden gegenüber kann er ausgesprochen aggressiv reagieren. Trotzdem ist es möglich, dass der Zweithund irgendwann akzeptiert und vielleicht sogar zum „Freund fürs Leben" erkoren wird. Aus dem bisher Gesagten wird ersichtlich, dass der Natrium muriaticum Hund mit Sicherheit nicht der verschmusteste ist. Wie jeder Hund lässt er sich gern mal streicheln, aber die dabei notwendige Nähe wird ihm schnell zu viel. Dann steht er auf und geht – freundlich, aber bestimmt. Nur er selbst entscheidet, wann und wie lange er gestreichelt werden möchte.

Natrium muriaticum ist ein großes Kummermittel. Diese Hunde können nicht gut mit Neuem umgehen und brauchen viel Zeit, um sich an Veränderungen zu gewöhnen. Deshalb wird Natrium muriaticum für Hunde, die sich einem bestimmten Menschen oder auch Tier eng angeschlossen und diesen Freund schließlich verloren haben, ebenso häufig benötigt wie für solche, die als Tierschutztiere durch viele Hände gereicht wurden. Es sind sehr nachtragende Hunde mit einem latenten Hang zur Traurigkeit, die schlecht vergessen können, was ihnen angetan wurde. Und so kann aus dem einstmals freundlichen, braven Hund ein scheuer, zurückgezogener Zeitgenosse werden, der mit kummervollem Blick durchs Leben trottet.

Nux vomica

Den Nux vomica Typ findet man am ehesten unter den männlichen Vertretern. Unter normalen Umständen sind es Hunde mit einem liebenswerten, freundlichen und anhänglichen Wesen – sowie einem ausgesprochen schwachen Nervenkostüm. Fühlen sie sich bei ihrem Besitzer sicher und geborgen und haben sie in ihrem Leben keine schlechten Erfahrungen gemacht, spielt das nur eine untergeordnete Rolle. So sind sie zwar immer nervöser und angespannter als viele andere Konstitutionstypen und reagieren entsprechend empfindlich auf Licht, Geräusche und sogar Berührungen, verlieren aber dennoch nicht völlig die Fassung. Handelt es sich jedoch um einen Hund, der nicht immer auf der Sonnenseite des Lebens stand, der geschlagen oder anderweitig misshandelt worden ist, kann diese Überempfindlichkeit der Sinne zu regelrechten Ausrastern führen. Und so reicht manchmal schon der Anblick des ihm verhassten Nachbarhundes, der unschuldig unterm Fenster vorbeispaziert, schon kennt er weder Freund noch Feind. Wild bellend rennt er hin und her und schnappt vielleicht sogar nach Frauchens Hand, die ihm beruhigend übers Fell streicheln will.

Ein besonderes Zeichen seiner Angst und Reizbarkeit allem Unbekannten gegenüber präsentiert der Nux vomica Hund, sobald ein Fremder sein Heim betritt. Gleichzeitig bellt, schwänzelt und schnüffelt er und – gut versteckt hinter den Beinen seines Besitzers – versenkt seine Zähne auch mal in ihm unbekannte Knöchel.
Während der Phosphorus Hund der geborene Schauspieler ist, passt zum Nux vomica Hund das Bild des gestressten Managers: ehrgeizig, hektisch, fröstelnd und übernervös. Und so erleben wir ihn auch beim Tierarzt: Angespannt wie ein Flitzebogen steht er auf dem Tisch und harrt beunruhigt der Dinge, die da kommen werden. Egal ob routinemäßiges Fiebermessen oder eine Untersuchung der Ohren, aufgrund einer Überempfindlichkeit aller Sinne bedeutet jeder Besuch beim Tierarzt für diesen Hund den puren Stress. Da sich diese Überempfindlichkeit auch auf die Haut erstreckt, wird jede Berührung als weitaus schmerzhafter empfunden, als sie in Wirklichkeit ist.
Der Nux vomica Hund ist sehr verfroren. Er liebt den Platz am warmen Ofen und lässt sich sogar zudecken. Für Hundesport und dergleichen ist er denkbar ungeeignet – sein übersteigerter Ehrgeiz und die nicht vorhandene Kritikfähigkeit lassen ihn reizbar und nervös werden, wodurch jeder Spaß im Keim erstickt wird. Sogar seine Fressgewohnheiten passen ins Bild: Eilig, als würde ihm im nächsten Moment der Napf unter der Nase weggezogen, schlingt er sein Futter hinunter – leider nicht nur „sein" Futter. Verfressen wie er ist, leert er jede nicht gesicherte Mülltonne, findet beim Gassigehen auch noch den kleinsten Zipfel Wurst, stiehlt sogar Essen vom gedeckten Tisch. Natürlich verträgt er nichts davon und sein empfindlicher Magen befördert die Leckereien schon bald unter viel Gewürge wieder ans Tageslicht.

Phosphorus

Phosphorus Hunde sind ausgesprochen schöne Hunde, denen man nur schwer böse sein kann. Schlank und feingliedrig, mit seidigem Fell, gehören sie zu den sportlichen, verspielten Typen, die aber bei anstrengenden Unternehmungen doch dann und wann eine Erholungspause brauchen. Eine kurze Erholungspause wohlgemerkt.

Manchmal reichen schon 15 Minuten und der Hund ist wieder voller Tatendrang. Wenn er nur nicht so ängstlich wäre! Seine Angst vor allem und jedem kann so ausgeprägt sein, dass man sich kaum mal traut, seinen Hund allein zu lassen kann. Unentwegt jault und bellt er und es ist gut möglich, dass sogar die Wohnungseinrichtung seinen Zähnen zum Opfer fällt. Jedes laute Geräusch lässt ihn zusammenzucken und sich panisch in den entlegensten Winkel verkriechen.

Nein, als nervenstark kann man dieses Konstitutionsmittel wahrlich nicht bezeichnen. Somit ist auch jeder Tierarztbesuch für Besitzer und Hund eine echte Herausforderung. Zitternd wie Espenlaub versucht der Hund vom Behandlungstisch zu springen, während der Besitzer an ihm hängt, um eben dieses zu verhindern. Da helfen auch keine Bestechungsversuche. Leckerchen werden komplett ignoriert. „Nur Flucht kann noch retten", lautet die Devise, und der Mensch im weißen Kittel, der es gewagt hat, den Hund zu untersuchen und ihm womöglich sogar Schmerzen zuzufügen, wird für immer und ewig der Buhmann sein. Steht der nächste Tierarztbesuch an, weiß der Phosphorus Hund genau, was es geschlagen hat, und beginnt jämmerlich zu winseln, längst bevor die Straße, in der sich die Tierarztpraxis befindet, erreicht ist. Denn diese Hunde sind die reinsten Hellseher, sie erahnen Ereignisse, bevor diese stattgefunden haben, und nehmen grundsätzlich die Gefühlsregungen ihrer Besitzer auf.

Es sind sehr anhängliche Hunde, die Körperkontakt und Streicheleinheiten über alles lieben, was so weit gehen kann, dass es auch dem größten Exemplar mühelos gelingt, sich auf Herrchens oder Frauchens Schoß zusammenzurollen. Dass er diese dabei fast unter sich begräbt – wen stört es? Nähe ist alles! Und so hat man den liebsten Hund, solange alle nach seiner Pfeife tanzen. Unterordnen mag Phosphorus sich nicht. Zwar grundsätzlich gutmütig, kann man ihn getrost als dominant beschreiben. Mein Haus, mein Knochen, mein Frauchen – alles wird eifersüchtig bewacht, wenn es sein muss, sogar mit Zähnen und Klauen. Aber so weit geht der Hund normalerweise nicht. Kurzes Drohen und viel Gebell, das ist unser Phosphorus Hund. Alles und jeder wird angebellt – lautstark und ausdauernd. Ein Radfahrer fährt vorbei, der Hund bellt. Eine Katze wagt es durch den Garten zu gehen, vor lauter Gebell zerreißt es ihn fast. Herrchen fährt nachts um Vier mit dem Wagen vor? Auch das ist ein Grund zu bellen, freudig zwar, aber nicht eben leise. So oder so werden die nachbarschaftlichen Beziehungen vor eine harte Zerreißprobe gestellt.

Körperlich sind Phosphorus Hunde immer eher auf der mageren Seite. Egal wie gut sie essen, dick werden sie nie. Sie lieben kalte Speisen und eiskaltes Wasser, und wenn´s im Winter einmal schneit, wird sogar Schnee gefressen. Dürften Hunde einen Beruf wählen, würde Phosphorus sicher nicht lange fackeln. Hunde dieses Konstitutionstyps sind die geborenen Schauspieler.
Sie lieben und brauchen Aufmerksamkeit. Und sind ihre Besitzer ausnahmsweise einmal mit etwas anderem als mit ihrem Hund beschäftigt, bringt dieser sich schnellstmöglich wieder ins Gespräch: durch lautes Gebell, kleine Kunststücke, die er unaufgefordert aufführt, das Zerbeißen von irgendwelchen Gegenständen, von denen er genau weiß, dass sie garantiert nicht für seine Zähne bestimmt sind.

Pulsatilla

Natürlich findet man diesen Konstitutionstyp auch unter den Rüden, aber typischerweise sind es die weiblichen Hunde mit feinem, weichen Fell, die Pulsatilla benötigen. Was nicht verwunderlich ist, hat Pulsatilla doch einen großen Bezug zu den weiblichen Geschlechtsorganen und damit auch zu allen Beschwerden, die im Zusammenhang mit Läufigkeit, Trächtigkeit, Geburt, Aufzucht der Jungen und Scheinschwangerschaft stehen.

Auch vom Wesen her ist Pulsatilla „typisch Frau": launisch, nervös, nachgiebig, verschmust und sehr eifersüchtig. Pulsatilla Hunde sehen in jedem nur das Gute – solange sie nur genug Streicheleinheiten bekommen und nicht den Eindruck haben, dass ein anderer Hund ihnen womöglich vorgezogen wird.

Sie sind flexibel und anpassungsfähig, können aber nur schlecht allein sein. Mit fast schon aufdringlicher Anhänglichkeit folgen sie ihrem Besitzer von Zimmer zu Zimmer durchs ganze Haus und machen nicht einmal vor der Badezimmertür halt. Sind Herrchen oder Frauchen einmal krank und müssen womöglich gar das Bett hüten, weicht ihnen ihr Hund, mitfühlend wie er von Natur aus ist, nicht mehr von der Seite. Wen wundert´s, dass Pulsatilla Hunde großartige Familienhunde sind. Sie mögen einfach jedermann, egal ob Mensch oder Tier, und besonders Kinder haben es ihnen angetan. Ob zwei- oder vierbeinig, Pulsatilla Hunde lieben es, andere zu bemuttern, weshalb sie sich gut als Amme eignen.

Kostverächter sind diese Hunde nicht. Was ihnen vorgesetzt wird, verspeisen sie meist mit gutem Appetit und schaut keiner hin, haben sie auch keine Hemmungen, die eine oder andere Scheibe Wurst oder ein Stück Kuchen vom gedeckten Tisch zu klauen. Doch auch wenn sie nicht übermäßig viel essen, Pulsatilla Hunde nehmen schon zu, wenn sie Fressen nur anschauen.

Ist der Pulsatilla Hund einmal krank, kann man beobachten, dass sich grundsätzlich alle Beschwerden an der frischen Luft und durch Kälte bessern und in warmen, stickigen Räumen verschlimmern.

Sepia

Das Konstitutionsmittel Sepia findet man am häufigsten bei nicht mehr ganz jungen Hündinnen, die schon einige Male geworfen haben. Obwohl man sie bestimmt als erfahrene Mütter bezeichnen kann, zeigen sie oft nicht das geringste Interesse an ihren Welpen. Sie lecken sie nicht, sie lassen sie nicht trinken, sie wirken ihnen gegenüber völlig gleichgültig, reagieren aber gereizt, manchmal auch aggressiv, wenn sich jemand ihrem Nachwuchs nähern will. Gleichgültig erscheinen sie oft auch ihrem Halter gegenüber. Unweigerlich kommt einem das Bild vom Menschen als Dosenöffner in den Kopf, der zwar für das leibliche Wohl zu sorgen hat, sie aber ansonsten bitte schön in Ruhe lassen soll.

Dieses doch sehr negativ geprägte Bild entsteht aus einer Erwartungshaltung, der der Sepia Hund nicht gerecht werden kann. Wer akzeptieren kann, dass er es mit einem unabhängigen Hund zu tun hat, der gut allein sein kann, keinen unnötigen Körperkontakt braucht, nicht von kleinen Kindern oder Artgenossen umgeben sein möchte, viel Bewegung braucht und eine Abneigung gegen jegliche Art von Druck hat, sowohl in der Erziehung als auch gegen den eines Halsbands, und der kein, aber auch wirklich gar kein Interesse daran hat, sein Leben unter das Motto „Seid fruchtbar und mehret euch" zu stellen (jeder Deckakt ist äußerst schmerzhaft und kann zu massiven Abwehrreaktionen führen), der wird prima mit ihm klarkommen.

Sepie Hunde wirken oft mager, manchmal sogar ein bisschen verwahrlost, mit filzigem, struppigem Fell, denn nicht nur die Welpen bleiben ungeputzt, auch bei sich selbst machen sie da keine Ausnahme. Besonders bei älteren Tieren, vorzugsweise Hündinnen, die über viele Jahre zur Zucht eingesetzt wurden, macht sich eine ausgeprägte Schwäche der Haut, der Muskulatur und des Bindegewebes bemerkbar: Alles, was hängen kann, hängt: der

Bauch, das Gesäuge, das wie ausgeleiert wirkt, und im übertragenen Sinne auch die Mundwinkel, passend zum mürrischen, traurigen Wesen. Ein besonders auffallendes Merkmal der Sepia Hunde ist der unangenehme Körpergeruch, den sie, besonders nach Bewegung, ausströmen.

Silicea

Silicea Hunde sind häufig feingliedrige, zierliche Hunde mit eher schlaffem Bindegewebe und feinem, dünnem Fell. Welpen dieses Konstitutionstyps entwickeln sich nur langsam und haben Schwierigkeiten bei der Knochen- und Zahnentwicklung. Ein bisschen mehr Speck auf den Rippen stände ihnen sicher auch nicht schlecht. Doch das ist leichter gesagt als getan, denn was ihr Futter betrifft, sind diese Hunde leider sehr heikel.

Genauso nachgiebig und gut zu führen wie der Silicea Hund normalerweise ist, lässt sich von Zeit zu Zeit auch der entgegengesetzte Pol, eine ausgesprochene Dickschädeligkeit, beobachten. Hat der Hund sich etwas in den Kopf gesetzt, dann versucht er das auch durchzusetzen – nicht aggressiv und streitsüchtig, dafür aber nicht minder entschlossen. Das gilt für die Nahrungsaufnahme genauso wie für erzieherische Maßnahmen. „Was, dieses Futter soll ich fressen? Nicht für Geld und gute Worte!" Unbeeindruckt aller schmeichelnden Worte, das Futter doch zumindest einmal zu probieren, wendet der Silicea Hund sich entschlossen ab.

Im falschen Moment von der Leine gelassen, schon ist er weg. Da hilft kein Rufen oder Pfeifen. Ruhigen Schrittes, dafür aber mit unglaublicher Halsstarrigkeit marschiert er des Weges, den er sich vorgenommen hat – manchmal sogar, ohne sich noch ein einziges Mal umzudrehen.

Aufgrund ihrer geringen körperlichen Kräfte wirken diese Hunde oft müde und erschöpft. Aber nicht nur von der körperlichen Seite aus gesehen sind diese Tiere dünnhäutig und zart, auch in der Psyche spiegelt sich ihre Dünnhäutigkeit wieder. Silicea Hunde sind schreckhafte, scheue, häufig auch unentschlossene Tiere mit einem Mangel an Selbstvertrauen und einem großen Bedürfnis nach Sicherheit. Gern verstecken sie sich hinter den Beinen ihrer Besitzer, denn jede Veränderung, alles Neue macht sie ängstlich und unsicher – weshalb sie oft stur und dickköpfig erscheinen.

Silicea Hunde mögen keine Konflikte und auch keinen Trost. Sie sind empfindlich gegen Berührungen und Kälte, lieben die Wärme des Sommers und im Winter den Platz am warmen Ofen.

Sulfur

Hunde, die zu diesem Konstitutionstyp passen, sind meist recht robust mit trockenem, glanzlosem Fell. Der Sulfur Hund sieht häufig so aus, als hätte er in seinem ganzen Leben weder Kamm noch Bürste gesehen. Das hängt aber nicht damit zusammen, dass er womöglich vernachlässigt wird, sondern ist ein typisches Merkmal dieses Konstitutionstyps: struppiges, manchmal sogar ungepflegtes Aussehen und ein unangenehmer Körpergeruch – egal wie viel Mühe seine Besitzer sich mit seiner Körperpflege geben. Und Mühe macht so ein Hunde-Exemplar schon sehr. Sulfur Hunde lieben es, sich schmutzig zu machen. Mit Hingabe suhlen sie sich in Schlammlöchern oder wälzen sich in Unrat. Manchmal „hundeln" sie gar so sehr, dass Besucher, deren Nasen an derlei Düfte nicht gewohnt sind, missbilligend die Nase rümpfen. Prinzipiell wär das ja gar nicht mal so ein großes Problem und mit warmem Wasser und mildem, rückfettendem Shampoo schnell gelöst. Nicht so beim Sulfur Hund, denn er ist wasserscheu wie kein zweiter. Freiwillig bekommt man ihn nicht ins Wasser, weder in einen See zum Baden noch daheim in die Wanne zum Waschen. „Ich weiß gar nicht, was die alle haben, ich riech doch einfach wunderbar!", scheint er zu denken und widersetzt sich energisch jeder Form der Körperpflege.

Der Sulfur Hund hat ein ausgesprochen gutes Selbstbewusstsein und was er nicht will, das will er eben nicht. Da hilft auch kein gutes Zureden. Was immer ein Versuch wert ist, ist die Bestechung mit einem Leckerli, denn Appetit haben diese Hunde immer. Was aber nicht bedeutet, dass sie zum Fettwerden neigen. Ganz im Gegenteil. Sulfur Hunde sind fast immer sehr schlank, man könnte sie auch als mager bezeichnen. Sie nehmen selbst bei gutem Appetit nicht zu.

Im Großen und Ganzen handelt es sich um freundliche, temperamentvolle, aktive Tiere mit einer Tendenz zur Langeweile. Während das unterforderte Sulfur Kind für seine Kameraden den Klassenclown spielt, äußert sich die Langeweile beim Hund darin, dass er beispielsweise erlernt, wie sich Küchenschränke und Schubladen öffnen lassen oder das Licht an- und ausgeschaltet wird – leider aber auch, wie man das Gartentor öffnen kann, und ist diese Hürde erst mal genommen, hält ihn nichts mehr. Immer wieder versucht er zu entwischen, um leinen- und besitzerlos durch die Straßen zu stromern. Dort wird geschnüffelt und geschaut und da der Sulfur Hund immer hungrig und beileibe nicht wählerisch ist, wird alles halbwegs Essbare mit Heißhunger verschlungen.

Ungefährlich sind solche Ausflüge für den Hund nicht, denn aufgrund seines übergroßen Selbstbewusstseins weicht der Sulfur Hund Artgenossen grundsätzlich nicht aus, egal wie groß und stark diese auch sein mögen.

Sulfur Hunde scheinen nach der Devise zu leben: „Ich geh keinem Streit aus dem Weg!" Das hängt mit ihrem hitzigen Temperament zusammen. Nicht von ungefähr findet sich Sulfur, der Schwefel, im Zündkopf eines Streichholzes. Ebenso rot und explosiv wie der Kopf der kleinen Hölzchen ist auch sein hitziges Temperament. Und nicht nur das. Auch seine Haut reagiert auf alle möglichen und unmöglichen Einflüsse mit Röte, Hitze und Brennen. Nicht umsonst meidet der Sulfur Hund, wann immer es eben geht, Sonne und Hitze und bevorzugt kühle, schattige Liegeplätze.

Hinweis für die folgenden Kapitel

Im Folgenden werden nach dem Kopf-Fuß-Prinzip alle häufigen Erkrankungen aufgeführt, die Sie bei Ihrem Hund mit verschiedenen Naturheilverfahren behandeln können. Die geeigneten Methoden und die empfohlenen Mittel werden jeweils beschrieben.

Die Augen

Wenn Ihr Hund Probleme mit den Augen hat, kommen als Grund einerseits Erkrankungen der Augen selbst in Betracht, andererseits können sie auch in Zusammenhang mit anderen Grunderkrankungen auftreten. Beispielsweise entwickelt sich bei Hunden, die an Diabetes mellitus (Zuckerkrankheit) erkranken, im Lauf der Zeit eine Linsentrübung (Grauer Star, Katarakt).

In der Traditionellen Chinesischen Medizin gelten die Augen als Sinnesorgan der Leber. Und tatsächlich erweist sich eine begleitende Leberbehandlung bei langwierigen oder immer wiederkehrenden Augenproblemen als sehr hilfreich. Möglicherweise ist eine Umstellung des Futters angebracht (Näheres siehe Kapitel Verdauungsorgane/Leber).

Wenn die Augen tränen, ist dies ein sehr unspezifisches Symptom, das sowohl bei recht harmlosen, aber auch bei schwerwiegenden Augenproblemen auftritt. Für eine erfolgreiche Behandlung ist es daher unbedingt nötig, die Ursachen zu ergründen. Vielleicht hat Ihr Fellbündel sich während einer Autofahrt den Fahrtwind um Nase, Augen und Ohren wehen lassen? Dann ist es naheliegend, dass die Augen bald danach gerötet sind und tränen.

Bei allen Augenbeschwerden, für die Sie keine Erklärung finden oder die Ihren Hund stark beeinträchtigen, stellen Sie ihn umgehend beim Tierarzt vor. Schließlich kann eine nicht erkannte Hornhautverletzung oder ein nicht erkannter akuter Glaukom-Anfall (Grüner Star) im Extremfall zur Blindheit führen, wenn nicht rechtzeitig behandelt wird.

Bei Hunden mit weißem Fell können sich durch die Tränenflüssigkeit die Haare verfärben.

Allgemeines zur Anwendung von Augentropfen, -salben oder Kompressen

Augentropfen bzw. -salben sollten mehrmals täglich, im hochakuten Fall sogar stündlich angewendet werden. Dabei genügt jeweils 1 Tropfen bzw. eine linsengroße Salbenmenge je Auge (für mehr ist nicht Platz). Ziehen Sie das untere Augenlid etwas nach unten und geben Sie die Tropfen bzw. Salbe vom äußeren Augenwinkel in den Bindehautsack.
Sie können Salbe und Tropfen im Wechsel anwenden; die letzte Anwendung abends sollte mit Salbe erfolgen, weil im Schlaf weniger Tränenflüssigkeit produziert wird und die Schleimhäute am Auge trockener werden. (Deshalb wachen sowohl Zwei- als auch Vierbeiner nach einem ausgiebigen Schlaf oft mit leicht verklebten Augen auf.)

Wahrscheinlich kennt jeder die Empfehlung, bei Augenreizungen Kompressen oder Spülungen mit Kamillentee durchzuführen. Davon ist jedoch abzuraten, da viele Menschen und Tiere die Kamille nicht sonderlich gut vertragen. Außerdem enthalten Teeaufgüsse (auch von anderen Pflanzen) noch feine Pflanzenteile, die am Auge wie Fremdkörper wirken und scheuern können.
Wenn Sie am Auge also Spülungen oder kühlende Auflagen anwenden wollen, nehmen Sie lieber eine spezielle Augenspüllösung oder Fertigpräparte aus Pflanzenauszügen.
Wenn es als Erste-Hilfe-Maßnahme einmal schnell gehen soll, um einen Fremdkörper auszuschwemmen, darf es auch ganz einfach Leitungs- oder Mineralwasser sein. Das ist allemal besser, als nicht zu spülen, weil Sie keine spezielle Augenlösung parat haben (sogar Bier zu verwenden ist besser, als nichts zu tun!).

Bindehautentzündung (Konjunktivitis)

Ursachen und Symptome

Es gibt viele Auslöser, die hinter einer Bindehautentzündung stecken können.
Wenn nur ein Auge betroffen ist, handelt es sich meist um eine lokale Reizung, z. B. wenn ein Fremdkörper (Staub, Insekt, kleiner Grashalm usw.) ins Auge gelangt. Beidseitige Beschwerden können ebenfalls nach äußeren Reizungen auftreten, etwa durch Zugluft, wenn der Hund beim Autofahren den Kopf aus dem Fenster hält, oder durch Spaziergänge bei starkem Wind. Beidseitiges Augentränen kommt auch in Zusammenhang mit Infekten und Erkrankungen als unspezifisches Begleitsymptom vor. Bei Hunderassen mit schwachem Bindegewebe (Paradebeispiel sind Bernhardiner) hängen die unteren Augenlider oft etwas herab (Ektropium). Dadurch gelangen permanent Staub, Zugluft usw. ins Auge; dauernder Tränenfluss ist die Folge. Im Extremfall kann eine Operation zur Lidstraffung Abhilfe schaffen.

Die **Konjunktivitis follikularis** ist eine besondere Form der Bindehautentzündung und tritt meist bei jungen Hunden auf. Die zahlreichen kleinen Lymphfollikel, die in der Bindehaut für die Abwehr zuständig sind, sind in diesen Fällen vergrößert, die sonst glatte Bindehaut wird – etwas übertrieben ausgedrückt – höckrig und sieht aufgeraut aus. Dies führt zur Bindehautreizung. Ganz besonders betroffen ist die Nickhaut, das sogenannte dritte Augenlid, das im nasenseitigen Augenwinkel gelegen ist. Sie schwillt durch die Entzündung an und tritt dadurch deutlich als milchig-weißes oder gerötetes Häutchen in Erscheinung.

Was Ihnen auffällt

Die Augen tränen, am nasenseitigen Augenwinkel ist das Fell feucht, eventuell bildet sich eine kleine Tränenstraße. Auslöser sind meist akute Reizungen, z. B. Zugluft. Das Sekret ist klar bis weißlich und wässrig. Gelb-grünliches oder bräunliches, eher zähes Sekret deutet auf eine eitrige, bakterielle Entzündung hin. Die Bindehaut und das Weiße vom Auge sind oft gerötet und geschwollen. Dadurch wird auch die Nickhaut deutlich sichtbar. Bei stärkeren Reizungen (z. B. Hornhautverletzungen, akuter Glaukom-Anfall) kneifen die Tiere die Augen zu, reiben mit den Pfoten über die Augen oder scheuern mit dem Kopf über den Boden oder an Gegenständen. Ihr treuer Freund wird dunklere, schattige Plätze bevorzugen, weil helles Licht als unangenehm empfunden wird.

In leichten Fällen tränen die Augen Ihres Vierbeiners möglicherweise nur morgens nach dem Aufwachen oder sind etwas verklebt oder verkrustet.

Je nach Ausmaß der Entzündung können kleinere weißlich graue Trübungen auf der Hornhaut auftreten; sie kann auch komplett milchig erscheinen.

Was Sie tun können

Innerlich

Aconitum C30 ist angezeigt, wenn die Beschwerden hochakut auftreten und hervorgerufen werden durch kalten Wind oder Zugluft. Das Auge ist hochrot, schmerzt und fühlt sich heiß an.

Allium cepa C30 ist das Mittel der Wahl, wenn die Augen plötzlich deutlich gerötet sind, heftig tränen und brennen. Stellen Sie sich vor, Sie hätten beim Zwiebelschälen etwas Saft in die Augen bekommen – so sieht der Patient aus, der Allium cepa benötigt.

Apis C30 hilft bei akuter, schmerzhafter, berührungsempfindlicher Bindehautentzündung mit wässrigem Tränenfluss. Die Ursache ist oft eine allergische Reaktion. Der Hund verträgt Wärme in keiner Form, kalte Kompressen verbessern seine Beschwerden auffallend.

Belladonna C30 ist geeignet, wenn die Beschwerden sehr plötzlich auftreten (Belladonna hat eine gewisse Ähnlichkeit zu Aconitum). Die Lider sind geschwollen, das ganze Auge ist rot, trocken und brennend. Die Beschwerden bessern sich durch Kälte und verschlimmern sich durch Wärme, besonders durch Aufenthalt in der Sonne.

Euphrasia C30, der Augentrost, ein wichtiges Mittel bei Bindehautentzündungen aller Art.

Sulfur C30 (siehe Konstitutionsmittel) hilft bei stark geröteten Augen – wie überhaupt alle Körperöffnungen bei Hunden, die dieses Mittel brauchen, häufig stark gerötet sind. Die Augen brennen und jucken, die Lidränder sind entzündet. Die Beschwerden verschlimmern sich nachts, durch Liegen im warmen Körbchen und durch Wasser, sie bessern sich durch frische Luft.

Thuja C30 hilft bei hartnäckigen Bindehautentzündungen. Die Lider verkleben nachts, sind trocken und schuppig. In der Umgebung der Augen können die Haare ausfallen. Das linke Auge ist häufiger betroffen. Der Hund ist eher verfroren. Manchmal fällt auf, dass die Beschwerden nach einer Impfung begonnen haben.

Manche Hunderassen neigen zu einem herabhängenden Augenlid – dieser Bloodhound zum Glück nicht.

Lokal

Mucokehl® D5 Augentropfen beruhigen die Lidbindehäute und unterstützen die Abheilung.

Echinacea Quarz compositum Augentropfen haben sich besonders bei Konjunktivitis follikularis bewährt.

Euphrasia Augentropfen

Vitamin A Augensalbe

Bepanthen® Augensalbe

Salben sind zwar etwas schwieriger anzuwenden, aber besonders geeignet, wenn Ihr bellender Begleiter durch dauerndes Reiben auf seine Art zum Ausdruck bringt, dass seine Augen sich trocken und rau wie Schmirgelpapier anfühlen. Eine fetthaltige Salbe schafft hier meist größere Linderung als Tropfen.

Eitrige Bindehautentzündung (Eitrige Konjunktivitis)

Ursachen und Symptome

Sie kann sich aus einer einfachen Bindehautreizung entwickeln, wenn sich Bakterien auf der vorgeschädigten Schleimhaut ansiedeln. Entzündungen der Augen treten auch in Zusammenhang mit akuten Infektionen, insbesondere Erkrankungen der Atemwege auf.

Was Ihnen auffällt

Das Augensekret wird gelblich bis grünlich, kann wässrig, aber auch zäh sein. Chronische, eitrige Bindehautentzündungen sind ein Symptom beim sogenannten „Trockenen Auge" (Keratokonjunktivitis sicca, siehe unten).
Ähnliche, ebenfalls anhaltende Beschwerden treten beim Entropium auf. Hierbei rollt sich das Unterlid ein zum Augapfel hin, wodurch die Wimpern bei jeder Bewegung der Augen auf der Hornhaut reiben. Das Entropium kann angeboren sein oder die Folge einer lang andauernden Konjunktivitis, wenn die Augen ständig zugekniffen werden. Wenn die lokale Behandlung langfristig zu keinem Erfolg führt, kann möglicherweise eine Operation Abhilfe schaffen, um die Einrollung zu beheben.

Was Sie tun können

Innerlich

Homöopathie

Argentum nitricum C30 hilft bei eitriger Konjunktivitis mit reichlichen, eitrigen Absonderungen und stark geröteten, juckenden oder brennenden Augen. Das zeigt Ihnen Ihr Vierbeiner, indem er mit den Pfoten über die Augen reibt oder den Kopf über den Teppich schubbert. Das Mittel ähnelt in vielerlei Hinsicht Pulsatilla.
Auch hier verschlimmern sich die Beschwerden im warmen Zimmer und bessern sich durch kalte Auflagen oder Spülen mit kaltem Wasser sowie durch frische Luft. Wenn Sie sich nicht entscheiden können, orientieren Sie sich am typischen Verhalten eines Pulsatilla Hundes.
Hepar sulfuris C30 ist in der Homöopathie ein wichtiges Mittel bei Eiterungen aller Art. Das Sekret ist schleimig-eitrig und stinkend. Das Auge ist rot und stark geschwollen und der Hund ist äußerst empfindlich gegenüber jedem Luftzug, Licht und Berührung. Auffallend ist, dass sich die Entzündung durch Wärme deutlich bessert.
Mercurius solubilis C30 hilft, wenn die Bindehautentzündung im Rahmen einer Erkältung auftritt. Die Augen sind stark gerötet, die Lider geschwollen, oft mit kleinen Geschwüren. Das Sekret, das reichlich fließt, ist eher bräunlich und macht die Haut wund. Die Tiere haben Probleme, die Augen bei Tageslicht geöffnet zu halten.
Pulsatilla C30 (siehe Konstitutionsmittel) wird häufig für Welpen benötigt. Typisch für dieses Mittel ist die Besserung der Symptome im Freien. Das Sekret ist weißlich oder grüngelb und milchig. Im Gegensatz zu Mercurius solubilis macht es die Haut nicht wund. Die Lider sind nachts und morgens verklebt. Wie bei Argentum nitricum juckt das Auge stark.
Rhus toxicodendron C30 wird verwendet, wenn die Augen hochentzündet sind und zuschwellen. Viel gelber Eiter tritt aus. Die Lider sind verklebt, Juckreiz kann auftreten. Der Hund ist empfindlich gegen Licht. Als Ursachen kommen Zugluft, Kälte, Feuchtigkeit und auch Verletzungen infrage. Je nach Ausprägung der Entzündung ist es möglich, dass der Hund recht ruhelos ist.

Isopathie

Vetokehl® Not/Notakehl® D5 ist das Hauptmittel bei bakteriell bedingten Beschwerden und eine gute Ergänzung oder Alternative zum Antibiotikum.

Lokale Behandlung

Hier eignen sich die gleichen Präparate wie oben unter dem Stichpunkt „Bindehautentzündung" genannt.

Trockenes Auge (Keratokonjunktivitis sicca)

Ursachen und Symptome

Diese chronische Erkrankung beruht auf einer zu geringen Produktion oder fehlerhaften Zusammensetzung der Tränenflüssigkeit. Diese hat die Aufgabe, das Auge feucht zu halten, als Schutzfilm eine Barriere gegen Keime zu bilden und als Gleitschicht reibungslose Bewegungen der Augenlider und des Augapfels zu ermöglichen. Bei Störungen der Tränenproduktion trocknen die Bindehaut und die Hornhaut aus. Bakterien haben auf dieser vorgeschädigten Schleimhaut leichtes Spiel. Chronische Entzündungen mit eitrigem Sekret und Geschwüren auf der Hornhaut sind die Folge.

Was Ihnen auffällt

Anfangs beobachten Sie, dass Ihr Hund die Augen oft zukneift. Die Augen sind gerötet, geschwollen und mit einem zähen, pappigen, eitrigen Belag verklebt, besonders morgens oder nach einer längeren Schlafphase. Die Trockenheit verursacht Brennen und Schmerzen, deshalb reibt der Hund oft mit den Pfoten an den Augen oder scheuert mit dem Kopf über den Boden. Mit Fortschreiten der Erkrankung sind die Augen dauernd eitrig verklebt, die Hornhaut wird rau und trüb, es bilden sich Geschwüre, die zur Erblindung führen können.
Die Symptome ähneln einer starken und lang andauernden eitrigen Bindehautentzündung. Die eindeutige Diagnose wird beim Tierarzt gestellt, der mit einem speziellen, einfach durchzuführenden Test, dem Schirmer Tränentest, die verminderte Tränenproduktion nachweisen kann.

Leider ist eine Ausheilung bei Keratokonjunktivitis sicca nicht möglich. Mit einer entsprechenden Dauertherapie wird Ihr Hund dennoch beschwerdefrei ins Leben blicken können.

Zur Therapie werden spezielle Tränenersatzflüssigkeiten verordnet, die lebenslang und mehrmals täglich angewendet werden müssen. Wenn die Augen stark vereitert sind, wird der Tierarzt zusätzlich vorübergehend antibiotische Augenpräparate verordnen.

Was Sie tun können

Innerlich
Homöopathie

Alumina D12 dreimal täglich über mehrere Wochen geben. Das Mittel wird meistens für ältere Hunde mit einem Mangel an Lebenswärme benötigt. Die Tiere suchen die Wärme, wo immer es geht, und auch die Augen bessern sich in der Wärme. Die Hunde sind lichtempfindlich, die Lider sind trocken und vor allem morgens verklebt.
Arsenicum album C30 (siehe Konstitutionsmittel): Die Augen brennen, die Lider sind rot und entzündet, schuppig und krustig. Der Hund ist ausgesprochen wärmebedürftig, ängstlich und unruhig. Oft fällt auf, dass es sich um sehr anspruchsvolle, ungewöhnlich saubere Tiere handelt. Sie mögen es, wenn alles zur gleichen Zeit in der gewohnten Reihenfolge stattfindet. Gegen Mitternacht verschlimmern sich ihre Beschwerden, besser geht es ihnen durch Wärme und warme Anwendungen.
Asa foetida C30 ist für Hunde, die ausgesprochen berührungsempfindlich, nervös und unruhig sind. Das Auge ist so trocken, dass das Lid am Augapfel klebt. Das linke Auge ist häufiger betroffen und die Beschwerden verschlimmern sich in der Nacht.
Causticum C30: Auch bei diesem Mittel fällt, ebenso wie bei Alumina, die Lichtscheu auf. Die Hunde lassen sich nur äußerst widerwillig untersuchen, sie reagieren sehr gereizt. Auffallend ist das ständige Gähnen. Die Beschwerden verschlimmern sich bei klarem, schönem Wetter und bessern sich bei feuchtem, warmem Wetter und durch Wärme allgemein.

Lycopodium C30 (siehe Konstitutionsmittel): Die Lider sind gerötet, und typischerweise ist oft erst das rechte Auge, später sind dann beide Augen betroffen. Die Beschwerden bessern sich nach Mitternacht und sind morgens und nach dem Schlaf wieder schlechter.
Mercurius solubilis C30: siehe eitrige Bindehautentzündung.
Natrium muriaticum C30 (siehe Konstitutionsmittel) bei trockenen Augen mit schleimigen Absonderungen. Die Beschwerden verschlimmern sich durch Sonne und somit im Sommer. Auffallend oft beginnen die Beschwerden einige Zeit, nachdem der Hund einen Verlust erlitten hat, der ihn trauern lässt.
Sulfur C30 (siehe Konstitutionsmittel) bei stark geröteten Augen. Überhaupt sind alle Körperöffnungen bei Hunden, die dieses Mittel brauchen, häufig stark gerötet. Die Augen brennen und jucken, die Lidränder sind entzündet. Die Beschwerden verschlimmern sich nachts, durch Liegen im warmen Körbchen und durch Wasser, sie bessern sich durch frische Luft.

Isopathie

Vetokehl® Not/Notakehl® D5 Tropfen in Phasen, wenn die Augen stark eitern. Es ist das Hauptmittel bei bakteriell bedingten Beschwerden und eine gute Ergänzung oder Alternative zum Antibiotikum.
Pinikehl® D5 Tropfen unterstützen die Leber und Milz, die nach der Traditionellen Chinesischen Medizin die Funktion der Augen stärken.

Organpräparate

Conjunctiva comp. ist besonders dann angebracht, wenn die Beschwerden sich trotz sorgfältiger Therapie nicht bessern wollen. Dies ist ein Hinweis dafür, dass die Selbstheilungskräfte des Körpers überfordert sind.

Das häufige Zukneifen der Augen ist oft ein Zeichen für eine Bindehautentzündung.

Lokal

Zusätzlich zur Anwendung der Tränenersatzflüssigkeit gibt es mehrere bewährte Präparate. Eventuell müssen Sie ausprobieren, welches Mittel den Augen Ihres Hundes am besten hilft.
Träufeln Sie bei kombinierter Anwendung die Präparate abwechselnd ins Auge; die letzte Gabe vor dem Schlafengehen sollte Tränenersatzflüssigkeit sein, damit das Auge über Nacht nicht austrocknet.
Bepanthen® Augentropfen
Chelidonium comp. Augentropfen
Mercurialis Augentropfen
Mucokehl® D5 Augentropfen
Oculoheel® Augentropfen ad us. vet.
Vitamin A Augensalbe

Augenverletzungen

Ursachen und Symptome

Verletzungen der Hornhaut und der Lidbindehäute sind oft die Folge von Prügeleien mit anderen Artgenossen oder Katzen. Außerdem können beim Herumschnüffeln Fremdkörper (Gräser, Insekten, Staub, Sand) oder ätzende Stoffe usw. ins Auge gelangen. Solange nur die oberflächlichen Schichten der Augen und der Bindehaut gereizt sind, heilt die Entzündung schnell aus. Es besteht aber auch die Gefahr einer Hornhautverletzung. Wenn sie nicht schnell erkannt und entsprechend behandelt wird oder sehr tief ist, kann sie zur Blindheit führen. Auch wenn die meisten Hornhautverletzungen eher glimpflich verlaufen, sollten unklare Augenbeschwerden als ein Notfall betrachtet werden. Lassen Sie sicherheitshalber beim Tierarzt das Auge/die Augen untersuchen. Um Hornhautschäden sichtbar zu machen, werden spezielle anfärbende Tropfen (Fluorescin) eingeträufelt. Zum Glück heilen Augenverletzungen unter entsprechender Behandlung beinahe immer völlig aus.

Was Ihnen auffällt

Meist treten die Beschwerden sehr plötzlich auf. Das Auge tränt, der Hund kneift es zu, oft versucht er mit der Pfote am Auge zu reiben. Wenn Sie das Auge genauer untersuchen, indem Sie das untere Lid etwas nach unten ziehen, erkennen Sie möglicherweise einen Fremdkörper.

Was Sie tun können

Manchmal lässt sich ein Fremdkörper ganz einfach durch vorsichtiges Wischen oder Spülen entfernen. Wenn ätzende oder andere aggressive Flüssigkeiten ins Auge gelangen, muss sofort reichlich gespült werden. Verlieren Sie keine Zeit, nehmen Sie einfaches Leitungswasser oder Mineralwasser für die Erstversorgung, bevor Sie den verletzten Vierbeiner zum Tierarzt zur fachkundigen Behandlung bringen.

Homöopathie für die Erstversorgung bei Augenverletzungen

Aconitum C30 ist angezeigt bei ganz plötzlich auftretenden, sehr schmerzhaften Augensymptomen, die von Angst und Unruhe begleitet sind. Aconitum wird auch als das „Arnica der Augen" bezeichnet, da es wunderbar gegen die Schmerzen wirkt und die Heilung nach Fremdkörperverletzung unterstützt.

Arnica C30 ist das Erstmittel bei allen blutenden Schlag- und Stoßverletzungen, da es Blutergüsse resorbiert. Nach etwa 30 Minuten kann zusätzlich Ledum gegeben werden.

Ledum C30 ist das Hauptmittel beim „blauen Auge". Im Gegensatz zu Symphytum ist nicht nur der Augapfel betroffen, sondern hier findet sich zusätzlich ein Bluterguss in den Lidern. Geben Sie zuerst Arnica, dann nach etwa 30 Minuten Ledum.

Symphytum D6 findet Verwendung, wenn der Hund einen Schlag mit einem stumpfen Gegenstand aufs Auge bekommen hat wie beispielsweise mit einem Schneeball.

Staphisagria C30 wird bei Hornhautverletzungen durch Fremdkörper wie Krallen oder Kakteenstacheln angewendet. Musste ein Fremdkörper entfernt werden, wird danach zusätzlich Aconitum gegeben.

Zur abschließenden Nachversorgung nach Augenverletzungen können Sie wie unter dem Stichpunkt Bindehautentzündung vorgehen.

Der Graue Star ist eine typische Alterserscheinung bei Hunden.

Linsentrübung (Katarakt, Grauer Star)

Ursachen und Symptome

Die Linsentrübung tritt meist bei älteren Hunden auf, wenn die Linse an Elastizität verliert. Außerdem kommt sie als Begleitsymptom bei verschiedenen Stoffwechselstörungen vor wie bei Diabetes mellitus (Zuckerkrankheit).

Je weiter die Trübung fortschreitet, desto mehr wird die Sehfähigkeit beeinträchtigt bis hin zur völligen Blindheit. Dieser Prozess verläuft schleichend und der Hund kann die nachlassende Sehkraft lange Zeit durch seine anderen Sinne kompensieren. Oft fällt die Minderung der Sehkraft erst auf, wenn in der gewohnten Umgebung die Möbel umgestellt werden und der Hund gegen Gegenstände läuft. So entsteht für die Besitzer der Eindruck, die Erblindung sei plötzlich aufgetreten.

Die Linsentrübung mit ihren Folgen ist irreversibel; es ist jedoch möglich, den Verlauf zu verlangsamen und die Erblindung hinauszuzögern.

Wenn der Graue Star in Zusammenhang mit Diabetes oder anderen Erkrankungen auftritt, ist eine sorgfältige Therapie dieser Grunderkrankung wichtig.

Was Ihnen auffällt

Die Linse erscheint milchig, grau und trübe. Anfangs macht sich die Beeinträchtigung der Sehfähigkeit in der Dämmerung oder Dunkelheit bemerkbar. Bei Spaziergängen erhöht sich das Risiko, dass der Hund sich verirrt. Generell wirkt er in ungewohnter Umgebung unsicher.

Was Sie tun können

Homöopathie

Calcium fluoratum D12 eignet sich bei beginnender Katarakt, die sich oft aus einer zuvor auftretenden Augenentzündung entwickelt. Hunde, die auf dieses Mittel gut ansprechen, sind meist gierig und futterneidisch. Sie sind recht unruhig, besonders wenn sie Hunger haben, und reagieren empfindlich auf Kälte, Zugluft, feuchtes Wetter und Sonne, mögen Wärme und lassen sich gern zudecken.

Causticum C30 kann das Fortschreiten einer Katarakt verhindern. Es fällt auf, dass die Hunde oft Schwierigkeiten haben, die Augen offen zu halten. Die Lider scheinen bleischwer und fallen herab. Die Hunde lassen sich nur widerwillig untersuchen und reagieren ausgesprochen gereizt. Sie gähnen häufig.

Secale cornutum D8 bei beginnender Linsentrübung im Alter. Es findet eher Anwendung bei Hündinnen als bei Rüden. Man sieht dem Tier sein Alter an: Der Hund ist mager, knochig und verfroren, mag es aber nicht, zugedeckt zu werden.

Isopathie

Mucokehl® D5 Augentropfen, mehrmals täglich je 1 Tropfen, beruhigen die Bindehäute und unterstützen die Regeneration.
Sanuvis® Tabletten sind zur Verbesserung des Stoffwechsels.

Schüßler Salze

Schüßler Salz **Nr. 6 Kalium sulfuricum D6** und **Nr. 10 Natrium sulfuricum D6** unterstützen die allgemeine Entgiftung und Entschlackung.

Fütterung

Vitamin C (z. B. in Hagebuttenpulver) und **Vitamin E** (z. B. in Raps- oder Maiskeimöl) unterstützen den Stoffwechsel des Auges und helfen bei langfristiger Verfütterung, das Fortschreiten der Trübung zu verlangsamen.

Glaukom (Grüner Star)

Ursachen und Symptome

Bei dieser Erkrankung kommt es zu einer Erhöhung des Augeninnendrucks, was im Akutfall extreme Schmerzen bereitet. Meist tritt der Grüne Star als Folge eines anderen Grundleidens auf, z. B. des Grauen Stars oder bei Diabetikern. Außerdem begünstigen Hornhautverletzungen die Entstehung eines Glaukoms. Es kann ein- oder beidseitig auftreten. Durch den erhöhten Augeninnendruck werden die Innenschichten des Auges und damit auch der Sehnerv schlechter durchblutet. Wenn ein Glaukom nicht rechtzeitig erkannt und behandelt wird, kann der Hund erblinden.

Was Ihnen auffällt

Im Akutfall hat Ihr Hund massive Schmerzen. Deshalb wird er sich wenig bewegen, dunkle Liegeplätze aufsuchen, kaum noch fressen oder trinken. Das betroffene Auge wird zusammengekniffen, tränt, ist stark gerötet und häufig auch sichtbar vergrößert („Glubschauge").
Ihr vierbeiniger Freund wird sich ungern am Kopf anfassen lassen, eventuell mit den Pfoten am Auge reiben oder den Kopf über den Boden scheuern. Wenn es Ihnen möglich ist, das Auge genau anzusehen, fällt häufig auf, dass die Pupille auch bei hellem Licht weitgestellt ist.
Auch wenn die Symptome recht auffällig sind, ist für die eindeutige Diagnose des Grünen Stars eine Augeninnendruckmessung nötig.

Was Sie tun können

Ein akuter Glaukomanfall ist ein Notfall, zum einen wegen der extremen Schmerzen, zum anderen aber, weil Erblindungsgefahr besteht, wenn der Augeninnendruck nicht schnellstens gesenkt wird. Starten Sie also keine Behandlungsversuche (außer zur Notfallversorgung), sondern suchen Sie einen Tierarzt auf. Er wird – je nach Untersuchungsbefund – Augentropfen zum Senken des Augeninnendrucks, eventuell auch Schmerzmittel verordnen.

Stellen Sie sich auf regelmäßige Kontrollen des Augendrucks und eine Dauerbehandlung mit Tropfen ein.
Es gibt auch die Möglichkeit einer Operation. Ob sie bei Ihrem Hund sinnvoll ist, kann der Tierarzt mit Ihnen besprechen.

Ersetzen Sie das Halsband durch ein Brustgeschirr, denn der Zug am Halsband erhöht den Augeninnendruck.
Begleitend zur Behandlung durch den Tierarzt bietet die Naturheilkunde etliches, um die Augen zu unterstützen und möglicherweise langfristig die Anwendung der drucksenkenden Medikamente reduzieren oder gar absetzen zu können. Setzen Sie auf keinen Fall eigenmächtig die vom Tierarzt verordneten Medikamente ab, weil Sie damit einen Rückfall riskieren.

Homöopathie

Im Akutfall

Aconitum C30 als einmalige Gabe gegen die Schmerzen, dann nach etwa 30 Minuten eine Gabe **Phosphorus C30.** Phosphorus hat eine starke Wirkung auf die tiefen Schichten des Auges und ist in der Lage, den Verlauf eines Glaukomanfalls positiv zu beeinflussen. Damit können Sie Ihrem Hund bereits auf dem Weg zum Tierarzt Linderung verschaffen.

Isopathie

Mucokehl® D5 Augentropfen eignen sich zur Langzeitbehandlung. Die Anwendung sollte zweimal täglich erfolgen mit einem zeitlichen Abstand von mindestens 30 Minuten zu anderen Augentropfen.

Ziehen Sie außerdem am besten einen Tierheilpraktiker oder naturheilkundlich arbeitenden Tierarzt zu Rate, der speziell für Ihren Hund einen begleitenden Therapieplan ausarbeiten kann. Schließlich geht es darum, eine drohende Erblindung abzuwehren.

Hunde mit blauen Augen sind nicht anfälliger für Augenkrankheiten als Hunde mit einer anderen Augenfarbe.

Die Ohren

Entzündungen der Gehörgänge und der Ohrmuschel gehören zu den häufigsten Gründen für einen Besuch beim Tierarzt oder Tierheilpraktiker.
Wenn Ihr Hund immer wieder oder dauerhaft unter Ohrenproblemen leidet, gibt es vermutlich unterschwellige Ungleichgewichte im Körper, die noch nicht aufgedeckt sind und die auf den ersten Blick scheinbar nichts mit den Ohren zu tun haben.

Gemäß der Traditionellen Chinesischen Medizin stehen die Ohren in enger Verbindung zur Niere (siehe Harnorgane Seite 117 ff.), aber auch zum Verdauungssystem. Die Ohren gelten als Sinnesorgane der Niere. Wenn die Harnorgane nicht optimal arbeiten, durch Fütterungsfehler eine höhere Entgiftungsarbeit leisten oder eine Schwäche bzw. Überlastung anderer Organe (z. B. der Leber) kompensieren müssen, kann sich dies in Ohrenproblemen äußern, bevor die Nieren selbst Beschwerden zeigen.
Die enge Verbindung zwischen Ohren und Verdauungssystem ist daran erkennbar, dass der Dickdarm-, der Dünndarm- und der Gallenblasen-Meridian in Ohrnähe verlaufen.

Vielleicht haben Sie schon festgestellt, dass Ihr Vierbeiner bei Stress eher mit Beschwerden der Harnwege oder des Magen-Darm-Systems reagiert? In diesen Fällen kann eine Reinigungs- und Entgiftungskur hilfreich sein.
Zur Unterstützung der Nierenentgiftung können kurmäßig über etwa 2 bis 3 Wochen Kräuter verfüttert oder als Tee verabreicht werden (siehe Phytotherapie Seite 21). Gut geeignet sind z. B. Brennnesseln, Schachtelhalm, Goldrute und Löwenzahn, einzeln oder als Mischung.

Hunde mit sehr langen Ohren sind eher anfällig für Ohrenprobleme als Hunde mit Stehohren.

Bitte denken Sie daran, dass durch diese Kur Ihr Hund häufiger Harndrang verspürt.
Bei Verdauungsstörungen kann eine Futterumstellung sinnvoll sein, außerdem eine Darmsanierung (siehe Verdauungsorgane Seite 103 ff.).

Gehörgangentzündung (Ohrenzwang, Otitis externa)

Ursachen und Symptome

Wenn Beschwerden wie Schütteln der Ohren sehr plötzlich auftreten, ist oft ein Fremdkörper der Auslöser, z. B. ein Insekt oder eine Granne/ein Grashalm, der in den Gehörgang gelangt.

Bei Entzündungen riechen die betroffenen Ohren unangenehm, je nach Ursache z. B. nach altem Käse, muffig-süßlich oder stinkend. Meist liegt Ohrenausfluss vor, der je nach Auslöser zäh, wässrig oder eitrig sein kann.

Irrtümlicherweise wird die Otitis externa oft als rein örtliche Erkrankung angesehen (und behandelt). Dies trifft zwar auf Fremdkörper zu, in allen anderen Fällen, besonders bei immer wiederkehrenden Beschwerden oder langwierigem Verlauf, gilt: Eine Gehörgangentzündung ist Symptom einer bestehenden Grunderkrankung, meist einer Allergie (am häufigsten Futtermittelallergie), aber auch einer Stoffwechselerkrankung wie z. B. Schilddrüsenunterfunktion. Deshalb ist neben der lokalen auch eine systemische Therapie angebracht, um das Grundproblem zu beheben.

Wenn Ihr Hund nicht nur Ohrenbeschwerden hat, sondern zusätzliche Symptome auftreten wie Schmerzen beim Maulöffnen/Fressen, Übelkeit, Erbrechen, Gleichgewichtsstörungen, ungewöhnliche Bewegungsabläufe (z. B. Kreisbewegungen) oder auffällige Augenbewegungen, liegt möglicherweise eine Mittel- oder Innenohrentzündung vor. In diesem Fall gehört Ihr Vierbeiner zur Abklärung unbedingt zum Tierarzt!

Was Ihnen auffällt

Der Hund schüttelt häufig den Kopf, kratzt mit den Pfoten an den Ohren oder scheuert über den Fußboden und versucht damit, den bestehenden Juckreiz bzw. Schmerz zu lindern. Leider werden die Beschwerden dadurch eher verschlimmert. Oft wird der Kopf schief gehalten mit der (am stärksten) betroffenen Seite nach unten. Die Haut an den Ohrmuscheln und im Gehörgang kann mehr oder weniger stark gerötet, geschwollen, trocken und schuppig sein.
Die Innenseite der Ohrmuschel und der Gehörgang sehen verschmutzt aus, weil mehr Ohrenschmalz oder entzündliches Sekret gebildet wird bzw. weil es aufgrund der Schwellung nicht abfließen kann. Das kann dazu führen, dass Ihr Hund schlechter hört als sonst.

Das Aussehen des Ohrsekretes kann Rückschlüsse auf die Art des Grundproblems geben, allerdings ist die eindeutige Zuordnung nur über die Untersuchung eines Abstriches möglich.

- Wenn übermäßig viel Ohrenschmalz gebildet wird, entstehen in den Gehörgängen hellbraune, wachsartige, krümelige Belege.
- Ist das Ohrensekret schwarz-braun und krümelig (fast ähnlich wie Kaffeesatz), eventuell auch schmierig, sind häufig Ohrmilben beteiligt. Sie kommen besonders häufig bei jungen Tieren vor und sind bei der Gehörganguntersuchung mit einer entsprechenden Lampe (Otoskop) mit bloßem Auge erkennbar.
- Wachsartiges, schmieriges, bräunliches Sekret, das süßlich honigartig oder muffig riecht, deutet auf Hefepilze hin.
- Gelblicher, gelblich grünlicher oder bräunlicher Ohrenausfluss, der auch recht unangenehm riechen kann, ist ein Hinweis auf eine bakterielle Entzündung.

Was Sie tun können

Wenn Sie bei akuten Beschwerden einen Fremdkörper mit bloßem Auge im Gehörgang sehen, können Sie ihn vorsichtig mit den Fingern, eventuell mithilfe einer Pinzette, entfernen. Wenn er sich nicht leicht herausziehen lässt, bringen Sie Ihren Hund unbedingt zum Tierarzt, weil unsachgemäße Eigentherapie das Risiko von Verletzungen birgt.

Forschen Sie nach dem zugrunde liegenden Problem, besonders wenn Ihr Hund immer wieder oder andauernd Ohrenprobleme hat. Manche Erkrankungen lassen sich nur über Laboruntersuchungen nachweisen. Ziehen Sie daher einen Tierarzt oder Tierheilpraktiker hinzu.
Da Futtermittel-Unverträglichkeiten oder -Allergien häufig zu chronischen Ohrenproblemen führen, ist eine Futterumstellung sinnvoll, am besten auf BARFen. Außerdem empfiehlt sich eine Darmsanierung (siehe Seite 103 ff.) zur Verminderung der Allergiebereitschaft. Generell unterstützen Futterzusätze wie Bierhefe oder ungesättigte Öle die Widerstandskraft der Haut.

Lokale Behandlung bei Gehörgangentzündungen

Zunächst erfolgt eine Ohrenspülung, um übermäßiges Ohrenschmalz, Eiter oder sonstige Sekrete zu entfernen. Anschließend werden geeignete Präparate eingeträufelt, die auf das Beschwerdebild abgestimmt sind, z. B. ein milbenwirksames Mittel, wenn Milben beteiligt sind. Leider bestehen handelsübliche Fertigpräparate oft aus Kombinationen verschiedener Wirkstoffe, z. B. Antibiotikum + Antimykotikum + Kortison.

Ohrenspülungen

Benötigt werden hierzu eine geeignete, körperwarme Spüllösung, z. B. Ohrreiniger-Fertigpräparate, Leitungswasser, Ringelblumen- oder Schafgarbentee (wirkt beruhigend bei Entzündungen und Rötungen) oder Schwarztee (wirkt leicht gerbend, eignet sich daher bei sehr nässenden Veränderungen), eine Einmalspritze (5 ml oder 10 ml), Papiertaschentücher bzw. Küchenrolle. Je nach Schweregrad der Entzündungen empfiehlt es sich, die Ohren täglich oder 2- bis 3-mal wöchentlich zu reinigen. Führen Sie die Prozedur am besten im Freien oder in einem Raum mit abwischbaren Wänden durch, denn wenn Ihr Hund während der Behandlung den Kopf kräftig schüttelt, verteilt er großzügig die Flüssigkeit an der Tapete.

Schafgarbe kann für Ohrenspülungen verwendet werden.

Ziehen Sie die Spüllösung in eine Einmalspritze und träufeln Sie sie in den erkrankten Gehörgang, bis Sie den Flüssigkeitsspiegel sehen können; je nach Größe des Hundes passen mehrere Milliliter hinein. Klappen Sie die Ohrmuschel um, um den Gehörgang zu verschließen, und massieren ihn dann vorsichtig. Hunde geben dabei meist knurrähnliche Grunzlaute von sich – vermutlich empfinden sie das Durchkneten trotz Schmerzhaftigkeit als wohltuend und lindernd. Anschließend lassen Sie entweder Ihren Hund die Lösung ausschütteln oder Sie fangen sie mit Papiertüchern auf. Den Vorgang wiederholen

Der sogenannte Ohrenzwang kann ganz verschiedene Ursachen haben.

Sie ein paar Mal. Zum Schluss umwickeln Sie einen Finger mit einem weichen Papiertaschentuch und wischen die Ohrmuschel und den äußeren Gehörgang aus, so weit Sie mit dem Finger hineinkommen. Keine Wattestäbchen verwenden, da Sie damit eher Ohrenschmalz in die Tiefe drücken.
Bevor Sie zur **speziellen Behandlung** Präparate ins Ohr geben, warten Sie nach der Spülung erst noch etwa eine halbe Stunde, weil der Hund meist noch Reste der Spüllösung ausschüttelt. Je nach Größe des Hundes werden 1 bis 4 ml in jedes Ohr appliziert.

Beispiele für geeignete Präparate:
Bei trocken-schuppigen oder geröteten Ohren wirkt **Bepanthen® Salbe** beruhigend und lindernd.
Wenn das Ohr nässt: **Original Silicea Balsam Hübner.**
Bei eitrigen Entzündungen: **Vetokehl Not® / Notakehl® D5 Tropfen** (je Ohr 2 bis 3 Tropfen in 2 bis 3 ml Wasser gelöst).
Bei Hefepilzen: **Pefrakehl® D5 Tropfen** oder **Vetokehl® Ver D5 Tropfen** (je Ohr 2 bis 3 Tropfen in 2 bis 3 ml Wasser gelöst).
Bei Ohrmilben: je Ohr 1 bis 2 ml **Ballistol®** oder 2 bis 3 ml Olivenöl mit ätherischem Lavendel- oder Thymianöl (Mischungsverhältnis: auf 10 ml Olivenöl etwa 5 Tropfen ätherischer Öle).

Die speziellen Mittel werden meist 1- bis 2-mal täglich angewendet. Eine Besserung sollte sich innerhalb weniger Tage einstellen. Bei nur gelegentlichen und akut auftretenden Beschwerden können Sie die Behandlung beenden, wenn Ihr Hund sich nicht mehr die Ohren schüttelt und bei der Ohrenpflege keine Verschmutzungen vorliegen. Bei chronisch-wiederkehrenden Entzündungen bleiben Sie am Ball; mit fortschreitender Besserung können Sie sich aus der Behandlung ausschleichen, indem Sie die Intervalle vergrößern.
Wenn trotz konsequenter Behandlung die Entzündung nicht ausheilt, verzweifeln Sie nicht. Meist bedeutet dies, dass ein Grundproblem noch nicht berücksichtigt wurde. Detektivische Feinarbeit ist gefragt.

Innerliche Behandlung
Homöopathie

Belladonna C30 passt bei Beschwerden, die sehr plötzlich auftreten. Das Ohr ist hochrot, geschwollen, heiß und sehr schmerzhaft. Im Liegen, durch Zugluft, Erschütterungen und Berührung verschlimmern sich die Beschwerden.
Dulcamara C30 wird benötigt, wenn der Hund nass geworden ist und sich dann verkühlt hat, besonders an heißen Tagen, ist der noch feuchte Hund im klimatisierten Auto oder anderen kühlen Räumlichkeiten auskühlt.
Die Beschwerden sind nachts schlimmer und bessern sich durch äußere Wärme.
Graphites C30 (siehe Konstitutionsmittel): Für dieses Mittel sind honigfarbene Krusten an der Innenseite der Ohr-

muschel typisch. Wenn Absonderungen auftreten, riechen diese fischig. Wärme verschlimmert die Beschwerden.
Mercurius solubilis C30 ähnelt von den Schmerzen her Belladonna – nur dass Belladonna verwendet wird, wenn der Zustand hochakut ist. Mercurius ist charakterisiert durch stinkendes, grünliches Sekret. Der Gehörgang ist sehr wund und blutet leicht. Wie bei Rumex crispus treten Juckreiz und eine Schwellung der Lymphknoten am Hals auf. Ganz typisch ist, dass es dem Hund am besten bei gleichbleibenden Temperaturen geht. Sowohl Hitze als auch Kälte verschlimmern seine Beschwerden, weshalb es Hunden, die eingekuschelt in ihrem Körbchen schlafen, durch die entstehende Wärme schlechter geht.
Pulsatilla C30 (siehe Konstitutionsmittel) ist eines der am häufigsten benötigten Mittel bei Ohrenschmerzen – besonders bei Jungtieren. Ganz typisch: Die Schmerzen verschlimmern sich im warmen Haus und bessern sich im Freien und durch Kälte. Zudem lässt sich der Hund gut von seinen Beschwerden ablenken. Die Absonderungen sind reichlich, dick gelbgrün, manchmal auch blutig. Der Hund macht einen mitleidserregenden Eindruck, ist ausgesprochen anhänglich und möchte unter keinen Umständen allein gelassen werden. Die Schmerzen verschlimmern sich abends und nachts und dem Tier geht es besser, wenn es herumgetragen wird.
Rumex crispus C30 hat sich bei ausgeprägtem Juckreiz bewährt, vor allem dann, wenn der Hund empfindlich auf kalte Luft reagiert und die Beschwerden sich durch Bewegung verschlimmern. Häufig sind die Lymphknoten am Hals geschwollen.

Isopathie

Vetokehl Not®/ Notakehl® D5 Tropfen bei eitrigen Entzündungen.
Pefrakehl® D5 Tropfen oder **Vetokehl® Ver D5 Tropfen** bei Hefepilzbelastungen.

Blutohr (Othämatom)

Ursachen und Symptome

Es handelt sich um einen Bluterguss (Hämatom) in der Ohrmuschel. Er entsteht z. B. durch eine Beißerei oder wenn der Hund beim Kopfschütteln mit dem Ohr an einen harten Gegenstand (Tischbein, Türrahmen usw.) schlägt. Durch die Blutung ins Gewebe der Ohrmuschel entsteht eine anfänglich kleine Schwellung. Sie kann in den nachfolgenden Tagen größer werden, wenn die Blutung nicht zum Stillstand kommt oder Nachblutungen auftreten, weil der Hund seinen Kopf nicht still genug hält. Versuche, das betroffene Ohr mit einem Kopfverband ruhig zu stellen, schlagen meist fehl. Deshalb gestaltet sich die Behandlung des Blutohrs eher schwierig und langwierig, obwohl es sich im Grunde um eine harmlose Erkrankung handelt.

Wenn die Blutung gestoppt ist und die Blutgerinnung einsetzt, wird die Schwellung allmählich fest und derb. Der Körper baut das geronnene Blut wieder ab, was aber mehrere Wochen dauern kann. Leider vernarbt während der Abheilung der Ohrknorpel, es entsteht ein sogenanntes Krüppelohr.

Was Ihnen auffällt

Die Symptome sind ähnlich wie bei der Gehörgangentzündung: Ihr Hund schüttelt häufig den Kopf, schubbert ihn über den Boden oder reibt mit der Pfote am betroffenen Ohr. Wenn Sie das Ohr genauer ansehen, entdecken Sie an der Außen- oder Innenseite der Ohrmuschel eine weiche, fluktuierende Schwellung, die sich anfühlt wie ein mehr oder weniger stark wassergefüllter Einmalhandschuh oder Luftballon. Ihr Hund hält den Kopf auf der betroffenen Seite tiefer.

Was Sie tun können

Homöopathie

Arnica C30 kann bei allen Gewebeverletzungen eingesetzt werden. Es verringert die Gefahr einer Nachblutung und unterstützt den Körper, entstandene Blutergüsse zu resorbieren.
Bellis perennis C30 wird benötigt, wenn die Schwellung sich verhärtet und abgekapselt hat. Es kann den Heilimpuls von Arnica und Hamamelis vervollständigen.
Hamamelis C30 kommt nach Arnica zum Einsatz, wenn die Blutung nicht aufhört. Sie erkennen es daran, dass die Schwellung sich weiter vergrößert.
Wenn die Schwellung sehr groß wird und die Haut am Ohr stark spannt, sollten Sie auf jeden Fall den Tierarzt zu Rate ziehen. Durch eine Punktion kann ein Teil des Blutes abgesaugt werden, um den Druck zu verringern. In hartnäckigen Fällen kann eventuell auch eine Operation nötig werden.

Komplexhomöopathie

Traumeel® T ad us. vet. Tabletten
Zur lokalen Behandlung eignet sich **Traumeel® T ad us. vet. Gel.** Es wird täglich vorsichtig aufgetragen. Wenn das Hämatom auf der behaarten Außenseite der Ohrmuschel liegt, kürzen Sie beim langhaarigen Hund vorher die Haare.

Isopathie

Sankombi® D5 Tropfen kommen nicht in der Anfangsphase zur Anwendung, wenn das Blut im Ohr noch flüssig ist, sondern erst später, wenn das Blutohr beginnt sich fest anzufühlen. Das Mittel unterstützt die Abheilung. Zusätzlich zur innerlichen Anwendung tupfen Sie täglich 1 bis 3 Tropfen auf die Schwellung.
Auch wenn Ihr Hund aufgrund eines länger zurückliegenden Othämatoms eine verknorpelte Ohrmuschel hat, kann eine mehrwöchige innerliche und äußerliche Behandlung mit **Sankombi®** die Verhärtungen abmildern.

Mittelohrentzündung (Otitis media)

Ursachen und Symptome

An den äußeren Gehörgang schließt sich, durch das Trommelfell von der Außenwelt abgegrenzt, das Mittelohr an, das gut geschützt innerhalb des Schädels liegt. Entzündungen des Mittelohrs können sich sowohl aus einer Otitis externa entwickeln, wenn Keime die Barriere des Trommelfells überwinden, aber auch als eigenständige Erkrankung.

Da das Mittelohr in enger Verbindung zum Gehirn steht, besteht die Gefahr von ernsten Komplikationen und bleibenden Schäden, wenn nicht umgehend umfassend behandelt wird. Eine Mittelohrentzündung ist ein Notfall, der in tierärztliche Hände gehört.

Was Ihnen auffällt

Bei Mittelohrentzündungen verhält sich der Hund meist sehr auffällig: Er mag nicht fressen, zeigt Schmerzen, wenn er das Maul öffnet, lässt sich ungern am Kopf anfassen und vermeidet jede Bewegung.

Was Sie tun können

Ergänzend zur Behandlung durch den Tierarzt können folgende Arzneien hilfreich sein:

Homöopathie

- akut: **Aconitum C30, Belladonna C30**
- durch Kälte ausgelöst: **Aconitum C30, Chamomilla C30**
- mit Reizbarkeit: **Chamomilla C30**
- mit Besserung im Freien: **Pulsatilla C30**

Aconitum C30 ist für sehr plötzlich auftretende Entzündungen, meistens ausgelöst durch eiskalten Wind, aber auch durch Schreck. Das Mittel hilft nur in diesem ersten hochakuten Stadium – ist dieses Stadium vorüber, ohne

dass eine Besserung auftrat, wird eventuell Belladonna benötigt. Die Schmerzen beginnen gleich am Abend, das betroffene Ohr ist heiß, rot und geschwollen. Der Hund kann nicht auf der betroffenen Seite liegen. Er leidet entsetzlich, ist ängstlich, reizbar und unruhig und reagiert empfindlich auf Geräusche.
Belladonna C30 findet Anwendung, wenn das Aconitum-Stadium vorbei ist, also an den darauffolgenden Tagen. Die Beschwerden treten plötzlich auf: Das Ohr ist hochrot, geschwollen, sehr schmerzhaft (der Hund hält den Kopf schief, schüttelt ihn und fährt sich mit der Pfote über das Ohr) und sehr heiß. Je nach Ausprägung kann auch Fieber hinzukommen. Hat der Hund Fieber, ist manchmal nur der Kopf heiß und die Extremitäten sind kalt oder das ganze Tier fühlt sich sehr heiß an – so heiß, dass man das Gefühl hat, es strahlt regelrecht Hitze ab. Der Hund hat großen Durst. Typisch ist, dass die Schmerzen sich bei Berührung und durch starke Sonnenbestrahlung verschlimmern.
Chamomilla C30 eignet sich ebenfalls, wenn Ohrenschmerzen durch Kälte hervorgerufen werden. Die Ohren von Chamomilla Hunden sind grundsätzlich sehr empfindlich gegen Zugluft und Kälte. Dass dieses Mittel gebraucht wird, erkennt man am ehesten am Verhalten. Der Hund ist gereizt, man kann ihm nichts recht machen. Ständig möchte er Ihre ganze Aufmerksamkeit – und ist trotzdem nicht zufrieden. Die Schmerzen scheinen so schlimm zu sein, dass der Hund es kaum aushalten kann. Besser geht es ihm, so wie auch Pulsatilla, wenn man ihn herumträgt, schlechter durch Hitze und in der Nacht.
Pulsatilla C30 Beschreibung siehe unter Gehörgangentzündung Seite 54 ff.
Silicea C30 (siehe Konstitutionsmittel) ist eher angezeigt bei chronischen Mittelohrentzündungen, bei denen das Hörvermögen beeinträchtigt ist. Es dauert eine Weile, bis sich eine Wirkung zeigt. Die Hunde fürchten sich bei der Untersuchung, sind ausgesprochen müde und empfindlich gegen Kälte.

Isopathie

Vetokehl Not®/ Notakehl® D5 Tropfen, wenn die Mittelohrentzündung sich aus einer eitrigen Gehörgangentzündung entwickelt.

Chakrablüten Essenzen

Die **Balsam Essenz** wirkt schmerzlindernd.

Schüßler Salze

Nr. 3 Ferrum phosphoricum D12 im akuten Stadium

Bei Hunden mit Stehohren ist das Risiko einer Ohrenentzündung nicht so groß.

Vestibulärsyndrom (akuter Schwindel)

Ursachen und Symptome

Beidseitig in den Innenohren liegt das Gleichgewichtsorgan, das für die Orientierung im Raum zuständig ist. Bei Hunden, die Autofahren nicht gut vertragen, hat eben dieses Gleichgewichtsorgan Probleme, die ungewohnten Bewegungen zu verarbeiten, und es treten vorübergehende Beschwerden auf. Vor allem bei älteren Hunden kommt es vor, dass die Funktion des Gleichgewichtsorgans auf einer Seite plötzlich ohne erkennbaren Auslöser ausfällt. Die genauen Gründe sind noch nicht erforscht, aber vermutlich spielen Durchblutungsstörungen oder Nervenschädigungen eine wichtige Rolle.
Die Beschwerden treten meist wie aus heiterem Himmel auf und ähneln einem Schlaganfall. Im besten Fall geht der Spuk bereits nach wenigen Minuten von allein wieder vorüber. Weit unangenehmer ist es für Mensch und Hund, wenn die Symptome anhalten, weil sie den Alltag sehr beeinträchtigen.

Was Ihnen auffällt

Typischerweise treten die Beschwerden sehr plötzlich auf. Ihr Hund hält den Kopf schief (zur Seite des gestörten Innenohrs), hat Gleichgewichtsstörungen und kann sich daher kaum auf den Beinen halten oder läuft taumelig und desorientiert umher, oft auch im Kreis in der Richtung der betroffenen Seite.
Ihrem Hund ist übel, was sich in vermehrtem Speicheln, Appetitlosigkeit oder Erbrechen äußern kann. Die Augen zucken unruhig hin und her, weil sie versuchen, die Orientierungslosigkeit auszugleichen.

Was Sie tun können

Lassen Sie zuerst Ihren Patienten beim Tierarzt untersuchen, denn neben dem Vestibulärsyndrom können die Symptome auch bei anderen, schwerwiegenden Erkrankungen auftreten, die jedoch eine andere Behandlung erfordern würden.

Zur Behandlung des akuten Schwindels wird der Tierarzt vor allem Medikamente gegen die Übelkeit und zur Verbesserung der Durchblutung einsetzen, möglicherweise auch als Infusion. Die folgenden naturheilkundlichen Präparate unterstützen die Regeneration.

Homöopathie

Arnica C30 als Sofortmittel, wenn Sie die ersten Beschwerden bemerken.
Ginkgo biloba D3 im Akutfall stündlich, später 2- bis 3-mal täglich 3 bis 5 Globuli, verbessert die Durchblutung und damit die Sauerstoff- und Nährstoffversorgung im Innenohr.

Zusätzlich können Sie nach den auftretenden Symptomen gezielt eine einmalige Gabe der nachfolgenden Mittel verabreichen:

Homöopathie bei Schwindel:

- beim Erwachen/nach dem Schlaf: **Lachesis C30, Tabacum C30**
- morgens: **Nux vomica C30**
- nach dem Fressen: **Nux vomica C30**
- Sinnesreize: **Nux vomica C30, Phosphorus C30**
- im Alter: **Phosphorus C30**
- im geschlossenen Raum: **Pulsatilla C30**
- bei Abwärtsbewegungen: **Borax C30**
- bei Aufwärtsbewegungen: **Calcium carbonicum C30**

Borax C30 setzen wir ein, wenn der Hund eine allgemeine Ängstlichkeit entwickelt. Diese zeigt sich besonders bei abwärts gerichteten Bewegungen wie z. B. Treppe hinuntergehen oder Berg hinabsteigen. Er speichelt sehr stark.
Bryonia C30: Am liebsten möchte der Hund ruhig daliegen, weshalb er ausgesprochen gereizt reagiert, wenn

man ihn stört oder versucht, ihn zu untersuchen. Auffällig ist sein großer Durst, allerdings müssen Sie dem liegenden Hund seinen Wassernapf direkt vor die Nase halten, da jede Bewegung seine Beschwerden verschlimmert.
Calcium carbonicum C30 (siehe Konstitutionsmittel) fühlt sich schlechter, sobald er irgendwo hinaufsteigen muss.
Cocculus C30 wirkt bei Schwindel mit Übelkeit, Erbrechen, Schwäche und Apathie. Der Hund speichelt stark, ist durst- und appetitlos. Beim Aufrichten und Aufrechtsitzen geht es ihm schlechter.
Nux vomica C30 (siehe Konstitutionsmittel): Hier fällt der Schwindel unmittelbar am Morgen und nach dem Fressen auf. Der Hund schwankt, als sei er betrunken. Es ist möglich, dass es Ihrem Vierbeiner so schwindelig wird, dass er umfällt. Er ist ausgesprochen reizbar und berührungsempfindlich, was eine Untersuchung nicht gerade vereinfacht. Die Übelkeit verschlimmert sich durch bestimmte Gerüche wie z. B. Tabak, Geräusche und auch durch Licht.
Phosphorus C30 (siehe Konstitutionsmittel) eignet sich eher für alte Hunde. Sie beginnen zu schwanken, sobald sie sich von ihrem Schlafplatz erheben. Auch manche Gerüche lösen Übelkeit aus. Im Gegensatz zu Bryonia geht es dem Hund durch Zuspruch besser. Auch fällt auf, dass es ihm nachts (nach Mitternacht) besser geht und er dann auch frisst – vorausgesetzt, es steht Futter bereit.
Pulsatilla C30 (siehe Konstitutionsmittel): Der Hund leidet vor allem in warmen, geschlossenen Räumen und fühlt sich im Freien deutlich besser. Auch Kälte und Ablenkung bessern die Beschwerden.
Tabacum C30: Bei diesem Mittel verschlimmert Zigarettenrauch die Beschwerden, die sich an der frischen Luft bessern.

Komplexhomöopathie

Vertigoheel® reduziert den Schwindel und damit die Übelkeit.

Isopathie

Sanuvis® und **Sankombi® D5** in Kombination verbessern, ähnlich wie Ginkgo biloba, die Durchblutung, Sauerstoff- und Nährstoffversorgung im Innenohr.

Schwerhörigkeit

Ursachen und Symptome

Wenn Ihr Hund nicht mehr wie gewohnt auf Geräusche, Ihre Rufe oder Anordnungen reagiert, können Ohrenprobleme dahinterstecken.
Vielleicht sind die Gehörgänge völlig mit Ohrenschmalz verstopft oder durch eine Entzündung zugeschwollen (Näheres siehe Gehörgangentzündung Seite 54 ff.).
Wenn Ihr Hund schon einige Jährchen auf der Erde lebt, lässt sein Gehör möglicherweise altersbedingt nach.

Was Ihnen auffällt

Ihr Hund überhört immer öfter nicht nur Ihre Rufe, sondern auch das Klappern des Futternapfes zur Futterzeit oder das Klimpern der Hundeleine als Aufforderung zum Spaziergang. Spätestens dann wird Ihnen klar, dass hier kein Ungehorsam im Spiel ist. Möglicherweise wirkt Ihr Hund auf Spaziergängen und besonders in fremder Umgebung etwas orientierungslos, er nimmt nicht wahr, wenn sich Fußgänger, andere Tiere, Fahrradfahrer oder Autos von hinten oder seitlich nähern.

Was Sie tun können

Lassen Sie beim Tierarzt die Ohren untersuchen, um zu klären, ob die Gehörgänge frei sind. Wenn sie zugesetzt sind, wird eine Reinigung (Näheres siehe Gehörgangentzündung Seite 54 ff.) das Hörvermögen sehr schnell wieder herstellen.
Es gibt leider keine einfache Untersuchungsmöglichkeit, um – wie beim Menschen – das Hörvermögen zu überprüfen.

Eine völlige Taubheit lässt sich leider nicht beheben. Sie können Ihrem Hund jedoch helfen, indem Sie sich ihm möglichst von vorne nähern und deutliche Handzeichen geben (vorausgesetzt, die Augen funktionieren noch gut genug). Treten Sie, wenn Sie auf Ihren Vierbeiner zugehen, etwas fester auf, besonders, wenn er gerade vor sich hindöst, denn so kann er Sie über die Vibrationen im Boden wahrnehmen. Berühren Sie ihn häufig, denn auch der Tastsinn kann das schlechte Hören teilweise kompensieren. Um die Hörleistung im Idealfall zu verbessern, ansonsten zu stabilisieren und eine Verschlechterung hinauszuzögern, gibt es verschiedene Präparate.

Bei alten Hunden ist es normal, dass das Gehör etwas nachlässt.

Homöopathie

Arnica C30, wenn die Hörstörung durch eine Verletzung oder auch durch Lärm entstanden ist, und zwar besonders dann, wenn der Hund keine geeignete Liegeposition findet und sich ständig herumwälzt bzw. nach einem weicheren Platz sucht.

Ginkgo biloba D1 verbessert eine eingeschränkte Hörfähigkeit aufgrund einer Durchblutungsstörung und wird deshalb vorwiegend für ältere Hunde benötigt.

Kalium chloratum D12 ist immer einen Versuch wert, wenn der Schwerhörigkeit eine langwierige, oft sogar verschleppte Mittelohrentzündung vorausgegangen ist.

Isopathie

Sanuvis® Tabletten und **Sankombi® D5 Tropfen** in Kombination verbessern, ähnlich wie Ginkgo biloba, die Durchblutung sowie die Sauerstoff- und Nährstoffversorgung im Innenohr.

Die Schilddrüse

Die Schilddrüse liegt an der Halsunterseite rechts und links neben der Luftröhre und ist im Normalfall so klein, dass Sie sie weder sehen noch tasten können. Trotz ihrer geringen Größe ist sie enorm wichtig für den reibungslosen Ablauf im Stoffwechsel sämtlicher Organe. Die Schilddrüse bildet Hormone, die für Wachstum, Temperaturregulation, Energiegewinnung, Muskelaufbau und Regeneration notwendig sind.
Darüber hinaus unterstützt sie die Aktivität des Immunsystems.

Bei derart umfassenden Aufgaben wird deutlich, warum Störungen der Schilddrüsenfunktionen so vielfältige, tiefgreifende und oft verwirrende Symptome hervorrufen.

Aus Sicht der chinesischen bzw. indischen Medizin stören Metallhalsbänder den Energiefluss der Meridiane und des Hals-Chakras und sollten deshalb nicht dauernd getragen werden.

Schilddrüsenunterfunktion (Hypothyreose)

Ursachen und Symptome

Man spricht von einer Unterfunktion der Schilddrüse (Hypothyreose), wenn die Schilddrüse zu wenige Hormone produziert. Betroffen sind in der Regel eher große, reinrassige Hunde. Bei Hunden kommen fast nur Schilddrüsenunterfunktionen vor. Der Hauptauslöser ist eine Fehlreaktion des Immunsystems, das Abwehrstoffe (sogenannte Auto-Antikörper) gegen die eigene Schilddrüse bildet.

Es gibt bestimmte Symptome, die auf eine Schilddrüsenunterfunktion hinweisen, dennoch kann die eindeutige Diagnose von Schilddrüsenerkrankungen nur mithilfe einer Blutuntersuchung (Schilddrüsenprofil) gestellt werden. Daher sollten Sie keine eigenen Schilddrüsen-Behandlungsversuche ohne entsprechende Untersuchungen und Diagnose starten.

Bei größeren Hunderassen tritt häufiger eine Schilddrüsenunterfunktion auf.

Was Ihnen auffällt

Da die Krankheit sich meist schleichend entwickelt, werden die Symptome oft nicht richtig gedeutet. Beispielsweise ist zunehmende Bewegungsunlust oder Trägheit bis zur Lethargie ein Hauptsymptom der Hypothyreose, wird aber vielfach fälschlicherweise dem zunehmenden Alter des Hundes zugeschrieben.
Wenn Ihr Vierbeiner an Gewicht zunimmt, obwohl Sie nichts an der Fütterung geändert haben und sicher sein können, dass es keine heimlichen Futterquellen gibt, sollten Sie ebenfalls hellhörig werden.

Das Fell wird stumpf und struppig, es kann entweder sehr trocken oder fettig sein; starker Haarausfall lässt die sonst prächtige Mähne schütter werden. Gerade bei Langhaarrassen sieht der Schwanz eher wie ein Rattenschwanz aus. Die Haut neigt zu Pickeln aller Art und die verstärkte Bildung von Ohrenschmalz führt zu Gehörgangentzündungen. Oft verändert sich auch der Gesichtsausdruck: Der Hund wirkt aufgedunsen und traurig.
Sämtliche Muskeln werden schlaff und kraftlos, daher hat Ihr einstiges Energiebündel keine Ausdauer und wird schnell kurzatmig. Spaziergänge werden eher lustlos absolviert, es treten mal an dem einen, mal am anderen Bein Lahmheiten auf.

Der Hund entwickelt eine Abneigung gegen Kälte und wird daher warme, gemütliche Plätze bevorzugen.
Da bei einer Schilddrüsenunterfunktion alles langsamer geht als gewohnt, wundert es nicht, dass auch Verstopfungen vorkommen können.

In letzter Zeit treten vermehrt Fälle auf, bei denen Hunde mit einer Schilddrüsenunterfunktion eher überaktiv, schwer erziehbar bis hin zu überaggressiv sind – alles Verhaltensweisen, die man eher einer Überfunktion zuordnen würde.

Was Sie tun können

Wenn Sie auch nur einige der genannten Symptome bei Ihrem Hund beobachten, lassen Sie eine Blutuntersuchung durchführen, bei der u. a. auch die Schilddrüsenhormone bestimmt werden.
Bei einer eindeutig nachgewiesenen Hypothyreose wird der Mangel an Schilddrüsenhormon medikamentös mit dem Wirkstoff Levothyroxin behoben.

Vielfach wird nur eine leichte Unterfunktion festgestellt. Ob hier auch die Gabe von Schilddrüsenhormonen nötig ist, muss im Einzelfall in Absprache mit dem Tierarzt/Tierheilpraktiker geklärt werden. Eine leichte Fehlfunktion lässt sich gut mit naturheilkundlichen Mitteln regulieren. Außerdem kann die naturheilkundliche Therapie ergänzend zur Schulmedizin eingesetzt werden, wodurch sich die Hormondosis häufig reduzieren lässt (unter regelmäßiger Kontrolle der Schilddrüsenwerte).

Homöopathie

Calcium carbonicum C30 (siehe Konstitutionsmittel) ist ein Mittel für langsame, schwache, schwere, kälteempfindliche Hunde mit einer verzögerten Entwicklung. Es entspricht somit genau dem Bild eines Hundes mit einer Schilddrüsenunterfunktion. Es mag Ihnen auffallen, dass der Hund überaus gerne Eier frisst und ein Verlangen nach Unverdaulichem wie Sand, Steine oder Kalk hat.
Flor de Piedra D6 hilft bei mangelnder Leistungsfähigkeit mit ausgeprägter Müdigkeit. Der Hund kann Schwierigkeiten beim Schlucken und Kotabsetzen haben, der Stuhl ist oft hart. Es geht ihm schlechter beim Wechsel von trocken-warmem zu nass-kaltem Wetter.
Fucus vesiculosus C30 regt aufgrund seines Jodgehaltes die Schilddrüse an und findet Anwendung bei Heißhunger, Übergewicht und der Neigung zu hartnäckiger Verstopfung. Es wirkt auf eine vergrößerte, druck- bzw. berührungsempfindliche Schilddrüse.

Graphites C30 ist für Hunde, die sehr verfroren sind, sogar dann, wenn es warm ist, mit einer traurigen, ängstlichen Stimmung. Die Tiere sind langsam, haben guten Appetit, eine Neigung zu Übergewicht und Verstopfung, wenig Ausdauer und Haarausfall. Ihr Fell ist glanzlos und stumpf und sieht immer ein wenig so aus, als wenn es schmutzig wäre. Die Hunde leiden unter allen möglichen Hautbeschwerden: Ekzeme und Einrisse ebenso wie Verhornungen (Liegeschwielen), Milben, Krusten, Juckreiz und vielem mehr.
Hedera Helix C30 enthält Jod und bessert eine leichte Unterfunktion, die mit einer Vergrößerung der Schilddrüse, mit beschleunigtem Herzschlag und Angst einhergeht.

Isopathie

Mucedokehl® D5 wirkt regulierend auf das Hormonsystem und kann daher sowohl Unter- als auch Überfunktionen ausbalancieren.

Schüßler Salze

Nr. 15 Kalium jodatum D12 und **Nr. 24 Arsenicum jodatum D12** verbessern den Jodstoffwechsel.
Nr. 17 Manganum sulfuricum D12, besonders wenn die Schilddrüse fühlbar vergrößert ist.
Nr. 26 Selenium D12; Selen ist, ähnlich wie Jod, ein wichtiges Spurenelement für die physiologische Funktion der Schilddrüse.
Nr. 7 Magnesium phosphoricum D6 bei Muskelschwäche.

Organpräparate

Glandula thyreoidea Gl D12
Glandula thyreoidea suis Injeel
ReVet H13 Fit im Alter

Ernährung

Fehlreaktionen des Immunsystems sind an der Entstehung von Schilddrüsenstörungen beteiligt und Futterzusätze wie z.B. Öle, die reich an ungesättigten Fettsäuren sind (Leinöl, Nachtkerzenöl oder Fischöl) helfen, überschießende Abwehrreaktionen auszubalancieren.
Da der Darm nicht nur ein Verdauungsorgan ist, sondern auch eine wichtige Rolle im Immunsystem spielt, tragen eine Darmsanierung (siehe Verdauungsorgane Seite 103 ff.) und eine Futterumstellung zur Stabilisierung der Schilddrüse bei.
Eine ausreichende Versorgung mit B-Vitaminen, Magnesium, Jod, Selen, Zink und Eisen sollte dabei sichergestellt sein. Für eine individuelle Bedarfsberechnung holen Sie sich am besten Hilfe bei einem erfahrenen Ernährungsberater.

Bewegungsunlust kann auch ein Zeichen für Hypothyreose sein.

Schilddrüsenüberfunktion (Hyperthyreose)

Ursachen und Symptome

Im Gegensatz zur Unterfunktion ist die Überfunktion beim Hund eher selten. Der Grund dafür ist nicht bekannt. Wenn sie bei einem älteren Hund auftritt, ist die Ursache fast immer ein Tumor in der Schilddrüse.

In letzter Zeit werden auch bei jüngeren Hunden Schilddrüsenüberfunktionen beobachtet. Meist handelt es sich um Tiere, die mit BARF ernährt werden und deren Futter Schlundfleisch (mit Schilddrüsengewebe) enthält. Wird die Fütterung umgestellt, bilden sich die Symptome meist von allein zurück.

Was Ihnen auffällt

Ihr Hund ist hektisch, unruhig, nervös, häufig zittert er am ganzen Körper, als stünde er dauernd „unter Strom". Daher fällt es ihm schwer, sich zu konzentrieren. Irrtümlicherweise wird das Verhalten oft als Unerzogenheit oder Mangel an Gehorsam eingestuft.

Das Tier frisst wie ein Scheunendrescher, verliert aber an Gewicht. Die vergrößerte Schilddrüse ist an der Halsunterseite sichtbar (Kropf), drückt auf die Luft- und Speiseröhre und führt zu Schluckbeschwerden, die sich durch Husten oder Würgen äußern.

Sie können den Herzschlag, der meist sehr kräftig und beschleunigt ist, besonders an der linken Brustseite hinter dem Ellenbogen sehen und fühlen.

Was Sie tun können

Lassen Sie beim Tierarzt eine Blutuntersuchung durchführen, bei der auch die Schilddrüsenwerte bestimmt werden. Um einen Tumor abzuklären, sind weitere Untersuchungen, z. B. Ultraschall, nötig.

Je nach Ergebnis der Untersuchungen wird im Einzelfall geklärt, welche Therapieschritte sinnvoll sind. Sie reichen von Futterumstellung über medikamentöse Drosselung mithilfe von Schilddrüsenhormonen bis hin zur operativen Entfernung (und anschließenden Dauergabe von Schilddrüsenhormonen), Bestrahlung und Chemotherapie.

Homöopathie

Flor de Piedra D12: In Abhängigkeit von der Potenz übt dieses Mittel eine regulierende Wirkung auf die Schilddrüse aus, weshalb es sowohl hier als auch bei der Unterfunktion aufgelistet ist. Der Hund ist unruhig, kommt schlecht zur Ruhe. Er leidet unter Hautjucken und weichem Stuhlgang.

Spongia D6: Der Hund ist stark abgemagert und reagiert empfindlich auf Berührung am Hals. Druck des Halsbands wird schlecht vertragen, unter Umständen treten Husten und Heiserkeit auf.

Jodum C30 eignet sich für unruhige, nervöse, hyperaktive, leicht reizbare Hunde, die trotz Heißhunger stark abmagern und überhaupt keine Wärme vertragen. Es wird Ihnen schwer fallen, so ein Tier zu erziehen, da es sich nur schlecht konzentrieren kann. Überhaupt gestaltet sich das Zusammenleben ziemlich anstrengend, da der Hund nur wenig schläft und ständig auf Achse ist.

Lycopus virginicus D6 ist für reizbare Hunde, die unter nervöser Unruhe und starkem Herzklopfen leiden.

Isopathie

Mucedokehl® D5 wirkt regulierend auf das Hormonsystem und kann daher sowohl Unter- als auch Überfunktionen ausbalancieren.

Das Herz

Bei älteren Hunden kann die Herzleistung nachlassen.

Herzerkrankungen sind für Sie als Tierbesitzer nicht so ohne Weiteres zu erkennen. Beginnen Sie daher keine Behandlung, ohne Ihren vierbeinigen Gefährten gründlich untersuchen zu lassen.
Symptome, die häufig bei Herzproblemen auftreten (z. B. Husten, Kurzatmigkeit, Leistungsschwäche), sind leider so unspezifisch, dass sie bestenfalls eine Verdachtsdiagnose ermöglichen.
Andere Organe machen es Ihnen leichter zu erkennen, wenn Erkrankungen vorliegen; beispielsweise bringen die Atemwege, Verdauungsorgane, Harn- und Geschlechtsorgane sowie die Haut durch auffällige Ausscheidungen (Nasenausfluss, Erbrechen, Durchfall, veränderten Urin bzw. Ausfluss) zum Ausdruck, wo etwas aus dem Ruder läuft. Zugegebenermaßen sind diese Hinweise nicht immer eindeutig. So kann Husten auf eine Rachenentzündung oder Bronchitis, aber auch auf eine Herzschwäche hinweisen.
Da das Herz gut geschützt im Brustkorb liegt, sich also dem direkten Blick entzieht und außerdem keine Sekrete von sich gibt, die sich untersuchen lassen, sind andere Hilfsmethoden zur Diagnostik notwendig, z. B. die Auskultation (Abhorchen mit einem Stethoskop), Blutdruckmessung, Röntgen, Ultraschall und EKG.

Sie können den Herzschlag auf der linken Körperseite direkt hinter dem Ellenbogen, also im unteren Bereich des Brustkorbs, sehen, wenn Ihr Hund kurzes Fell hat, oder fühlen, wenn er lange Haare hat.
Die Herzfrequenz liegt bei jungen und kleineren Hunden höher (in Ruhe 80 bis 180 Schläge pro Minute) als bei ausgewachsenen oder großen Artgenossen (in Ruhe 60 bis 100 Schläge pro Minute). Bei Aufregung, nach Bewegung, bei Schmerzen, Fieber oder allgemein bei Erkrankungen kann die Herzfrequenz in die Höhe schnellen, sodass das Auszählen schwierig wird.
Es gibt beim Herzschlag des Hundes noch eine Besonderheit: Das Herz Ihres Vierbeiners schlägt in Ruhe nicht regelmäßig wie ein Uhrwerk, sondern unterschiedlich schnell, und zwar in Abhängigkeit von der Atmung. Beim Einatmen nimmt die Herzfrequenz zu und sinkt während der Ausatmung. Diese „physiologische Arrhythmie", wie sie in der Fachsprache heißt, verschwindet bei Belastungen, sei es Aufregung oder körperliche Bewegung. Dann schlägt das gesunde Hundeherz völlig regelmäßig.

Herzerkrankungen

Wenn Sie allerdings feststellen, dass das Herz Ihres Vierbeiners während bzw. kurz nach Belastung oder unabhängig von der Atmung unregelmäßig arbeitet, ist dies ein ernst zu nehmendes Symptom.
Lassen Sie Ihren Hund beim Tierarzt gründlich untersuchen. Möglicherweise steckt hinter den Herzbeschwerden eine andere Erkrankung, die sich jedoch auch auf das Herz auswirkt.

Ursachen und Symptome

Meist sind es die älteren Hunde, die von Herzproblemen betroffen sind. Mit den Jahren nimmt die Kraft der Herzmuskulatur ab oder die Herzklappen schließen nicht mehr vollständig.
Wenn junge Hunde Herzbeschwerden zeigen, handelt es sich meist um angeborene Anomalien. Möglicherweise merkt man dem Hund jedoch gar nicht an, dass er einen angeborenen Herzfehler hat, weil er ihn gut kompensieren kann. Erst eine tierärztliche Untersuchung, z. B. zur Impfung, bringt das Problem ans Licht.

Herzbeschwerden können in Zusammenhang mit einer Vielzahl anderer Erkrankungen auftreten. Typischerweise führen Nierenstörungen oder -schäden oft zu Herzschwäche. Herz und Lunge sind in ihrer Funktion und ihrer Lage im Brustkorb sehr eng verbandelt. Wenn eines der beiden Organe erkrankt, wird das andere daher sehr leicht in Mitleidenschaft gezogen.
Schwere Infektionen, Fehler in der Futterzusammensetzung, Übergewicht, eine Schilddrüsenunterfunktion (Hypothyreose) stehen auf der Liste der auslösenden Faktoren ebenfalls weit oben.

Seit vielen Jahren treten in unseren Ländern bei Hunden auch Infektionen mit dem Herzwurm auf. Er kommt ursprünglich in Ländern mit warmem Klima, z. B. dem Mittelmeerraum, vor. Der Herzwurm überträgt seine Larven durch Stechmücken auf den Hund. Aus den Larven entwickeln sich in den Folgemonaten im Blut des Wirtes erwachsene Würmer, die sich schließlich im Herz und in den großen Blutgefäßen der Lunge. ansiedeln.
Man kann sich leicht vorstellen, dass das Herz seine Aufgaben nur schlecht erfüllen kann, wenn es im Innern Würmer beherbergt.
Wie bei anderen Herzerkrankungen treten Husten, Kurzatmigkeit und Leistungsschwäche auf. Herzwurmbefall führt zur Blutarmut und weiter zu massiven Beeinträchtigungen nicht nur des Herzens, sondern auch der Leber und Nieren und kann zum Tod führen.

Was Ihnen auffällt

Da sich eine Herzschwäche meist allmählich entwickelt, zeigt ihr vierbeiniger Freund anfangs kaum Symptome oder sie fallen nicht gleich auf und man schiebt eine geringere Bewegungsfreude auf das zunehmende Alter.
Als häufiges Frühsymptom bei Herzbeschwerden tritt Husten bzw. Hüsteln auf, anfangs vor allem frühmorgens oder nach Belastung oder Aufregung.

Auf Spaziergängen kann der Hund das gewohnte Tempo und die Wegstrecke nicht mehr bewältigen, er wird kurzatmig und bleibt öfter stehen, um zu verschnaufen. Da er in diesen Pausen häufig am Wegesrand herumschnüffelt, kann bei Ihnen der Eindruck entstehen, er entdecke gerade ganz aufregende Düfte, die unbedingt erforscht werden müssen. Ihr Hund versucht auf diese Weise jedoch, seine geringe Ausdauer zu kaschieren.
Wenn Ihr Hund heiße Wetterperioden nicht mehr so gut verkraftet wie sonst, kann dies ein Frühwarnsymptom für eine beginnende Herzschwäche sein; im weiteren Verlauf macht sich die Leistungsminderung auch bei milderen Temperaturen bemerkbar.

Mit zunehmender Herzinsuffizienz kommt es im Körper schneller und häufiger zum Sauerstoffmangel. Sie erkennen ihn daran, dass die Zunge, die Schleimhäute an der Innenseite der Lefzen und im Maul und der Lidbindehäute nicht mehr rosarot, sondern bläulich (zyanotisch) oder blass werden, wenn die Herzleistung überfordert ist. Im Extremfall wird Ihr Hund „aus den Latschen kippen", also ohnmächtig werden. Dadurch wird der Sauerstoffverbrauch im Körper stark gedrosselt, sodass das geplagte Herz Zeit hat, wieder für Nachschub zu sorgen. Es kann etliche Sekunden (die sich wie eine Ewigkeit anfühlen) dauern, bis Ihr Hund wieder zu sich und auf die Beine kommt.

Durch die geringere Herzleistung kommt es im Lauf der Zeit zu Wassereinlagerungen (Ödeme), vor allem im Brustraum und im Bauch. Dieser „Wasserbauch" (Aszites) drückt auf das Zwerchfell und damit auf die Organe im Brustkorb, also Herz und Lunge, was deren Funktion weiter einschränkt – ein echter Teufelskreis.

Was Sie tun können

Auch wenn wir uns wiederholen: Bitte lassen Sie beim leisesten Verdacht einer Herzerkrankung Ihren Hund beim Tierarzt untersuchen.

Setzen Sie vom Tierarzt verordnete Medikamente nicht eigenmächtig ab. Wenn der Hund unter der Therapie wieder „ganz der Alte" ist, entsteht bei Besitzern gelegentlich der Eindruck, die Behandlung beenden zu können. Schädigungen des Herzens heilen jedoch in den wenigsten Fällen aus, eine völlige Regeneration zum Gesunden ist also nicht möglich. Die Dauerbehandlung kann für lange Zeit zur deutlichen Verbesserung oder gar Beschwerdefreiheit führen.

Bei der Behandlung des Herzwurms gilt es außerdem, die Parasiten zu eliminieren.

Malen Sie das Heilzeichen Y (siehe Heilzeichen Seite 23 ff.) auf die Packungen der Herzmedikamente. Die Erfahrung zeigt, dass das Zeichen die Verträglichkeit der Arzneien verbessert.

Die Behandlungsmaßnahmen zielen darauf ab, die Herzkraft und damit die Herzleistung zu verbessern und die Wassereinlagerungen abzubauen bzw. zu verhindern.

Wenn Ihr Hund übergewichtig ist, tun Sie ihm einen großen Gefallen, wenn Sie die Futtermenge – und die Leckerlis zwischendurch – reduzieren, damit er abnimmt. Brechen Sie dabei nichts übers Knie. Wenn Sie anfangs die Portionen um etwa 10 % (täglich auswiegen!) verringern, wird Ihrem Hund der Magen nicht gleich knurren und Sie vermeiden, dass er „räubern" geht und damit die Schlankheitskur sabotiert.

Die folgenden Behandlungsvorschläge setzen voraus, dass eine Diagnose zur Art der Herzerkrankung und zum Schweregrad vorliegt. Sie können ergänzend zu tierärztlich verordneten Medikamenten eingesetzt werden. Erfahrungsgemäß lässt sich damit das subjektive Befinden des Hundes positiv beeinflussen. Das merken Sie daran, dass er bewegungsfreudiger wird.

Wenn keine Herzschädigung festgestellt wurde, aber Ihr Hund beispielsweise warmes Wetter schlecht verträgt, können die nachfolgenden Vorschläge sehr hilfreich sein.

Homöopathie

Arnica C30, meist bekannt als Mittel bei Verletzungen, kann auch bei Herzbeschwerden gute Dienste leisten. Wenn ein Hund mit Herzproblemen auf dem linken Vorderbein lahmt, liegt dies möglicherweise nicht am Bein selbst, sondern an Herzbeschwerden, die in das Bein ausstrahlen. Hier ist Arnica hilfreich.

Crataegus D1 ist das Hauptmittel bei beginnender Herzschwäche. Es verbessert die Sauerstoffversorgung des Herzmuskels, der dadurch entlastet wird und effektiver arbeiten kann. Häufig tritt nachts oder in den frühen Morgenstunden trockener Husten auf.

Wenn ein Hund öfter Pause machen möchte, kann es an seinem Herzen liegen.

Camphora C30 ist ein hervorragendes Notfallmittel bei Kollapsneigung durch Kreislaufschwäche. Es unterstützt das Herz und ist Carbo vegetabilis recht ähnlich, aber im Gegensatz dazu entwickelt sich hier die Kreislaufschwäche recht schnell. Der Hund ist unruhig und möchte nicht berührt werden. Er friert und hat ein ausgesprochen großes Bedürfnis nach Wärme, lässt sich aber trotzdem nicht zudecken. Dem Tier geht es schlechter durch Berührung und kalte Luft; Wärme dagegen bessert seinen Zustand.
Carbo vegetabilis C30 oder **Veratrum album C30** bei Kreislaufschwäche oder Kollapsneigung (siehe Haus- und Notfallapotheke Seite 196 f.).

Kalium carbonicum D6 hilft, Wasseransammlungen (Ödeme) besonders in der Lunge auszuleiten. Dadurch wird der Herzhusten verringert. Das Mittel passt gut zu Hunden, die leicht frieren und denen es besser geht, wenn sie sich warm einkuscheln können. Trotz dieser Kälteempfindlichkeit trinken sie lieber kaltes als warmes Wasser.
Laurocerasus D4: Dieses Mittel wird bei trockenem, krampfhaftem Husten eingesetzt, der manchmal mit bräunlichem Auswurf einhergeht und vorzugsweise nachts auftritt. Aufgrund des auftretenden Sauerstoffmangels kann sich während der Hustenanfälle die Zunge blau verfärben.
Die Hunde zeigen eine verminderte Leistungsbereitschaft, husten mehr, wenn sie liegen (darum auch nachts) und erfahren Erleichterung durch leichte Bewegung und an der frischen Luft.

Komplexhomöopathie

ReVet H 4 Herz-Kreislaufbeschwerden
Cralonin® Tropfen

Isopathie

Sanuvis® Tabletten in Kombination mit **Vetokehl® Muc/ Mucokehl® D5 Tropfen** verbessern die Durchblutung und damit die Sauerstoffversorgung des Herzmuskels.

Schüßler Salze

Nr. 7 Magnesium phosphoricum D6

Organpräparate

Crataegus/Cor comp. Globuli (Wala)

Die Atemwege

Das Hecheln dient vor allem zur Regulierung der Körpertemperatur.

Die Atemwege haben nicht nur die Aufgabe, den Körper mit Sauerstoff zu versorgen und von Kohlendioxid zu befreien. Sie dienen auch der Temperaturregulation, und das ist besonders wichtig für Hunde, weil sie bekanntlich nicht schwitzen können wie wir Menschen. Da kühlende Pfützen oder Gewässer nicht immer zur Verfügung stehen, hat die Natur unsere Hunde mit der Fähigkeit des Hechelns ausgestattet. So kann der Hund jederzeit, wenn ihm zu warm ist, für Abhilfe sorgen.

Er hechelt aber nicht nur bei höheren Umgebungstemperaturen, sondern bei allen Gelegenheiten, die ihn in irgendeiner Form anstrengen, sei es, weil er durch Toben so richtig in Fahrt gekommen ist, oder bei Fieber, wenn die innere Körpertemperatur ansteigt. Hecheln ist außerdem eine Möglichkeit, um „emotionalen Dampf" abzulassen, z. B. wenn Ihr Vierbeiner sich gerade über etwas riesig gefreut oder geärgert hat oder unter Schmerzen leidet.

Rassen mit kurzer Schnauze haben häufig Atemwegsprobleme.

Husten, Schnupfen, Heiserkeit, Schnarchen, Schnaufen, Kurzatmigkeit usw. sind Beschwerden, die einzeln oder in Kombination auftreten und die man typischerweise mit allerlei Erkrankungen der Atemwege selbst in Verbindung bringt:

- Infektionen mit Bakterien, Pilzen oder Viren bzw. Wurmbefall
- eingeatmete Reizstoffe (Ammoniak, Zigarettenrauch, Autoabgase)
- Fremdkörper (Gräser, Insekten, Staub)
- Allergien („Heuschnupfen", Staub, Pollen, Gräser, Schimmelpilze usw.)
- Tumore
- psychische Belastungen/Stress
- angeborene/rassebedingte Missbildungen

Bei kurznasigen Hunderassen wie Mops, Bulldogge, Boxer usw. sind die Nasengänge quasi ziehharmonikaartig zusammengeknautscht. Klar, dass die Luft da nicht so gut durchfließt und dass sich leichter mal Entzündungen festsetzen. Hier wird sich erst dann etwas ändern, wenn die Zuchtkriterien überarbeitet werden, was bei manchen der Rassen schon der Fall ist (z. B. Boxer).

Darüber hinaus entwickeln sich Atembeschwerden wie Kurzatmigkeit oder röchelnde Atmung auch in Zusammenhang mit anderen Organstörungen, z. B. des Herzens. Kurzatmigkeit kann in unterschiedlichen Ausprägungen auftreten, nicht nur bei Atemwegsproblemen, sondern auch bei Übergewicht, gegen Ende der Trächtigkeit, bei Schmerzen oder lebensbedrohlichen Zuständen wie z. B. bei einer Magendrehung.

Manche Hunde zeigen das Phänomen des **Rückwärtsniesens**, das vom Tierarzt abgeklärt werden sollte, aber keiner Behandlung bedarf, wenn die Atmung ansonsten nicht behindert ist und die Hunde zwischen den Röchelanfällen gesund und munter sind. Rückwärtsniesen kann immer wieder einmal auftreten. Der Hund hebt plötzlich den Kopf, streckt den Hals, spreizt die Ellenbogen ab und zieht mit einem Röcheln anfallsartig heftig Luft durch die Nase ein.

Wenn Sie Ihrem Hund bei bestehenden Atemwegsproblemen möglichst schnelle Linderung oder Heilung verschaffen wollen, ist es wichtig, nach Ursachen und Auslösern zu fahnden.

Bei dieser Suche ist es hilfreich, die Symptome genau zu beobachten und zu beschreiben, weil dies oft Hinweise auf die zugrunde liegenden Probleme gibt. Schon die Art, wie Ihr Hund hustet und wie es sich anhört, kann sehr aufschlussreich sein. Wenn er beispielsweise immer im Frühjahr bei oder nach Spaziergängen hustet oder Schnupfen bekommt, liegt möglicherweise eine allergische Tendenz vor. Wenn Ihr treuer Begleiter schon etwas betagter ist und nachts oder frühmorgens hüstelt, liegt der Verdacht einer Herzschwäche nahe.

Für die erfolgreiche Behandlung ist das erste Gebot, Ursachen abzustellen, z. B. wenn Ihr Hund immer dann hustet, wenn jemand in der Umgebung Zigarre raucht. Lässt sich der Störfaktor nicht beseitigen, ist eine Minimierung als zweitbeste Lösung immer noch besser, als nichts zu unternehmen.

Auch für die anschließende Wahl der passenden naturheilkundlichen Mittel und Maßnahmen sind die sogenannten Modalitäten wichtig: Welches Organ oder Organteil ist betroffen? Was hat die Beschwerden ausgelöst und wie äußern sie sich? Gibt es äußere Einflüsse, die lindernd oder verschlechternd wirken?

Nasenausfluss (Schnupfen)

Ursachen und Symptome

Wenn Ihrem Hund die Nase läuft, kann das verschiedenste Gründe haben. Nasenausfluss tritt auf bei Erkrankungen der Nase selbst, bei trockener Raumluft, in Raucherhaushalten, bei Allergien („Heuschnupfen"), aber auch als Begleitsymptom bei anderen Erkrankungen der Atemwege wie z. B. Bronchitis oder Zwingerhusten.
Bei einseitigem Nasenausfluss liegt das Grundproblem eher in der Nase selbst oder auch in benachbarten Organen wie den Zähnen. Gelegentlich kann sich auch ein Fremdkörper, wie ein kleiner Grashalm, in die Nase verirren und entsprechende Abwehrreaktionen auslösen. Seltener ist ein Tumor die Ursache.
Beidseitiger Nasenausfluss mit Niesen, Nasenreiben, eventuell auch Atemschwierigkeiten deutet eher auf Beschwerden hin, die sich hinter der Nase, also im Rachen, in den Bronchien oder der Lunge abspielen. In den letzten Jahren haben Schimmelpilzbelastungen der Nase und Nasennebenhöhlen zugenommen und führen zu sehr hartnäckigen Beschwerden.
Klarer, wässriger Nasenausfluss kommt meist bei Allergien („Heuschnupfen"), zu Beginn eines Infektes oder auch bei plötzlichem Temperaturwechsel der Atemluft, starken oder aggressiven Gerüchen vor.
Dickflüssige, gelbliche oder grünliche Absonderungen (Eiter) treten im Verlauf von Atemwegsinfekten, z. B. bei Zwingerhusten, auf.
Blutiges oder rosa bis rot gefärbtes Nasensekret siehe Nasenbluten Seite 75.

Was Ihnen auffällt

Ihrem Hund läuft die Nase mehr als sonst. Aus einem oder beiden Nasenlöchern kommt es zu wässrigen, schleimigen, eitrigen oder blutigen Absonderungen. Ist der Geruchsinn beeinträchtigt, kann dies auf den Appetit schlagen. Auch Niesen, verklebte Nasenlöcher, lautes Atmen oder Augenausfluss können auftreten. Vielleicht reibt sich der Hund auch mit den Pfoten übers Gesicht oder scheuert mit dem Kopf über den Boden.
Eine einseitige Schwellung seitlich am Nasenrücken mit gleichzeitigem Nasenausfluss kann auf eine Zahnwurzelentzündung im Oberkiefer hindeuten. Oft macht dann auch das Fressen Probleme.
Wenn Husten/Schnupfen (also Heiserkeit/Nasenausfluss) zusammen auftreten, sollten Infektionen wie der Zwingerhusten abgeklärt werden.

Was Sie tun können

Wenn Ihr Vierbeiner zwar Nasenausfluss hat, aber weiterhin munter ist und frisst, können Sie ihn mit eigenen Maßnahmen unterstützen. Versuchen Sie, den Grund für die Tropfnase „dingfest" zu machen, weil Sie dann viel gezielter behandeln können.

Bei Fieber, Appetitlosigkeit oder anhaltenden Beschwerden, die innerhalb von einigen Tagen unter Ihrer Versorgung nicht besser werden oder sich verschlechtern, ist ein Besuch beim Tierarzt fällig.

Homöopathie

Alium cepa C30 ist das Mittel bei Schnupfen mit anhaltendem Niesen, wässrig-klarem Nasensekret und übermäßigem Tränenfluss. Das Nasensekret ist so scharf, dass die Nasenlöcher wund sein können. Die Beschwerden verschlimmern sich, sobald der Hund einen warmen Raum betritt, und bessern sich an der frischen Luft.

Arsenicum album C30 (siehe Konstitutionsmittel) bei brennendem, wundmachendem Schnupfen, der in regelmäßigen Abständen auftritt (beispielsweise jeden Morgen oder jeden zweiten Tag). Die Nase juckt, weshalb der Hund sich das Gesicht an Gegenständen reibt. Reichliche Absonderungen wechseln sich mit verstopfter Nase ab. Der Hund niest oft. Die Augen tränen und die Lider sind rot, borkig und schuppig. Arsenicum passt besonders gut zu Hunden, die schnell frieren und ein großes Verlangen nach Wärme haben. Die Hunde wirken nervös und ängstlich, sind fast immer sehr sauber, zierlich und magern bei Krankheit ab. Sie wirken erschöpft und unruhig, haben großen Durst, trinken aber immer nur kleine Mengen. Die Beschwerden verschlimmern sich nachts, in der Ruhe und durch Kälte. Wärme jeglicher Art und auch Bewegung bessern den Schnupfen.

Dulcamara C30 bei trockenem Schnupfen mit verstopfter Nase, der durch einen plötzlichen Temperaturwechsel von warm nach kalt, besonders zu feuchter Kälte hin auftritt, beim Wechsel von warmen in kalte Räume, an heißen Tagen, die in kalte Nächte übergehen, am Ende des Sommers, bei kaltem Gewitterregen. Die Beschwerden verschlimmern sich durch kaltes, regnerisches Wetter und bessern sich durch Wärme und Bewegung.

Euphrasia C30: Im Gegensatz zu Allium cepa hat Euphrasia einen stärkeren Bezug zu den Augen. Der Nasenfluss ist reichlich, mild und wundmachend. Der Tränenfluss ist scharf und kann zu einer Entzündung der Augenlider führen, wodurch die Hunde oft eine Lichtscheu zeigen. Die Augen tränen in einem fort und sind morgens häufig verklebt. Der Schnupfen wird gegen Abend schlimmer.

Euphorbium C30 bei reichlichem Fließschnupfen mit starkem Niesreiz und juckenden, brennenden Augen. Der Hund reibt seinen Kopf ständig an Gegenständen und ist nervös. Meist geht der Schnupfen mit trockenem, spastischem Husten einher, der Tag und Nacht anhalten kann.

Hepar sulfuris C30 bei Schnupfen, dessen Sekret anfangs wässrig-klar, später dann aber schleimig-eitrig wird und an den Geruch von altem Käse erinnert. Der Hund muss bei kaltem Wind andauernd niesen, wirkt reizbar und unzufrieden und ist empfindlich gegenüber Berührung. Das Nasensekret löst sich nur schlecht und zwingt den Hund zur Mundatmung.

Luffa D4 bei Schnupfen mit zähen, schleimigen oder wässrigen Absonderungen, verbunden mit häufigem Niesen und Juckreiz. Die Beschwerden sind morgens und in trockener, warmer Luft schlechter, verbessern sich im Freien.

Natrium muriaticum C30 (siehe Konstitutionsmittel): Typischerweise treten die Symptome periodisch auf, z. B. regelmäßig jedes Jahr im Hochsommer, immer während der Heizperiode usw. Der Schnupfen ist heftig, wässrig-klar und geht oft nach zwei bis drei Tagen in eine verstopfte Nase über. Der Nasenspiegel kann trocken und rissig sein. Die Hunde leiden unter Geruchs- und Geschmacksverlust. Sonne und Zimmerwärme verschlimmern und Baden in kaltem Wasser bessert die Beschwerden.

Pulsatilla C30 (siehe Konstitutionsmittel) hilft bei Schnupfen mit dicklichen Absonderungen, begleitet von Tränenfluss und Augenjucken. Die Nase ist morgens verkrustet und abends verstopft. Das rechte Nasenloch ist öfter betroffen als das linke, die Absonderungen variieren von wässrig bis grünlich gelb. Typisch ist, dass die Symptome sehr stark wechseln können, aber immer geht es dem Hund schlechter in geschlossenen Räumen und deutlich besser an der frischen Luft.

Isopathie

Vetokehl® Not/Notakehl® D5 Tropfen bei eitrigem Nasenausfluss, z. B. durch Zahnwurzelentzündungen, nach Fremdkörpern, bei Zwingerhusten und anderen Atemwegsinfekten.

Quentakehl® D5 Tropfen sind das Hauptmittel bei Virusinfektionen.

Da es meist nicht möglich ist, den Auslöser genau zu ermitteln und außerdem virale und bakterielle Infekte häufig zusammen auftreten, werden die beiden Präparate oft in Kombination verabreicht.

Vetokehl® Muc/Mucokehl® D5 Tropfen bei Nasenausfluss in Zusammenhang mit Allergien oder Schleimhautreizungen z. B. durch trockene Luft.

Nasenbluten

Ursachen und Symptome

Bei einseitigem Nasenbluten liegt das auslösende Problem – wie bei Entzündungen – meist im Bereich der Nase selbst. Wenn es weiter hinten liegt, tritt beidseitig Nasenbluten auf. Ursachen können Verletzungen, Zahnprobleme, Infektionen (z. B. Leishmaniose) oder Tumore im Nasenrachenraum sein. Nasenbluten kann auch ein Hinweis auf einen Schimmelpilzbefall der Nasengänge und Nasennebenhöhlen sein.

Wenn neben Nasenbluten auch weitere Blutungen, z. B. aus dem Maul, der Blase oder dem Darm auftreten, liegt möglicherweise eine ernst zu nehmende Störung vor, wie eine Rattengiftvergiftung (Kumarinvergiftung) oder eine Blutgerinnungsstörung. Weitere Symptome, die bei Ihnen die Alarmglocken läuten lassen sollten, sind blasse Schleimhäute, Teilnahmslosigkeit, Schwäche. Der Hund muss schnellstens zum Tierarzt.

Was Ihnen auffällt

Wenn Ihnen bei Ihrem Vierbeiner eher rosafarbenes Nasensekret auffällt, weist das normalerweise auf eine leichte Blutung hin. Hier können Sie beobachten und abwarten, oft hört die Blutung bald von allein auf.

Bei stärkeren Blutungen ist das Nasensekret blutrot. In diesem Fall ist der Tierarztbesuch unumgänglich, um den Grund abzuklären.

Was Sie tun können

Homöopathie

Arnica C30 bei Nasenbluten durch Verletzungen, einen Schlag auf die Nase oder große körperliche Anstrengung.

Ferrum phosphoricum D12 bei Nasenbluten mit hellrotem Blut, häufig im Rahmen einer Erkältung.

Phosphorus C30 (siehe Konstitutionsmittel) ist das Hauptmittel bei wiederkehrendem Nasenbluten, das spontan, reichlich und ohne ersichtlichen Grund auftritt.

Komplexhomöopathie

Wenn keine Ursache erkennbar ist, die Symptome sich keinem Einzelmittel klar zuordnen lassen oder als Sofortmittel, wenn Sie keine Zeit/Möglichkeit zur Unterscheidung haben, eignen sich **Traumeel® T ad us. vet. Tabletten**.

Husten, Zwingerhusten, Bronchitis

Allgemeines

Husten ist ein recht unspezifisches Symptom, dem Sie aber bei den allermeisten Atemwegserkrankungen Ihres Hundes begegnen.

Ursachen und Symptome

Zunächst ist Husten ein natürlicher und wichtiger Selbstreinigungsmechanismus, der dafür sorgt, dass schädigende eingeatmete Substanzen oder Fremdkörper auf schnellstem Wege aus dem Körper entfernt werden.
Bei anhaltendem Husten, der bei einer Vielzahl an Störungen und Erkrankungen auftreten kann, versagt jedoch diese Schutzfunktion.

Husten ist außerdem nicht gleich Husten. Man unterscheidet akuten (vorübergehenden) und chronischen (lang anhaltenden), kräftigen und unterdrückten, bellenden und schmerzhaften, krampfhaften, quälenden, vereinzelt oder anfallsartig auftretenden und nicht zuletzt trockenen oder Schleim produzierenden (produktiven) Husten.

Häufige Hustenauslöser sind:

- Infektionen mit Bakterien und/oder Viren (z. B. Zwingerhusten) oder Pilzen: Sie schädigen die Schleimhäute der Luftwege, die mit Schwellungen, Eiterungen, Schleimbildungen oder Austrocknung reagieren können. Je nachdem, wo die Infektion sich festsetzt, wird der Husten begleitet von Schnupfen, Schluckbeschwerden, Heiserkeit oder (was ohne Auskultation, also Abhorchen nicht voneinander zu unterscheiden ist) Beschwerden der Luftröhre, der Bronchien oder der Lunge.
- Parasitenbefall: Lungen-, Herz- und Magen-Darm-Würmer durchwandern während ihrer Entwicklung die unteren Atemwege (Lunge, Bronchien und Luftröhre) und führen zu kleineren Blutungen, Verletzungen und Entzündungen. Später können daraus Narben und Verhärtungen entstehen, die zu chronischen Atemproblemen führen können.
- Allergische Reaktionen („Heuschnupfen") oder Asthma: Sie können – neben weiteren Symptomen wie Nasenausfluss, Kurzatmigkeit usw. – zu trockenem oder feuchtem Husten führen.
- Herzschwäche: Husten oder Hüsteln, eventuell begleitet von Würgen, das besonders dann auftritt, wenn der Hund ruht, vor allen Dingen aber abends und in der Nacht, kann ein Zeichen für eine Herzschwäche sein. Neben diesem sogenannten Herzhusten zeigen die Tiere typischerweise Leistungsabfall und schnelle Erschöpfung. Eine ausgeprägte Herzinsuffizienz führt zu Wasseransammlungen in der Lunge (Lungenödem), die sich in feuchten Atemgeräuschen und Hochwürgen von bierschaumähnlichem Schleim äußern. Medikamente, z. B. ACE-Hemmer, die bei Herzerkrankungen verordnet werden, können der Grund für häufiges Räuspern und Reizhusten sein.
- Verunreinigungen der Atemluft mit Staub, Zigarettenrauch, Chemikalien (Ausdünstungen aus Teppichen, Möbeln usw.).
- Fremdkörper: Wenn kleinere oder größere Pflanzenteile oder Insekten eingeatmet werden und nicht abgehustet werden können, führen sie zu hartnäckigem Husten, eventuell sogar zu fieberhafter Lungenentzündung.
- Anatomische Missbildungen: Bei kleineren Rassen wie Pekingesen oder Yorkshire Terriern kommen angeborene Verengungen der Luftröhre vor. Dadurch hüsteln diese Tiere recht häufig, besonders bei körperlicher oder psychischer Belastung. Es kann sogar zur Unterversorgung mit Sauerstoff kommen, die sich in starken Hustenanfällen mit röchelnden Atemgeräuschen äußert. Bei kurznasigen Rassen (Mops, Bulldogge, Pekingese und andere) bereiten die zusammengestauchten Nasengänge generell Probleme bei der Ein- und Ausatmung.

- Tumore/Metastasen, die die Luftwege einengen, behindern je nach Lage und Größe mehr oder weniger stark die Atmung, sodass der Husten anfangs nur bei körperlicher oder psychischer Belastung, später auch in der Ruhe auftritt.

Was Ihnen auffällt

Je nach der Ursache und dem Ausmaß der Entzündung leidet der Hund neben Husten unter Schluckbeschwerden und einer Schwellung der Lymphknoten am Hals. Er kann unverändert munter sein oder lustlos bis apathisch, besonders wenn er Fieber hat. Dann können Sie meist weitere Symptome wie Hochwürgen von Schleim, Speicheln, Räuspern, Müdigkeit, Unruhe, Atemnot, Erschöpfung und Appetitlosigkeit beobachten.

Was Sie tun können

Die richtige Mittelwahl erfolgt (wie oben beschrieben) nach verschiedenen Kriterien, z. B. nach den Auslösern, der Art des Hustens und der Begleitumstände.
Das Symptom Husten ist außerdem hilfreich bei der Auswahl der geeigneten Maßnahmen bei Erkrankungen von Kehlkopf, Luftröhre, Bronchien und Lunge, die einer direkten Untersuchung nicht zugänglich sind. Eine trockene Bronchitis geht mit trockenem Husten einher, während Wasseransammlungen in der Lunge (Lungenödem) zu feucht-rasselnden Atemgeräuschen führen.

Homöopathie

Homöopathie bei trockenem Husten

Aconitum C30 ist ein Mittel für den Anfang! Bei plötzlich auftretenden Beschwerden durch trockene Kälte, vor allem eiskalten Wind, aber auch durch Schreck. Der Hund ist ängstlich, sogar in seiner gewohnten Umgebung, und lässt sich ungern berühren. Er ist unruhig, mit starkem Herzklopfen und Atembeklemmung. Seine Beschwerden verschlimmern sich abends und nachts.

Belladonna C30 bei plötzlich auftretendem heiserem, trockenem, bellendem Husten, häufig ausgelöst durch eine Entzündung des Kehlkopfs. Das Mittel wirkt dann am besten, wenn der Höhepunkt der Krankheit erreicht ist, und wird deshalb meist begleitend zur Behandlung durch den Tierarzt gegeben. Der Husten endet mit Niesen, gelegentlich wird weißer Schleim abgehustet. Der Hund hustet sich heiser und muss ständig schlucken. Er hat hohes Fieber, einen heißen Kopf und kalte Extremitäten, hechelt und lässt sich gern zudecken. Der Husten verschlimmert sich durch Berührung des Kehlkopfs (Leinendruck), Kälte und Zugluft und verbessert sich durch Wärme und Ruhe.
Bryonia C30 ist ein Mittel angezeigt bei Beschwerden, die bereits seit einigen Tagen bestehen. Der Husten ist trocken, hackend und sehr schmerzhaft. Da er sich durch Bewegung verschlimmert, versucht der Hund möglichst

Wärme und das Kriechen unter eine Decke kann bei manchen Hunden den Husten lindern.

regungslos liegen zu bleiben und den Husten zu unterdrücken. Seine Atmung ist flach und beschleunigt. Die Tiere haben großen Durst, trinken aber nur, wenn man ihnen die Wasserschüssel direkt vor die Nase stellt, da sie möglichst jede Bewegung vermeiden. Schlechter ist der Husten morgens, nach dem Essen, durch Bewegung, besser durch Ruhe, Druck (die Tiere liegen gern in Brustlage) und Trinken von kaltem Wasser.

Causticum C30 wird benötigt, wenn neben einem Husten Heiserkeit bis hin zum völligen Unvermögen zu bellen auftritt. Der Kehlkopf ist empfindlich gegen Berührung. Manchmal schlucken die Hunde auffällig oft, da Schleim, falls vorhanden, nur schwer ausgehustet werden kann. Auch gähnen die Tiere sehr häufig. Ihre Beschwerden verschlimmern sich morgens (Phosphorus wird abends schlimmer) und durch jede Art von Aufregung; besser geht es ihnen, wenn sie warm eingerollt im Körbchen liegen. Die Hunde lassen sich nur widerwillig untersuchen und reagieren ausgesprochen gereizt. Im Unterschied zu Phosphorus sind Hunde, die Causticum benötigen, nicht so freudig überschwänglich, sondern distanzierter, ernster, weniger verspielt.

Cuprum aceticum D6 bei trockenem, krampfartigem Husten (siehe Drosera), der mit Atemnot einhergeht. Typischerweise streckt der Hund während der Hustenanfälle den Kopf nach vorne und gleichzeitig nach unten. Wenn er sich anstrengt, sind Atemgeräusche hörbar, nach den Anfällen hingegen ein deutliches Schleimrasseln. Der Hustenanfall kann gleich zu Beginn der Hustenattacke gestoppt werden, wenn Sie Ihren Hund dazu bewegen können, ein wenig kaltes Wasser zu trinken.

Drosera C30 bei trockenem, krampfartigem, würgendem Husten, der oft von Heiserkeit begleitet wird. Die Anfälle sind salvenartig und folgen so rasch aufeinander, dass der Hund kaum atmen kann. Sie enden mit gelblich blutigem Schleimauswurf. Der Husten sitzt tief in der Brust und verschlimmert sich nachts, in sauerstoffarmen Räumen, beim Hinlegen und durch die entstehende Wärme, wenn der Hund eingerollt in seinem Körbchen liegt. Tagsüber geht es dem Hund besser.

Dulcamara C30: Für die Wahl dieses Mittels ist nicht die Art des Hustens entscheidend, sondern die Tatsache, seit wann der Hund hustet. Ein typischer Dulcamara-Husten tritt durch einen plötzlichen Temperaturwechsel von warm nach kalt, besonders zu feuchter Kälte hin, auf, beim Wechsel von warmen in kalte Räume, an heißen Tagen, die in kalte Nächte übergehen, am Ende des Sommers, bei kaltem Gewitterregen und auch durch Schwimmen mit anschließender Abkühlung. Die Beschwerden verschlimmern sich durch kaltes, regnerisches Wetter und bessern sich durch Wärme und Bewegung.

Phosphorus C30 (siehe Konstitutionsmittel) ist ein häufig benötigtes Mittel für immer wiederkehrende Infekte. Die Heiserkeit verschlimmert sich gegen Abend (vergleiche Causticum) und die Kehle ist sehr berührungsempfindlich. Oft tritt auch Husten auf, der durch kalte Luft ausgelöst wird (vergleiche Rumex).

Spongia C30 hilft bei trockenem, bellendem, sägendem Husten mit spärlichem Auswurf, der anfallsweise auftritt, besonders nach dem Erwachen aus dem Schlaf. Spongia ist auch ein Mittel gegen sogenannten Herzhusten, der durch eine Schwäche des Herzens hervorgerufen wird. Die Hunde erwachen hustend mit der Angst zu ersticken. Der Husten verschlimmert sich im Liegen, bei Bewegung und dann, wenn der Hund an der Leine zieht, und bessert sich durch Wärme und warmes Trinkwasser.

Rumex crispus D12 bei trockenem, quälendem Husten, der den Hund nicht zur Ruhe kommen lässt. Er tritt auf, sobald man den Hund am Hals berührt, und verschlimmert sich durch das geringste bisschen kalte Luft. Deutlich besser wird er, wenn der Hund unter die Bettdecke kriecht oder der ganze Hund, inklusive Kopf, mit einer leichten Decke bedeckt wird – sofern er das zulässt.

Homöopathie bei feuchtem, schleimproduzierendem Husten

Dulcamara C30 siehe unter trockener Husten Seite 77.
Ipecacuanha C30 ist durch anfallsweise schwere Kurzatmigkeit gekennzeichnet, die jährlich wiederkehrt. Lauter, fast unstillbarer Husten mit Schleimrasseln. Die ganze Brust scheint voller Schleim zu sein, der Schleim kann aber nicht abgehustet werden, der Hund ist nach dem Husten erschöpft. Der Husten kann so lange anhalten, dass der Hund erbrechen muss. Zum Ende einer Erkältung hin werden die Hunde oft heiser. Der Husten verschlimmert sich durch feuchtes, warmes Wetter.
Kalium bichromicum C30 bei rauem, bellendem Husten mit reichlich klebrigen, fadenziehenden, gelblich grünen Absonderungen. Der Hund tut sich schwer, den Schleim auszuhusten. Manchmal hängt er ihm in langen Fäden aus dem Maul. Die Beschwerden sind morgens schlimmer und bessern sich durch Bewegung.
Tartarus emeticus C30 bei Husten, der mit großem Kräfteverfall und Schwäche einhergeht. Die Brust ist völlig verschleimt, aber der Schleim kann nicht abgehustet werden. Die Atmung ist erschwert und weithin hörbar. Das Tier mag sich nicht niederlegen aus Angst zu ersticken. Wärme jeglicher Art, feuchtkaltes Wetter und Liegen verschlimmern die Beschwerden, wohingegen Abhusten des Schleims, kalte, frische Luft und leichte Bewegung Erleichterung bringen.

Homöopathie bei Husten durch Kummer

Ignatia C30 (siehe Konstitutionsmittel) wird angewendet bei nervösem Husten, bei dem psychische Symptome wie Kummer aufgrund von Trennung, Verlust oder Ähnlichem im Vordergrund stehen. Typischerweise seufzen die Hunde häufig und der Husten tritt immer zur selben Uhrzeit auf.

Homöopathie bei Herzhusten siehe Herz Seite 67 ff.

Komplexhomöopathie/Nosode

Mucosa compositum ad us. vet. Ampullen

Isopathie

Vetokehl® Not/Notakehl® D5 Tropfen sind das Hauptmittel bei bakteriellen Belastungen.
Quentakehl® D5 Tropfen sind das Hauptmittel bei Virusinfekten.
Da es meist nicht möglich ist, den Auslöser genau zu ermitteln, und außerdem virale und bakterielle Infekte häufig zusammen auftreten, werden die beiden Präparate oft in Kombination verabreicht.

Phytotherapie

Isländisch Moos, Thymian, Salbei, Spitzwegerich und viele andere Pflanzen lindern den Husten, entspannen die verkrampften Atemwege und hemmen das Wachstum von Viren, Bakterien und Pilzen.

Sonstiges

Wenn Ihr Hund immer wieder unter Husten oder Asthmaanfällen leidet oder als kurznasige Rasse anfällig ist, lohnt sich die regelmäßige Kontrolle der Luftfeuchtigkeit in der Wohnung. Ist sie zu trocken, besonders während der Heizperiode, können Sie feuchte Tücher aufhängen oder Wasserschalen auf die Heizkörper stellen.

Bepanthen® Augen- und Nasensalbe, Mucokehl® D5 Tropfen, Mucosa compositum ad us. vet. Ampullen lokal angewendet, helfen, die Nasenschleimhaut feucht zu halten.

Das Zernagen von frischen Knochen beugt Zahnstein vor.

Die Maulhöhle

Beschwerden im Maulbereich betreffen nicht nur die Zähne, Zunge oder Maulschleimhaut. Probleme beim Maulöffnen können auch in Zusammenhang mit anderen Erkrankungen auftreten, wie z. B.

- Gehörgang- oder Mittelohrentzündungen, denn Ohr- und Kiefergelenk liegen sehr nah beieinander, die Schmerzen können also ausstrahlen.
- Kieferbrüche nach Stürzen oder Zusammenstößen.
- seltene Erkrankungen, z. B. Entzündung der Kaumuskeln oder des Kiefergelenks.

In all diesen Fällen muss die Ursache abgeklärt werden, um sie gezielt behandeln zu können.

Zahnstein

Ursachen und Symptome

Ein wesentlicher Grund für die Entstehung von Zahnstein ist, dass Hunde heutzutage wesentlich weniger kauen als in weniger domestizierten Zeiten, als die Beute noch mit den Zähnen säuberlich zerlegt und mit Haut, Haar und Knochen vertilgt wurde.

Darüber hinaus spielt auch die Konstitution eine Rolle: Manche Hunde bekommen (fast) nie Zahnbelege, obwohl die Fütterung nicht optimal ist und ihnen die Zähne nicht geputzt werden. Andere Hunde scheinen – trotz aller Anstrengungen – regelrechte Zahnsteinsammelstellen zu sein. Zahnstein kann allein oder im Zusammenhang mit Zahnfleischentzündungen oder Zahnfleischwucherungen auftreten.

Was Ihnen auffällt

Ihr Hund riecht sehr unangenehm aus dem Maul (und Sie sind sicher, dass er nicht gerade seinen Lieblingsknochen nach Monaten wieder ausgebuddelt oder einen Misthaufen erforscht hat), er frisst vielleicht auch vorsichtiger, lässt sich nicht mehr gern am Maul anfassen und sabbert (mehr als sonst).

Wenn Sie die Lefzen bei Ihrem Hund hochziehen, erkennen Sie den Zahnstein als mehr oder weniger stark ausgebildete, bräunliche, harte Auflagerung am Übergang vom Zahnfleisch zum Zahn. Er tritt vor allem an den Oberkieferzähnen und dort an den Fangzähnen (den großen Eckzähnen) und den Backenzähnen (besonders an den Reißzähnen) auf. Das angrenzende Zahnfleisch ist häufig deutlich gerötet und geschwollen (Behandlungsempfehlungen hierzu unter Zahnfleischentzündung Seite 82).

Was Sie tun können

Je nachdem, wie stark der Zahnstein ist, ist möglicherweise eine gründliche Zahnsteinentfernung in Narkose notwendig. Wenn Sie nach so einer Behandlung künftigem Zahnstein vorbeugen wollen oder ihn – wenn er nicht sehr ausgeprägt ist – selbst in den Griff bekommen möchten, gibt es verschiedene Möglichkeiten.

Eine Ernährungsumstellung auf ein Futter, das mehr Kauarbeit erfordert, hilft, bestehende Belege zu reduzieren und die Neubildung zu verhindern.

Geben Sie Ihrem Hund regelmäßig einen großen (!), nicht gekochten Knochen (Kochen macht den Knochen spröde und erhöht die Splittergefahr), der nicht leicht splittert, z. B. vom Kalb oder Rind. Vielfach wird von Knochen abgeraten mit der Begründung, der Hund könne sich daran verschlucken und ersticken. Das kommt – leider – tatsächlich auch vor, besonders, wenn die Knochen von der Größe her leicht verschluckt werden können. Weitere Risiken sind Verletzungen der Maulschleimhaut, der Speiseröhre, der Magen- oder Darmschleimhaut und – bei exzessiver Knochenfütterung – Verstopfungen.

Wer sieht, mit welchem Vergnügen ein Hund einen Knochen nagt und wie lange er sich damit beschäftigen kann, wird sich vielleicht besinnen, dass Knochen – in Maßen – durchaus zur artgemäßen Ernährung gehören. Wenn ein Hund nach dem Knochenkauen kleine Knochenstücke ausbricht, ist dies kein Hinweis auf Unverträglichkeit, sondern eine sinnvolle Schutzmaßnahme des Körpers, diese unverdaulichen Teile auf schonende Weise loszuwerden. Eine Alternative sind sogenannte Büffelhautstangen. Wenn Ihr Hund zu Zahnstein neigt, ist das regelmäßige Auftragen von Zahnstein lösenden Zahnpasten oder sogar das Zähneputzen eine Möglichkeit, neue Zahnbelege und wiederholte Zahnsteinentfernungen in Narkose zu vermeiden. Am besten üben Sie mit Ihrem Hund, damit er lernt, das Maul zu öffnen und dass eine Zahnbürste nichts Bedrohliches ist.

Zahnfleischentzündung (Gingivitis)

Ursachen und Symptome

Eine Zahnfleischentzündung entsteht meist in Zusammenhang mit Zahnstein und geht mit Rötung, Schwellung, Schmerzen und Blutungen einher. Sie kann auch nach Verletzungen oder bei – meist gutartigen – Zahnfleischwucherungen (Epuliden) auftreten.

Was Ihnen auffällt

Vielleicht beobachten Sie schon länger, dass Ihr Vierbeiner sein Fressverhalten verändert hat. Irgendwie frisst er merkwürdig, manchmal fällt ihm beim Kauen sogar Futter aus dem Maul – als wenn es ihm Schmerzen bereite. Er scheint zwar Appetit zu haben, dennoch verlässt er schon nach wenigen Bissen die Futterschüssel, um wenig später wieder hinzulaufen und erneut einige Bissen zu fressen. Hinzu kommt schrecklicher Mundgeruch und es kostet Sie schon fast Überwindung, mit ihm zu kuscheln.

Was Sie tun können

Homöopathie bei schwammigem Zahnfleisch

Carbo vegetabilis C30 ist kein Mittel für Hunde, die außer der Zahnfleischentzündung völlig gesund sind, sondern findet Verwendung für schwache, erschöpfte, kranke Hunde, die zu Schleimhautblutungen (Nase, Maul, After) neigen. Das Zahnfleisch ist schwammig, schiebt sich von den Zähnen zurück und blutet bei Berührung sofort. Aufgrund der Schmerzen sind die Hunde appetitlos und magern ab. Typisch ist ihr ausgeprägtes Bedürfnis nach frischer Luft.

Staphisagria C30 siehe Zahnerkrankungen Seite 84 f.

Kreosotum C30 (siehe auch Zahnerkrankungen Seite 84 f.) ist vielleicht das Mittel, das, wenn es passt, die größte Wirkung auf das Zahnfleisch hat, das schwammig, schmerzhaft, bläulich rot ist und sehr leicht blutet.

Lachesis C30 (siehe Konstitutionsmittel) ist wie Kreosotum ebenfalls ein Mittel bei schwammigem, bläulich rotem Zahnfleisch. Aber im Unterschied zu Kreosotum hat dieses Mittel einige Auffälligkeiten hinsichtlich der Zunge: Sie ist geschwollen, zittert und lässt sich nicht herausziehen. Typisch für Lachesis ist auch, dass die Beschwerden Ihres Vierbeiners deutlich schlimmer sind, nachdem er geschlafen hat.

Mercurius solubilis C30: Das Zahnfleisch ist schwammig und leicht blutend. Der Hund hat starken Speichelfluss, der aus dem Maul tropft. Der Speichel ist klebrig, die Zunge ist dick belegt, feucht, schlaff und zeigt Abdrücke der Zähne. Es besteht großer Durst. Ganz typisch ist, dass es dem Hund am besten bei gleichbleibenden Temperaturen geht. Sowohl Hitze als auch Kälte verschlimmern seine Beschwerden, weshalb es ihm, wenn er eingekuschelt in seinem Körbchen schläft, durch die entstehende Wärme schlechter geht.

Mercurius corrosivus C30 ähnelt Mercurius solubilis und passt bei leicht blutendem, purpurfarbenem, schwammigem und geschwollenem Zahnfleisch. Der Speichelfluss ist vermehrt, aber nicht so stark wie bei Mercurius. Im Unterschied zu Mercurius solubilis entwickelt sich die Entzündung recht schnell, der Hund ist nicht empfindlich gegenüber Temperaturschwankungen. Seine Beschwerden verschlimmern sich in der Nacht und bessern sich durch Ruhe.

Nux vomica C30 (siehe Konstitutionsmittel) bei schwammigem, weißlichem, blutendem Zahnfleisch bei Hunden, deren Beschwerden sich durch Berührung und Kälte verschlechtern. Schlechter geht es ihnen auch morgens, besser dagegen durch Ruhe und beim Liegen. Diese Hunde sind nicht nur reizbar und berührungsempfindlich, sondern auch ausgesprochen schmerzempfindlich. Sie lassen sich nur äußerst ungern untersuchen.

Phopshorus C30 (siehe Konstitutionsmittel) ist ebenfalls angezeigt bei schwammigem, leicht blutendem, zurücktretendem Zahnfleisch. Die Entzündung tritt recht plötzlich auf, Zunge und Mund sind trocken und der Hund hat großen Durst, vor allem auf eiskaltes Wasser – was aber häufig erbrochen wird, sobald es sich im Magen erwärmt. Deshalb säuft Ihr Vierbeiner lieber aus Teichen und Bächen als aus seinem Wassernapf. Seine Beschwerden verschlimmern sich vor Mitternacht und bessern sich danach, weshalb er, wenn er die Möglichkeit hat, lieber nachts frisst.

Silicea C30 (siehe Konstitutionsmittel) hat sich bei wiederkehrenden Entzündungen bewährt, besonders für Hunde, die eine große Erkältungsneigung haben. Das Zahnfleisch ist ausgesprochen empfindlich, die Zähne häufig kariös. Die Hunde sind sehr verfroren und ihre Beschwerden verschlimmern sich durch Hitze, Kaltwerden jeder Art sowie Feuchtigkeit und bessern sich deutlich durch Wärme.

Isopathie

Bei eitrigen Entzündungen **Vetokehl® Not/Notakehl® D5 Tropfen** oder **Tabletten**.

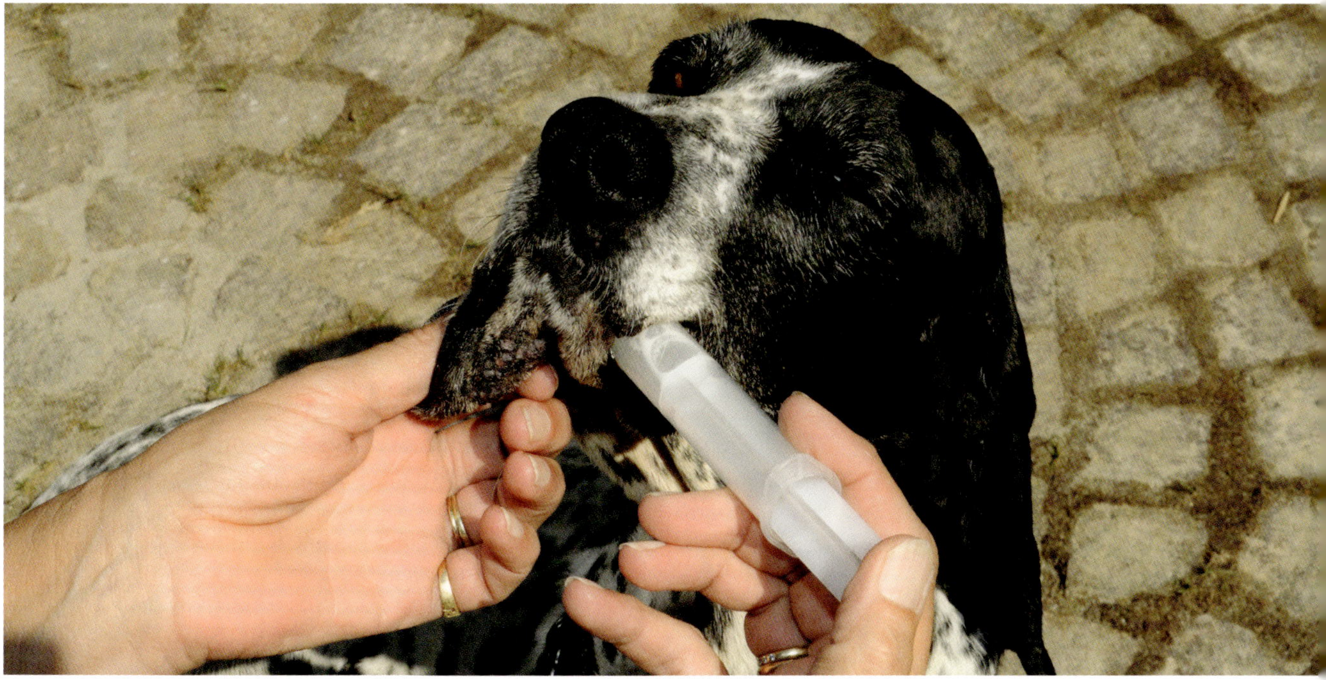

Der passende Kräutertee kann auf die Mundschleimhaut geträufelt werden.

Bei Zahnfleischrötungen/-schwellungen ohne Eiterung **Sankombi® D5 Tropfen**.

Chakrablüten Essenzen

Die **Zell Essenz** fördert die Heilung und Regeneration des Zahnfleischs. Epuliden (Zahnfleischwucherungen) können sich unter der Anwendung zurückbilden.

Schüßler Salze

Schüßler Salze **Nr. 4 Kalium chloratum D6** und **Nr. 5 Kalium phosphoricum D6**, eventuell auch **Nr. 3 Ferrum phosphoricum D12** mehrmals täglich 1 bis 2 Tabletten. Wenn möglich, lösen Sie einmal täglich die Tabletten in 2 bis 5 ml Wasser auf und träufeln sie mit einer kleinen Einmalspritze direkt ins Maul auf die Schleimhaut, damit die Wirkstoffe an Ort und Stelle einwirken kann. Dadurch wird das Milieu in der Maulhöhle verbessert.

Phytotherapie

Isländisch Moos, **Thymian**, **Salbei** oder **Spitzwegerich** (einzeln oder als Mischung) als Tee ins Futter oder zum Trinkwasser beruhigen die entzündeten Schleimhäute. Wenn Ihr Hund es sich gefallen lässt, ziehen Sie den Tee in eine Einmalspritze und träufeln Sie ihn auf die Maulschleimhaut.
Geben Sie über mehrere Wochen **Bockshornkleesamen**, gemahlen oder gemörsert, täglich ins Futter, je nach Größe Ihres Hundes ¼ bis 1 Teelöffel.

Zahnerkrankungen/Zahnwechsel

Auch ein Hund kann Zahnschmerzen bekommen, z. B. bei Zahnwurzelentzündungen, Karies oder wenn ein Zahn abgebrochen ist. Der Zahnwechsel beim Welpen, der mit etwa vier Monaten beginnt und meist im Alter von sieben Monaten abgeschlossen ist, kann ebenfalls Beschwerden bereiten.
Bei anhaltenden oder zunehmenden Beschwerden ist ein Besuch beim Tierarzt nötig. Eventuell müssen marode Zähne gezogen werden. Die gute Nachricht: Hunde können auch ohne vollständiges Gebiss noch sehr gut kauen und fressen. Und sie machen sich keine Gedanken, ob ihre Schönheit durch ein paar Lücken leiden könnte.

Was Ihnen auffällt

Bei akut auftretenden Zahnproblemen frisst Ihr Hund häufig schlechter, meidet das Kauen auf der betroffenen Seite und ist dort berührungsempfindlicher. Vielleicht reibt er den Kopf mit der erkrankten Seite über den Boden oder mit der Pfote über das Gesicht. Bei Backenzahnproblemen im Oberkiefer kann auf der betroffenen Seite Nasen- oder Augenausfluss oder sogar eine Schwellung unterhalb des Auges neben dem Nasenrücken auftreten.
Der Zahnwechsel verläuft meist komplikationslos. Es kann aber zu Berührungs- oder Schmerzempfindlichkeit im Maul und am Kopf kommen. Ihr sonst munteres Fellbündel wirkt möglicherweise lustlos und kann, je nach Ausmaß der Schmerzen, auch an Gewicht verlieren.

Was Sie tun können

Homöopathie bei Zahnwechsel

Calcium carbonicum C30 (siehe Konstitutionsmittel) bei verzögertem und schwierigem Gebisswechsel, besonders bei schwerfälligen, großen Hunderassen. Es mag Ihnen auffallen, dass Ihr Hund überaus gern Eier frisst und ein Verlangen nach Unverdaulichem wie Sand, Steine oder Kalk hat. Auffällig ist die Unverträglichkeit von Milch (auch Muttermilch), die zu Durchfall führt.
Calcium phosphoricum C30 (siehe Konstitutionsmittel) passt bei Zahnwechselbeschwerden, die mit Durchfall einhergehen. Typischerweise ist der Durchfall grünlich und schleimig und begleitet von stinkenden Blähungen. Das Mittel wird häufig von Hunden benötigt, die sehr schnell heranwachsen und unter Wachstumsschmerzen mit grundlosem Humpeln leiden.
Chamomilla C30 wird benötigt, wenn Ihr Hund gereizt ist und Sie ihm einfach nichts recht machen können (siehe Kreosotum). Ständig möchte er die ganze Aufmerksamkeit – und ist trotzdem nicht zufrieden. Die Zahnung geht ausgesprochen langsam vonstatten und tritt häufig zusammen mit grünlichem Durchfall auf. Die Beschwerden scheinen für den Hund dermaßen schlimm zu sein, dass er es kaum aushalten kann. Er ist reizbar und empfindlich, fühlt sich besser, wenn er herumgetragen wird, und schlechter durch Hitze und nachts.
Kreosotum C30 bei starken Schmerzen im Zahnwechsel, wenn der Hund (ähnlich Chamomilla) so gereizt und unzufrieden ist, dass man nichts so recht mit ihm anfangen kann. Er hat übel riechenden Mundgeruch. Das Mittel hat eine sehr große Wirkung auf das Zahnfleisch, das schwammig, schmerzhaft, bläulich rot ist und sehr leicht blutet. Der Zahnwechsel tritt oft zusammen mit stinkendem, grünlichem Durchfall auf. Dass Ihr Vierbeiner Kreosotum und nicht Chamomilla braucht, erkennen Sie daran, dass das Zahnfleisch, manchmal auch die Lippen, blutig sind. Ruhe, Kälte und Hinlegen verschlimmern seine Beschwerden, die durch Wärme gebessert werden.
Phytolacca C30 wird benötigt bei Schmerzen, die sich bessern, wenn das Maul fest geschlossen und die Zähne zusammengebissen werden. Der Hund hat das ständige Bedürfnis, auf etwas herumzubeißen, sein Speichel ist zäh. Schaut man ihm ins Maul, fällt eine rote Zungenspit-

ze auf. Die Zahnung wird oftmals von dunkelbraunem Durchfall, vermengt mit gleichfarbigem Schleim und Abmagerung begleitet. Feuchtes Wetter verschlimmert die Beschwerden, Wärme und Ruhe tun dem Tier gut.

Homöopathie bei Zahnschmerzen

Aconitum C30 ist das Mittel der Wahl bei heftigsten Zahnschmerzen, die durch kalten Wind (z. B. durch Fahren im Auto mit offenem Fenster) verursacht wurden.

Homöopathie nach Zahnextraktion

Arnica C30 ist das Mittel der Wahl nach einer Zahnextraktion und hat eine schmerzstillende, blutungs- und entzündungshemmende Wirkung.
Calendula C30 wirkt nach Zahnextraktion wundheilungsfördernd und blutungsstillend, wenn die Blutung trotz Arnica bestehen bleibt.
Symphytum D6 wirkt schmerzstillend und fördert die Wundheilung.

Komplexhomöopathie bei Zahnbeschwerden und nach Zahnextraktionen

Traumeel® T ad us. vet.

Chakrablüten Essenzen

Die **Balsam Essenz** hat eine segensreich schmerzstillende Wirkung bei Zahnbeschwerden aller Art.

Phytotherapie nach Zahnextraktionen

Zur Blutstillung und Förderung der Wundheilung Tee aus **Schafgarbe**, **Hirtentäschel**, **Eichenrinde** oder **Hamamelis** zum Trinken, ins Futter oder in eine Einmalspritze (ohne Kanüle) ziehen und ins Maul träufeln.

Hirtentäschel fördert die Wundheilung.

Durch das Zerbeißen von Holz kann es schnell zu Verletzungen der Mundschleimhaut kommen.

Verletzungen/Fremdkörper

Ursachen und Symptome

Verletzungen oder wunde Maulschleimhaut kommen häufig vor, sei es durch spielerische oder kämpferische Beißereien mit Artgenossen oder Artfremden, durch das Benagen von spitzen oder splitternden Gegenständen, die sich möglicherweise zwischen den Zähnen verkeilen, oder Fäden, die sich um die Zunge wickeln. Sind Blutgefäße mit betroffen, kann sich der Speichel rosa oder rot färben. Wenn die Zunge oder größere Blutgefäße weiter hinten im Maul verletzt sind, treten auch starke, oft hellrote Blutungen auf.

Wunden in der Maulhöhle können schnell zu starken Schwellungen führen, welche die Atmung behindern, bis zur akuten Atemnot.

Durch heftige Stürze oder Zusammenstöße aller Art mit anderen (Lebe-)Wesen (Tier, Radfahrer, Auto) kann es zu Verletzungen der Zunge, des Kiefergelenks oder der Kieferknochen kommen.

Bei allen bedrohlichen Symptomen müssen Sie schnellstens Ihren Hund zum Tierarzt bringen. Zum Glück verfügt die Maulschleimhaut über eine hohe Regenerationsfähigkeit, sodass die meisten Verletzungen rasch und komplikationslos heilen.

Was Ihnen auffällt

Recht plötzlich äußert Ihr Hund Schmerzen, lässt sich ungern am Maul berühren, er speichelt vielleicht stark; bei Verletzungen kann der Speichel – je nach Stärke der Blutung – rosa bis rot gefärbt sein. Der Hund scheuert den Kopf eventuell über den Boden oder reibt mit den Vorderpfoten am Maul.

In all diesen Fällen kann ein ernsthafter Notfall vorliegen. Deshalb müssen Sie dem Hund ins Maul sehen, um das Grundproblem zu erkennen. Das ist im Krankheitsfall leichter gesagt als getan, da wird oft die Hilfe eines fachkundigen Tiertherapeuten erforderlich sein, eventuell sogar eine Untersuchung in Narkose.
Wenn Ihr Hund kurz vorher an einem Knochen, Ast oder Ähnlichem genagt hat, hat sich möglicherweise ein Splitter zwischen den Zähne verkeilt bzw. in die Zunge oder Lefzen gebohrt. Je nachdem, wo sich ein solcher Fremdkörper festsetzt, können starke Schwellungen auftreten. Vorsicht, es droht Erstickungsgefahr! Der Hund wird verständlicherweise sehr panisch.
Hat es kurz vorher eine Beißerei mit einem Artgenossen oder einer Katze gegeben? Oder einen Sturz, Zusammenstoß usw.? Hierbei beißt der Hund sich oft selbst auf die Schleimhaut im Maul oder auf/in die Zunge. Blutungen im Maul sehen meist sehr viel dramatischer und heftiger aus, als sie tastsächlich sind: Zum einen ist die Schleimhaut gut durchblutet, zum anderen vermischt sich das Blut mit Speichel.
Wenn möglich, öffnen Sie das Maul und verschaffen sich einen Überblick, ob Selbsthilfe möglich ist. Entfernen Sie einen Fremdkörper, wenn dies ohne Kraftaufwand oder Abwehr durch Ihren Hund möglich ist.
Starke Blutungen, starke Schwellungen und bei Panik gehört Ihr Hund sofort zum Tierarzt. Auf dem Weg dorthin verabreichen Sie alle paar Minuten einige Tropfen **Rescue® Remedy (**Notfalltropfen), am unkompliziertesten ist die Verabreichung in die Haut im Nacken.

Homöopathie

Arnica C30 bei Blutungen nach Verletzungen aller Art.

Komplexhomöopathie

Traumeel® T ad us. vet.

Die Verdauungsorgane

Appetitlosigkeit kann ein Anzeichen für verschiedene Erkrankungen sein.

Verdauungsbeschwerden, z. B. Erbrechen und/oder Durchfall, kommen häufig vor. Sie treten auf, wenn der Magen-Darm-Trakt selbst gestört ist oder in Zusammenhang mit Allgemeininfektionen, Erkrankungen anderer Organe, z. B. bei Nierenschwäche, oder auch bei psychischen Stresssituationen.

Die Auslöser der Verdauungsstörungen können zu harmlosen, zu schwerwiegenden oder lebensbedrohlichen Symptomen führen. Bevor Sie also eigene Behandlungsmaßnahmen einleiten, ist es wichtig, nach möglichen Ursachen zu fahnden. Denn je genauer wir wissen, wo das Problem liegt, desto gezielter und erfolgreicher können wir behandeln. Gerade bei chronischen und immer wiederkehrenden Verdauungsproblemen ist detektivisches Gespür gefragt.

Appetitlosigkeit

Ursachen und Symptome

Wenn ein Hund nicht fressen will, kann dies die verschiedensten Gründe haben. Sie reichen von Schmerzen oder Verletzungen im Maul, Erkrankungen des Magen-Darm-Traktes über die Aufnahme von verdorbenem Futter und Futtermittelunverträglichkeiten, Infektionskrankheiten, organischen Leiden wie beispielsweise einer Niereninsuffizienz, Leber- oder Bauchspeicheldrüsenentzündung, Stoffwechselstörungen wie Diabetes mellitus, Erkrankungen der Schilddrüse bis hin zu Würmern, Impfungen, Medikamenten und Stress.

Was Ihnen auffällt

Verweigert Ihr Tier nur ab und zu sein Futter, wirkt aber ansonsten gesund, muss das nicht gleich ein Grund zur Sorge sein. Ist es möglich, dass Ihr Vierbeiner einfach satt ist? Vielleicht hat er die Futterschüssel der Nachbarkatze geleert oder jemand aus der Familie hat ihn gefüttert, ohne Ihnen Bescheid gesagt zu haben? Vielleicht ist er auch einfach verwöhnt und das, was Sie ihm vorgesetzt haben, schmeckt ihm nicht. Nun hofft er auf Ihr Mitleid und darauf, dass Sie schließlich doch noch sein Lieblingsfressen in die Futterschüssel füllen. Vielleicht ist ja auch Hochsommer und es ist viel zu heiß zum Fressen? Oder Ihr Hund ist verliebt! Ja, auch das kann vorkommen. Und da Verliebte von ihren Hormonen gesteuert werden, leiden läufige oder scheinträchtige Hündinnen ebenso wie Rüden, die sich in der Nähe einer läufigen Hündin aufhalten, ganz entsetzlich – was ihnen natürlich den Appetit verschlägt.

Wenn wir ganz ehrlich sind, müssen wir zugeben, dass die meisten Hunde ein bisschen füllig um die Mitte herum sind. Da schadet dann und wann ein eingeschobener Fastentag überhaupt nicht, sondern ist sogar gesund. In all diesen Fällen kann ein ausgiebiger Spaziergang an der frischen Luft wahre Wunder bewirken.
Erst wenn auch das nichts geholfen hat und Sie sämtliche oben genannten Möglichkeiten ausschließen können, müssen Sie weiter überlegen: Sind andere Krankheitsanzeichen zu erkennen? Trat in den letzten Stunden womöglich Erbrechen, Durchfall oder Fieber auf? Leidet Ihr Hund unter häufigem Kotdrang? Wirkt er lustlos und abgeschlagen und hat womöglich sogar an Gewicht verloren?
Um das in einer akuten Situation richtig beurteilen zu können, ist es sehr hilfreich, das Normalgewicht seines Tieres zu kennen. Also stellen Sie Ihr Tier ruhig öfter mal auf die Waage.

Alarmierend ist eine Appetitlosigkeit dann, wenn eine gesundheitliche Störung dahinter steckt. Leider beginnen viele ernsthafte Erkrankungen recht unspezifisch und mit ähnlichen Symptomen.

Ihnen allen aber ist gemeinsam, dass der schnellstmögliche Gang zum Tierarzt unerlässlich ist!

Appetitlosigkeit, Erbrechen, Durchfall, Müdigkeit können beispielsweise bei Lebererkrankungen, Bauchspeicheldrüsenentzündungen, Nierenschwäche oder Diabetes recht früh auftreten, bevor weitere, typischere Symptome hinzukommen. Oft ist eine genaue Diagnose erst mit Laboruntersuchungen (Blut, Urin, Kot usw.) möglich.

Was Sie tun können

Wenn Sie zum Ergebnis kommen, dass hinter der Fressunlust keine gesundheitlichen Beeinträchtigungen stehen, können Sie beruhigt Ihrem Hund seine selbstgewählte Fastenzeit für einige Tage gönnen. Wichtig ist, dass er dabei genug trinkt.

In Phasen der Appetitlosigkeit können Hunde auch vom gewohnten Futter schlicht gelangweilt sein. Bieten Sie ein wenig (hundegerechte!) Abwechslung. Wenn Ihr Vierbeiner dann mit Begeisterung frisst, können Sie erleichtert aufatmen. Manchmal hilft es auch, das Futter etwas anzuwärmen oder mit Fleischbrühe anzurühren.

Da Appetitlosigkeit für sich keine Krankheit ist, verzichten wir auf die Gabe von Medikamenten.

Erbrechen (Vomitus)

Ursachen und Symptome

Erbrechen ist für sich keine Krankheit, sondern ein Symptom, das nicht nur bei Verdauungsstörungen, sondern auch bei anderen Erkrankungen auftreten kann.

Erbrechen ist zunächst einmal eine sinnvolle Schutzfunktion des Körpers, um möglichst schnell etwas Unverträgliches wieder loszuwerden, etwa zu viel bzw. zu schnell aufgenommenes oder verdorbenes Futter, kleine Knochenteile nach dem Kauen eines Knochens oder Schneefressen. Erbrechen kann harmlose Gründe haben oder auf schwerwiegende Erkrankungen hinweisen wie Magenschleimhautentzündung (Gastritis), Fremdkörper, Vergiftungen, Darmverschluss, Infektionen usw.

Außerdem besteht bei Erbrechen (und natürlich auch bei Durchfall) die Gefahr der Austrocknung durch den mit dem Erbrechen einhergehenden Flüssigkeits- und Mineralstoffverlust. Dies kann zu ernsthaften Kreislauf- und Nierenproblemen führen.

Überlegen Sie, was in den Stunden oder Tagen vor dem Erbrechen anders war als sonst:

- Gab es eine Futterumstellung oder hat Ihr Hund z. B. den Komposthaufen durchforstet?
- Hat Ihr Hund zu hastig gefressen oder zu kaltes Wasser getrunken?
- Hat er irgendetwas Unverdauliches verschluckt (Ihre Lieblingssocken, Knochen, Wollknäuel, Spielzeug, Obstkerne usw.)? Gerade bei jungen Hunden sind Fremdkörper verschiedenster Art häufig Ursache für Erbrechen und/oder Durchfall und können eine lebensrettende Operation erforderlich machen.

Was Ihnen auffällt

In leichten Fällen erbricht der Hund als Selbsthilfe wenige Male, er ist ansonsten dabei munter und unauffällig, also fast „wie immer". Weitere Maßnahmen sind dann meist nicht erforderlich.

Ihr Hund erbricht Futter, Wasser oder Magensaft, der schleimig-glibberig ist und weiß wie Bierschaum aussieht. Bei wiederholtem Erbrechen kann der Mageninhalt gelblich werden durch Gallenflüssigkeit. Wenn die Magenschleimhaut gereizt ist, können kleine Blutgefäße verletzt werden, das Erbrochene wird rosafarben.

Erbrechen von Blut deutet auf einen ernsten Notfall hin, der sofort zum Tierarzt gehört.

Was Sie tun können

Zur Kontrolle, ob durch das Erbrechen ein größerer Flüssigkeitsverlust entstanden ist, können Sie einen Hautfaltentest durchführen: Hierzu nehmen Sie eine Hautfalte – am besten seitlich am Brustkorb oder am Hals – Ihres Hundes zwischen zwei Finger und ziehen sie leicht hoch. Bleibt die Hautfalte, nachdem Sie sie losgelassen haben, stehen oder glättet sich die Haut nur sehr verzögert, hat Ihr Vierbeiner viel Flüssigkeit verloren und gehört dringend in die Hände eines Tierarztes. Auch wenn das Erbrechen anhält und/oder der Hund schlapp wird oder Fieber/Untertemperatur hat, suchen Sie Ihren Tierarzt auf.

Die naturheilkundliche Behandlung bei Erbrechen richtet sich zum einen nach dem Auslöser, zum anderen nach den individuellen Symptomen, die der Hund zeigt.

Homöopathie

Arnica C30 hilft als Erste-Hilfe-Maßnahme bei Erbrechen nach Gehirnerschütterung oder Schock (siehe Haus- und Notfallapotheke Seite 196 f.).

Arsenicum album C30 (siehe Konstitutionsmittel): Die Ursache für die Beschwerden sind häufig verdorbenes oder eiskaltes Futter, aber auch Schneefressen. Der Hund kann eine Abneigung gegen Fleisch haben. Typischerweise wird alles, was der Hund zu sich nimmt, erbrochen. Jede Form von Wärme bessert die Beschwerden.

Belladonna C30 bei plötzlich einsetzendem Erbrechen. Am Tag zuvor war der Hund noch gesund und munter, jetzt ist er appetitlos mit großem Durst auf kaltes Wasser. Er würgt und erbricht, bis der Magen vollkommen leer ist. Schluckauf und Krämpfe können das Erbrechen begleiten. Das Tier ist ängstlich, aggressiv, unruhig und empfindlich gegen Licht, Gerüche und Geräusche. Zugluft und Sonneneinstrahlung verschlimmern seine Beschwerden, besser geht es dem Hund im dunklen Zimmer und durch Ruhe.

Bryonia C30 bei gelblichem Erbrechen, das morgens, unmittelbar nachdem der Hund sich erhoben hat, auftritt. Das Tier hat großen Durst, wobei kaltes Wasser besser vertragen wird als warmes. Das Erbrechen verschlimmert sich morgens und durch Bewegung und wird durch Ruhe gebessert.

Ipecacuanha C30 bei häufigem, wiederholtem und mühsamem Erbrechen unmittelbar nach der Nahrungsaufnahme, vor allem nach dem Fressen von eiskaltem Futter. Das Tier speichelt sehr viel und erbricht unter Schmerzen, mit Würgen und Husten. Das Erbrochene ist schleimig und reichlich.

Phosphorus C30 (siehe Konstitutionsmittel) wird benötigt, wenn der Hund ein großes Verlangen nach Kaltem (eiskaltes Wasser, Schnee) hat, das aber, nachdem es sich im Magen erwärmt hat, gleich wieder erbrochen wird. Der Hund frisst immer wieder kleine Mengen Futter, die unverdaut erbrochen werden, so als seien sie nie im Magen gewesen. Erbrochenes kann blutig sein. Die Beschwerden werden von vielen Blähungen und einem harten Bauch begleitet.

Homöopathie bei Erbrechen durch Überfressen, Aufnahme von nicht einwandfreiem Futter, Unverdaulichem und Giften

Arsenicum album C30 (siehe Konstitutionsmittel) wird unbedingt auch dann empfohlen, wenn nur der geringste Verdacht besteht, dass der Hund Gift (vor allem Rattengift) gefressen hat. Der Hund muss sofort zum Tierarzt!

Nux vomica C30 (siehe Konstitutionsmittel) bei Erbrechen nach Aufnahme von verdorbenen Nahrungsmitteln oder durch Überfressen. Der Hund erbricht etwa zwei Stunden nach dem Fressen. Trotz der Übelkeit ist er hungrig. Er hat einen aufgetriebenen Bauch und ist nicht durstig. Nur unter großer Anstrengung und Würgen gelingt es ihm, seinen Magen zu entleeren. Hinterher ist er schläfrig und gereizt.

Okoubaka D4 ist ein wichtiges Grundmittel bei Durchfall, vor allem nach Fütterungsfehlern bzw. der Aufnahme von nicht einwandfreiem Futter.

Pulsatilla C30 (siehe Konstitutionsmittel) wird benötigt, wenn das Erbrechen durch das Fressen von fettem Futter ausgelöst wurde. Meist tritt zusätzlich Durchfall auf.

Homöopathie bei Erbrechen mit Kreislaufschwäche

Carbo vegetabilis C30 wird niemals zu Beginn einer Durchfallerkrankung benötigt, sondern immer erst dann, wenn der Hund schon mehr tot als lebendig scheint – und Sie hoffentlich schon auf dem Weg zum Tierarzt sind. Diesem Mittel wird die Fähigkeit zugesprochen, „vermeintlich Tote zum Leben zu erwecken“. Die Tiere fühlen sich eiskalt an, ihr Atem ist kalt und es ist möglich, dass sie in ihren Exkrementen liegen. Sie haben ein ausgesprochen großes Bedürfnis nach Luft und fühlen sich besser, wenn man ihnen Luft zufächelt und die Fenster weit öffnet.

Veratrum album C30 kann, im Unterschied zu Carbo vegetabilis, bereits in der Frühphase der Erkrankung eingesetzt werden. Reichliches Erbrechen und Durchfall führen zu großer Kreislaufschwäche. Der Durchfall ist wässrig, oft geruchlos und geht unter Schmerzen ab, erbrochen wird unter vielem Würgen. Sowohl der Durchfall als auch das Erbrechen verschlimmern sich durch die geringste Bewegung und Trinken. Der Hund hat eiskalte Extremitäten, ist schwach und friert. Mundschleimhaut und Zunge sind trocken und der Hund hat Durst auf kaltes Wasser, das aber sofort wieder erbrochen wird. Dem Tier geht es schlimmer in der Nacht, besser durch Wärme und Bewegung.

Magendrehung

Ein lebensbedrohlicher Notfall, der sofortige tierärztliche Hilfe benötigt, ist die Magendrehung.

Sie kommt eher bei großen Hunden vor, typischerweise wenn kurz nach der Futteraufnahme herumgetobt wird. Symptome sind Speicheln, anhaltendes Würgen ohne Erbrechen, starke Unruhe, der Bauch bläht schnell auf. Es besteht Schockgefahr. Um auf dem Weg zum Tierarzt den Kreislauf stabil zu halten, geben Sie Ihrem Hund in kurzen Abständen (2 bis 5 Minuten) Notfalltropfen auf die Zunge oder träufeln Sie sie in die Nackenhaut; auch **Carbo vegetabilis C30** oder **Veratrum album C30** können hier helfen. Siehe auch Notfälle Seite 193 ff.

Reisekrankheit

Ursachen und Symptome

Für viele unserer Vierbeiner scheint jede andere Fortbewegung als die mithilfe ihrer eigenen vier Pfoten noch immer ziemlich unnatürlich zu sein und kann buchstäblich auf den Magen schlagen. Die „Reisekrankheit" ist nicht gefährlich, aber sehr lästig und unangenehm für Hund und Besitzer. Sie entsteht dadurch, dass der Hundekörper durch die Bewegung des Autos, Flugzeugs usw. beschleunigt wird, ohne selbst aktiv zu werden. Hinzu kommt bei besonders sensiblen Hunden die Angst vor den lauten und sonderbaren Geräuschen – schon ist das Chaos perfekt und der Magen rebelliert.

Was Ihnen auffällt

Ihr Hund hechelt, beleckt sich die Lefzen, schluckt, kaut, speichelt und wirkt verängstigt – sichere Zeichen dafür, dass ihm übel wird.

Was Sie tun können

Gewöhnen Sie Ihren Hund langsam an das Autofahren. Setzen Sie sich anfangs zusammen ins Auto, ohne loszufahren. Vielleicht nutzen Sie die Gelegenheit, Ihren Hund zu kraulen oder zusammen eine kleine Entspannungspause einzulegen. Wenn Ihr Vierbeiner sich nach einigen Wiederholungen an das Auto gewöhnt hat, fahren Sie zunächst nur kurze Strecken, die Sie mit etwas verbinden, das für Ihren Hund vergnüglich ist, z. B. ein langer Spaziergang am Wasser, im Wald, mit einem Spielfreund usw. Achten Sie speziell vor längeren Fahrten darauf, dass Ihr Hund etliche Stunden zuvor nicht gefressen hat. Machen Sie regelmäßig Pausen und lassen Sie Ihren Hund aussteigen, damit er festen Boden unter den Füßen zu spüren bekommt und der gereizte Magen sich beruhigen kann. Bieten Sie immer wieder Wasser an, lassen Sie ihn aber keine großen Mengen auf einmal trinken.

Stellen Sie die Hundetransportbox so, dass die Sicht aus dem Auto nach draußen verhindert wird, und sorgen Sie während der Fahrt für Frischluftzufuhr. Fahren Sie gleichmäßig, möglichst ohne unnötiges Abbremsen und Beschleunigen.

Manche Hunde vertragen das Autofahren nicht und müssen ganz langsam daran gewöhnt werden.

Homöopathie

Wählen Sie nach den bisher beim Autofahren aufgetretenen Symptomen eines der nachfolgenden Mittel aus und verabreichen es möglichst 1 bis 2 Stunden vor einer Autofahrt.

Borax C30: Bei diesem Mittel steht die Angst im Vordergrund. Der Hund fürchtet sich vor Abwärtsbewegungen und vor schaukelnden Bewegungen. Er speichelt sehr stark.

Cocculus D6 wirkt bei Schwindel mit Übelkeit, Erbrechen, Schwäche und Apathie. Der Hund speichelt stark, ist durst- und appetitlos. Beim Aufrechtsitzen geht es ihm schlechter, im Liegen hingegen besser.

Petroleum C30: Typisch ist, dass der Hund sehr nervös ist und sein Zustand sich bessert, sobald er etwas frisst.

Tabacum D6, wenn der Hund schon bei der geringsten Bewegung erbrechen muss, die Übelkeit aber in dem Moment vergeht, wenn er aus dem Auto hinaus an die frische Luft kann. Das Tier friert und fühlt sich schlechter durch Zigarettenrauch. An der frischen Luft geht es ihm besser.

Komplexhomöopathie

Vertigoheel®

Akuter Durchfall (Diarrhö)

Ursachen und Symptome

Wie bei Erbrechen beschrieben, ist auch Durchfall – zumindest kurzfristig – eine sinnvolle Schutzfunktion des Körpers, um Unverträgliches schnell auszuscheiden. Auch hier gilt: Durchfall ist keine Diagnose, sondern ein Symptom. Die Ursachen können vielfältig sein und auch mit anderen Organsystemen zusammenhängen.

Was Ihnen auffällt

Möglicherweise hören Sie es im Bauch Ihres Vierbeiners rumoren oder glucksen. Er muss öfter raus, um Kot abzusetzen. Oder der Drang überkommt ihn so schnell, dass er in die Wohnung macht. Der Kot kann weich, breiig bis hin zu wässrig sein. Die Farbe kann sich ändern (auch abhängig vom Futter): In harmlosen Fällen wird sie eher hellbraun. Kleine, hellrote Blutbeimengungen sprechen für Blutungen im Enddarmbereich, denn durch die Überreizung der Darmschleimhaut können kleine Blutgefäße in der Schleimhaut verletzt werden, was zu geringeren Blutmengen führt. Dies ist nicht bedenklich. Stärkere Blutungen, egal ob mit hellem oder dunklem Blut, sind ein ernst zu nehmendes Symptom; dahinter kann sich ein Virusinfekt (Parvovirose, besonders bei Welpen oder alten Hunden) verbergen, aber auch eine Rattengiftvergiftung (mit Kumarinen), ein Darmverschluss oder starker Parasitenbefall. Sehr dunkles bis schwarzes Blut weist auf Blutungen in vorderen Darmabschnitten hin. Eigene Therapieversuche sind hier völlig fehl am Platz.

Häufige Gründe für Durchfall

- Fütterungsfehler/verdorbenes Futter
- Futter-Unverträglichkeiten oder -Allergien
- Magen-Darm-Parasiten (Wurmbefall, Giardien, Kokzidien)
- Magen-Darm-Infekte (viral, z. B. Parvovirose, bakterielle Erkrankungen), die oft wie beim Menschen als „Welle" grassieren
- Fremdkörper
- Stress/Verhaltensprobleme
- Antibiotika-Therapien, Wurmkuren und sonstige Medikamente (z. B. Schmerzmittel)
- Durchfall kann auch als Begleitsymptom bei verschiedenen Organerkrankungen auftreten, z. B. der Leber oder der Bauchspeicheldrüse. Ohne eine gezielte Behandlung des Grundproblems wäre eine nur symptomatische Behandlung erfolglos.

Was Sie tun können

Ernährung bei Durchfall

In akuten Fällen mit leichtem Durchfall und ungestörtem Allgemeinbefinden reicht es oft aus, für ein bis drei Tage die Futterration am Tag auf mehrere kleine Portionen zu verteilen.

Bei stärkerem Durchfall sollte eine etwas strengere Diät erfolgen mit darmschonenden, meist auch schleimhaltigen Nahrungsmitteln.

Bewährt haben sich:

- Gekochte feine Haferflocken oder Instantflocken (mit etwas Brühe zur Geschmacksverbesserung).
- Reisschleim: Reis mit viel Wasser oder Brühe kochen und dann nur den Schleim ohne Körner verfüttern (der Reis selbst ist eher bei Verstopfung angebracht).
- Karottensuppe nach Professor Ernst Moro: 500 g Möhren schälen, klein schneiden und in 1 Liter Wasser 1 bis 1,5 Stunden kochen, anschließend pürieren, mit gekochtem Wasser wieder auf 1 Liter auffüllen und 3 g Salz zufügen. Durch das Kochen entstehen saure Oligogalakturonide, die den Rezeptoren der Darmschleimhaut ähneln und an pathogene Keime andocken, die

daraufhin ausgeschieden werden können. Verfüttern Sie die Suppe je nach Größe und Appetit Ihres Hundes.

- Auch gekochte Rote Bete ist empfehlenswert, da sie Stoffe enthält, die das Wachstum pathogener Keime hemmen. Achtung: Nicht erschrecken, wenn der Urin und der Kot in den Tagen nach der Rote-Bete-Fütterung kräftig rötlich gefärbt sind!

Mischen Sie bei jeder Mahlzeit jeweils ½ bis 1 Teelöffel **Heilerde ultrafein** in das Futter. Sie bindet Wasser, aber auch Krankheitskeime und Giftstoffe. Daher wirkt sie nicht nur gegen den Durchfall, sondern auch entgiftend. **Usniotica Per Naturam** 1- bis 3-mal täglich 1 bis 3 Teelöffel stärkt die physiologische Darmflora und reduziert so die Anfälligkeit gegen Parasiten.

Wenn Sie beobachtet haben, dass Ihr Hund eine Socke oder etwas anderes Unverdauliches gefressen hat, und ihn schleunigst zum Tierarzt bringen, bekommt Ihr lebender Staubsauger ein Medikament gespritzt, das Erbrechen auslöst. In vielen Fällen wird der Fremdkörper dann ausgespuckt. Wenn Sie erst nach einigen Stunden erfahren oder vermuten, dass Ihr Vielfraß sich irgendeinen Gegenstand einverleibt hat, müssen Sie in den nächsten Tagen aufmerksam beobachten, ob Appetitlosigkeit, Erbrechen, Durchfall, Schmerzen oder Ähnliches auftreten, um zügig den Tierarzt aufzusuchen. Eventuell wird eine Operation nötig sein, um den Fremdkörper zu entfernen. Um diese Prozedur zu vermeiden, geben Sie Ihrem Hund Sauerkraut zu fressen (erstaunlicherweise mögen Hunde es meist recht gern, ob pur oder im Futter) oder füttern Sie (ebenfalls pur oder mit Futter) – als geschmacksneutrale Variante – Kartoffelbrei, in den Sie auseinandergezupfte Wattestückchen mischen. Ob Watte oder Sauerkraut – beide wickeln den potenziellen Störenfried ein, sodass er mit großer Wahrscheinlichkeit ausgeschieden wird, ohne Schaden anzurichten.

Homöopathie

Aloe C30: Der Durchfall tritt normalerweise frühmorgens auf und häufig unmittelbar nach dem Fressen. Der Kot ist gelb, dünn und schleimig und wird zusammen mit vielen Blähungen abgesetzt. Im Bauch des Hundes kann man es kollern und rumoren hören. Der Durchfall kann mit Verstopfung abwechseln, die Hunde haben manchmal eine Abneigung gegen Fleisch. Durch Fressen und Trinken verschlimmern sich ihre Beschwerden, besser geht es ihnen, nachdem sie Kot abgesetzt haben.
Petroleum C30 ist das Mittel bei Durchfall, der grundsätzlich nur tagsüber auftritt. Der Kot hat eine wässrige Konsistenz, ist fürchterlich stinkend und schießt regelrecht hervor. Dem Hund juckt der After, nach dem Durchfall ist er erschöpft und hungrig. Das Tier magert trotz gutem Appetit ab und sein Allgemeinbefinden verschlechtert sich zusehends.
Phosphorus C30 (siehe Konstitutionsmittel): Der Bauch ist hart und berührungsempfindlich. Gluckern und Kollern sind zu hören und der Hund leidet unter Blähungen. Der Durchfall ist meist schmerzlos und schießt wie Wasser heraus (Hydrantenstuhl). Der Stuhl ist übel riechend, grünlich, fleischwasserfarben (Blut!) oder wie Froschlaich (grüner Schleim mit weißen Körnern). Das Tier kann sehr geschwächt sein. Manchmal geht Stuhl ab, ohne dass der Hund das beeinflussen kann. Der Durchfall verschlimmert sich durch Aufregung, Gewitter, Wetterwechsel, warmes Futter oder Wasser und bessert sich durch kaltes Futter und Wasser sowie durch Schlaf.

Homöopathie bei Durchfall im Zahnwechsel

Siehe Kapitel Maul/Zähne Seite 80 ff.

Homöopathie bei Durchfall durch einen verdorbenen Magen und/oder Fütterungsfehler

Arsenicum album C30 (siehe Konstitutionsmittel): Typischerweise beginnt der Durchfall kurz nach Mitternacht. Auslöser ist oft das Fressen von verdorbenem oder eiskaltem Futter oder Schnee. Der Durchfall ist sehr stark, anhaltend und häufig mit Erbrechen verbunden. Er tritt immer wieder in kleinen Mengen auf, stinkt und erschöpft das Tier. Der Hund ist schwach und friert, ist reizbar und ängstlich und mag es, zugedeckt zu werden. Er hat großen Durst auf Wasser, das er in kleinen Schlucken trinkt, das aber nicht vertragen, sondern gleich wieder erbrochen wird. Der Hund ekelt sich regelrecht vor seinem Futter.

Bryonia C30 bei Durchfall, der durch Aufregung, Futterwechsel, Futterunregelmäßigkeiten, Fressen von Obst, Trinken von kaltem Wasser oder bei Überhitzung ausgelöst wurde. Weitere Anhaltspunkte, die auf das Mittel hinweisen: Der Durchfall beginnt morgens nach dem Aufstehen, der Bauch ist berührungsempfindlich. Jede Form von Bewegung sowie heißes Wetter verschlimmern die Beschwerden.

Chamomilla C30 hilft bei Durchfallpatienten, denen gar nichts recht zu machen ist und die in ärgerlicher Stimmung sind, sowie bei Durchfall, der beim Zahnwechsel auftritt. Der Hund ist unruhig und verlangt ständig nach Aufmerksamkeit. Er tut Dinge, von denen er genau weiß, dass sie verboten sind. Seine Beschwerden verschlimmern sich nachts sowie durch Wärme/Hitze und bessern sich durch Umhertragen. Der Geruch des Stuhls erinnert an faule Eier.

Nux vomica C30 (siehe Konstitutionsmittel) bei Durchfall, der nach einer Medikamentengabe (Wurmkuren usw.), Futterwechsel oder Überfressen aufgetreten ist. Typisch ist, dass der Hund sich ständig hinhockt und presst, aber kein oder nur wenig Kot abgesetzt werden kann. Man hat das Gefühl, der Hund sei „nie fertig". Außerdem leidet das Tier beim Stuhlgang unter starken Schmerzen. Der Durchfall kann auch im Wechsel mit einer Verstopfung auftreten. Die Beschwerden verschlimmern sich beim Erwachen und durch Aufregung und bessern sich durch Ruhe und Hinlegen.

Okoubaka D4 ist ein wichtiges Grundmittel bei Durchfall, vor allem nach Fütterungsfehlern bzw. der Aufnahme von nicht einwandfreiem Futter.

Podophyllum C30: Typisch für dieses Mittel ist der sogenannte Hydrantenstuhl, das heißt, der Stuhl spritzt regelrecht heraus, und auch, dass der Durchfall plötzlich auftritt und schmerzlos ist. Er ist wässrig, reichlich, stinkend, gelblich grün und tritt vermehrt morgens nach dem Fressen sowie beim Zahnwechsel auf. Liegen auf dem Bauch lindert die Beschwerden.

Pulsatilla C30 (siehe Konstitutionsmittel): Das Besondere an diesem Mittel ist die Veränderlichkeit aller Symptome – auch die der Verdauung. Durchfall tritt als Folge von Überfressen, Durcheinanderfressen, Fressen von fettreichem Futter, aber auch bei feuchtem Wetter und nach Erkältung auf und geht häufig mit Erbrechen einher. Der Hund ist nicht durstig, sehr anhänglich, verlangt permanent nach Aufmerksamkeit und möchte nicht allein bleiben. Schlechter geht es dem Hund durch Wärme, im Haus, bei nasskaltem und stürmischem Wetter, besser an der frischen Luft und durch Aufmerksamkeit.

Homöopathie bei Durchfall mit Schwäche

China officinalis C30 bei Hunden, die durch den Flüssigkeitsverlust bei einer starken Durchfallerkrankung völlig geschwächt sind.

Veratrum album C30, wenn der Durchfall sehr stark und wässrig ist, unter Schmerzen abgesetzt wird und zu großer Kreislaufschwäche führt. Häufig tritt der Durchfall zusammen mit Erbrechen auf. Der Kot ist oft geruchlos. Der Hund hat eiskalte Extremitäten, ist schwach und friert. Mundschleimhaut und Zunge sind trocken.

Die Beschwerden verschlimmern sich nachts und bessern sich durch Wärme und Bewegung.

Homöopathie bei Durchfall durch Aufregung

Argentum nitricum C30 ist angezeigt, wenn Durchfall **vor** einem zu erwartenden Ereignis auftritt, z. B. wenn Ihr Hund genau spürt, dass Sie ihn gleich zu einem für ihn unangenehmen Termin wie beim Hundefriseur oder Tierarzt führen. Der Stuhl ist wässrig, schleimig, von grünlicher Farbe und stark stinkend. Er wird unter Abgang von vielen Blähungen abgesetzt, der Bauch ist aufgetrieben. Die Beschwerden verschlimmern sich nachts sowie durch Wärme, Süßigkeiten und Aufregung und bessern sich durch frische Luft und Kälte.
Gelsemium C30 ist hilfreich, wenn Durchfall **nach** einem als unangenehm empfundenen Ereignis auftritt, beispielsweise nach Silvester. Der Stuhlgang ist schmerzlos und der Kot ist lehmfarben oder grünlich und geht manchmal unwillkürlich ab. Der Durchfall verschlimmert sich durch Erregung und bessert sich im Freien.

Isopathie

Vetokehl® Not/Notakehl® D5 Tropfen sind das Hauptmittel bei bakteriellen Infekten aller Art und **Quentakehl® D5 Tropfen** bei Virusinfekten.

Da es nicht möglich ist, ohne Laboruntersuchungen (die außerdem einige Tage dauern) zwischen einem bakteriellen und viralen Infekt zu unterscheiden, hat sich bewährt, beide Präparate parallel zu verabreichen, z. B. Quentakehl® morgens und Vetokehl® Not/Notakehl® abends.

Schüßler Salze

Nr. 3 Ferrum phosphoricum D12 und **Nr. 6 Kalium sulfuricum D6** bei Entzündungen.

Auch Aufregung kann zu akutem Durchfall führen.

Chronischer Durchfall (Diarrhö)

Ursachen und Symptome

Mediziner benutzen den Begriff „chronisch", wenn Beschwerden länger als vier Wochen andauern; es handelt sich also dabei um eine Angabe zur Dauer, aber nicht zur Schwere einer Erkrankung. Natürlich kann eine chronische Erkrankung eine Verschlechterung des Befindens nach sich ziehen, z. B. kann lang anhaltender Durchfall zu Abmagerung und Mangelsymptomen führen.
Bei chronischer Diarrhö gelten grundsätzlich die gleichen Ursachen, Symptome und Behandlungsmaßnahmen wie bei akuten Fällen. Allerdings ist lang andauernder Durchfall nicht mehr eine sinnvolle Schutzfunktion. Vielmehr gelingt es dem Körper nicht, die ursprüngliche Erkrankung auszukurieren, möglicherweise, weil das Immunsystem überfordert ist oder weil der Auslöser für die Beschwerden nicht abgestellt wird. Das kann bei Futter-Unverträglichkeiten bzw. -Allergien der Fall sein, bei andauerndem Wurmbefall oder wenn eine bestehende Organschwäche noch nicht erkannt wurde, z. B. der Bauchspeicheldrüse, der Leber oder der Schilddrüse. Auch anhaltender psychischer Stress kann der Grund für chronische Diarrhoe sein. Untersuchungen belegen, dass Hunde, die unter Angst leiden, deutlich häufiger chronische Darmerkrankungen entwickeln als nervenstarke Artgenossen.

Besonders junge Hunde nehmen häufig Dinge auf, die zu Verdauungsbeschwerden führen können.

Auf lange Sicht wird die Darmschleimhaut bei anhaltenden Störungen erheblich geschwächt, Nährstoffe können nicht richtig aufgenommen werden, was zu Mangelsymptomen führt wie stumpfes Fell, Leistungsschwäche, Abmagerung und bei Junghunden Wachstumsstörungen, um nur einige zu nennen.
Infektanfälligkeit oder Allergieneigung können eine Folge der chronischen Diarrhö sein, weil der Darm nicht nur ein Verdauungsorgan ist, sondern auch eine große Rolle für das Immunsystem spielt. Dies erklärt, warum es u. a. bei Allergien so wichtig ist, den Darm mit zu behandeln. Für eine erfolgreiche Behandlung bei chronischem Durchfall ist es nötig, nach den Auslösern zu fahnden und – soweit möglich – abzustellen. Dazu sind meist verschiedenste Laboruntersuchungen (Blut, Stuhl, eventuell Gewebeproben) notwendig und hilfreich.

Was Sie tun können

Ernährung bei chronischen Durchfällen

Ernährungsempfehlungen (siehe auch unter akutem Durchfall). Bei anhaltendem Durchfall kommen Sie und Ihr Vierbeiner nicht um eine konsequente Futterumstellung herum. Es würde den Rahmen dieses Buches sprengen, dem Thema Ernährung auch nur annähernd

gerecht zu werden. Bei chronischem Durchfall sollte die Futterration immer entsprechend der Grunderkrankung und für den Patienten individuell zusammengestellt werden, denn was nützen die schönsten Menüs, wenn sie aus Dingen bestehen, die zwar aus therapeutischer Sicht angebracht und verträglich sind, aber Ihrem Vierbeiner schon in gesunden Zeiten zuwider waren.
Generell sollte bei chronischen Verdauungsstörungen der Fettanteil im Futter eher niedrig sein und aus hochwertigen ungesättigten Fetten bestehen wie Fischöl, Leinöl oder Hanföl. Leicht verdauliche und faserreiche Ballaststoffe binden Wasser, teils auch krankmachende Keime, fördern die Arbeit der physiologischen „guten" Darmbakterien und unterstützen so die Darmschleimhaut. Bewährte Fertigpräparate sind **Garon Forte Per Naturam** oder **Lactogel® Pet Almapharm**.

Homöopathie

Sulfur C30 (siehe Konstitutionsmittel) ist ein wichtiges Mittel bei chronischem Durchfall. Er tritt bevorzugt in den frühen Morgenstunden auf, tagsüber leiden die Hunde eher unter Verstopfung. Der Durchfall ist so scharf, dass er den After wundmacht. Er ist gerötet, juckt und wird ausgiebig beleckt. Manchmal tritt der Durchfall exakt alle sieben Tage auf.
Die Mittel, die unter „Akuter Durchfall" (Seite 94 ff.) genannt sind, können auch bei chronischen Beschwerden eingesetzt werden, wenn sie mit den Symptomen Ihres Hundes übereinstimmen.

Isopathie

Fortakehl® D5 Tropfen sind das Hauptmittel, um eine angegriffene Darmschleimhaut zu regenerieren, besonders bei chronischen Durchfällen.
Vetokehl® Not/Notakehl® D5 Tropfen werden eingesetzt bei allen bakteriellen Erkrankungen und zur Regulation von bakteriellen Fehlbesiedlungen.

Verstopfung (Obstipation)

Ursachen und Symptome

Bei einem gesunden Hund erfolgt der Kotabsatz meist ein- bis dreimal am Tag. Wenn er nur mühsam oder seltener als gewöhnlich erfolgt und der Darm nur unvollständig entleert wird, staut sich der Kot im Darm. Leidet ein Hund länger unter Verstopfung, wird der Kot immer fester, was zusätzlich zu Schmerzen beim Kotabsetzen führen kann – ein Teufelskreis beginnt.

Eine häufige Ursache, die aber leicht zu beheben ist, ist eine Verstopfung durch Fütterungsfehler (zu viele Knochen, zu wenig Ballaststoffe, zu geringer Wassergehalt wie beispielsweise beim Verfüttern von Trockenfutter) oder Bewegungsmangel. Andere Ursachen wie Wasserverlust durch Fieber, Medikamente, Erkrankungen der Wirbelsäule, Hormonstörungen, Stoffwechselkrankheiten (wie Schilddrüsenunterfunktion), Nervenerkrankungen, Schmerzen, Tumore, verstopfte bzw. entzündete Analdrüsen oder eine Prostatavergrößerung beim Rüden können ebenfalls zur Obstipation führen. Oft lässt sich die Ursache nur durch verschiedene Untersuchungsverfahren ermitteln (Blutuntersuchung, Ultraschall, Röntgen usw.).

Was Ihnen auffällt

Ihr Hund hat Probleme, seine Häufchen abzusetzen, die nicht mehr so groß sind wie gewohnt. Sie bemerken, dass er sich entweder seltener als sonst oder immer wieder hinhockt, ohne ein sichtbares Ergebnis zu produzieren.

Was Sie tun können

Versuchen Sie, den Auslöser für die Verstopfung herauszufinden. Fütterungsfehler sind noch leicht selbst zu ergründen, in anderen Fällen führt oft erst eine fachkundige Untersuchung zum Ziel. Dann kann einerseits mit abführenden Mittel die akute Verstopfung beseitigt und

andererseits die Grunderkrankung behandelt werden, um die Obstipationsneigung dauerhaft zu beheben.
Leichte und gut verträgliche abführende Mittel sind Milch oder Paraffinöl (aus der Apotheke, kein Lampenöl), die Sie ins Futter geben. Fangen Sie je nach Größe Ihres Hundes mit 1 bis 4 Teelöffeln an und steigern die Menge täglich, bis der Stuhl weich wird. Eine Verstopfung, die länger als drei bis vier Tage anhält oder bei der sich der Hund sichtbar krank fühlt, gehört in die Hände eines Tiermediziners.
Ist die Ursache eine Fehlfütterung, muss das Futter, vielleicht sogar mithilfe eines Ernährungsfachmanns, umgestellt werden.

Besonders bei alten Hunden muss für ausreichende Bewegung gesorgt werden, damit die Darmtätigkeit angeregt wird.

Homöopathie

Alumina C30 wird häufig für ältere Hunde benötigt, deren Darm unter einer gewissen Untätigkeit leidet. Dadurch fällt es schwer, Kot abzusetzen. Er geht nur in kleinen Mengen ab, ist trocken und hart oder auch gelblich weich und klebrig. Ihr Vierbeiner muss stark pressen, damit überhaupt ein bisschen Kot abgesetzt werden kann. Die Beschwerden verschlimmern sich morgens sowie durch Kälte und bessern sich durch Wärme. Die Hunde leiden unter einer Unverträglichkeit von Kartoffeln.
Ambra grisea C30 ist ebenfalls ein Mittel für ältere Hunde. Typisch ist, dass der Hund sein Geschäft nicht in der Gegenwart anderer verrichten kann. Er leidet unter Blähungen, sein Bauch ist aufgetrieben und gibt allerlei kollernde Geräusche von sich. Schlechter geht es dem Hund durch die Anwesenheit von Fremden, besser durch leichte Bewegung im Freien.

Bryonia C30: Der Kot ist trocken und hart und sieht aus wie verbrannt. Im Vergleich zur aufgenommenen Futtermenge scheinen die Häufchen zu groß geraten zu sein. Der Hund hat großen Durst, aber keinen Appetit. Vor seinem Futter scheint er sich regelrecht zu ekeln. Sein Bauch ist aufgetrieben und, das ist ganz typisch, er meidet Bewegung. Jede Form der Bewegung verschlimmert seine Beschwerden, Ruhe hingegen führt dazu, dass es ihm besser geht. Auch nach dem Fressen und morgens geht es ihm schlechter.

Nux vomica C30 (siehe Konstitutionsmittel) wird besonders dann benötigt, wenn die Verstopfung durch unverträgliche Nahrung, beispielsweise Knochen, hervorgerufen wird. Der Hund hockt sich immer wieder hin und presst unter starken Schmerzen, die von Krämpfen begleitet sein können. Auch wenn er endlich etwas Kot absetzen konnte, geht es ihm nicht besser, sondern der Stuhldrang bleibt bestehen. Berührungen und Kälte verschlechtern seine Beschwerden. Schlechter geht es ihm auch morgens beim Erwachen, besser dagegen durch Ruhe und beim Liegen.
Opium C30 hilft bei Verstopfung als Folge von Schreck, Aufregung, Operationen und Narkose. Der Hund ist sehr schläfrig, hat keinen Stuhldrang und die Verstopfung ist völlig schmerzfrei. Manchmal verliert der Hund unfreiwillig harten, knolligen Kot. Die Beschwerden verschlimmern sich durch Schlaf und Wärme und bessern sich durch Bewegung und Kälte.
Phosphorus C30 (siehe Konstitutionsmittel) heilt besonders chronische Verstopfungen. Der Stuhl ist schmal, lang, trocken und der Hund hat Probleme, ihn abzusetzen. Bei alten Tieren kann die Verstopfung im Wechsel mit Durchfall auftreten.
Plumbum C30 regt den Darm an, wenn die Verstopfung durch einen Bandscheibenvorfall oder eine Wirbelsäulenverletzung hervorgerufen wird.

Analdrüsenentzündung

Ursachen und Symptome

Viele Hunde leiden immer wieder unter Problemen mit den Analdrüsen, auch Analbeutel genannt. Sie liegen beim Hund rechts und links etwas unterhalb vom After unter der Haut und sind normalerweise mit bloßem Auge nicht sichtbar. Jede Drüse hat einen kleinen Ausführungsgang, der direkt am After mündet. Die Analdrüsen sind je nach Größe des Hundes etwa erbsengroß und produzieren ein Sekret, das bei jedem Kotabsatz mit abgesondert wird und als individuelle Duftnote zur Markierung dient. Was für Hundenasen als Wohlgeruch wahrgenommen wird, empfinden Menschennasen allerdings als sehr unangenehm.

Wenn das Sekret aus den Drüsen nicht beim Kotabsatz herausmassiert wird, schwellen sie zunehmend an (Analdrüsenverstopfung) und können sich entzünden (Analdrüsenentzündung). Das führt zu mehr oder minder starkem Juckreiz oder Schmerzen. Der Kotabsatz bereitet dem Hund dann Probleme, was er auch durch Jaulen oder Fiepen zum Ausdruck bringt. Auch eine Verstopfung kann daraus resultieren. Die Analbeutel sind dann auch häufig als Schwellung ein- oder beidseitig neben dem After erkennbar.

Möglicherweise spielt die Fütterung bei der Entstehung von Analdrüsenproblemen eine Rolle, denn wenn der Kot zu weich ist, wird das Sekret nicht vollständig entleert.

Was Ihnen auffällt

Typischer Hinweis für Analdrüsenprobleme (aber auch für Wurmbefall) ist das sogenannte „Schlittenfahren". Dabei setzt sich der Hund auf den Hintern und zieht ihn über den Boden, um den bestehenden Juckreiz zu lindern. Außerdem leckt oder beißt er sich in der Aftergegend die Haut regelrecht wund. Das kann zu kahlen Stellen mit nässenden Ekzemen an der Rute, auf der hinteren Rückenpartie, an den Innenschenkeln und bei Hündinnen an der Scheide führen. Wenn Sie den Schwanz anheben, sind die prallgefüllten Analdrüsen oft sicht- bzw. tastbar.

Bei wiederkehrenden und andauernden Entzündungen kann es zur Entstehung von Geschwüren oder Fisteln kommen. Im Extremfall kommt zur Behandlung oft nur eine Operation einschließlich einer Entfernung der Analdrüsen in Frage.

Was Sie tun können

Auf jeden Fall müssen die Analbeutel ausgedrückt werden. Das ist, wenn man weiß wie es geht, in den meisten Fällen leicht durchzuführen. Wenn Sie noch keine Erfahrungen damit haben, verzichten Sie dringend auf Do-it-yourself. Überlassen Sie die Behandlung einem Tierarzt oder Tierheilpraktiker. Legen Sie erst selbst Hand an, wenn Sie sich von fachkundiger Seite haben zeigen lassen, wie man dabei vorgeht.

Das Ausdrücken der Analdrüsen ist für den Hund zwar unangenehm bis schmerzhaft, dafür schafft es anschließend große Erleichterung.

Bei starken Entzündungen wird der Tierarzt zusätzlich eine Spülung der Analbeutel durchführen, eventuell mit einem Antibiotikum.

Homöopathie

Hepar sulfuris C30 ist das Hauptmittel bei eitrigen Entzündungen.

Mercurius solubilis C30 ist ebenfalls bei eitrigen Prozessen angebracht, die – im Vergleich zu Hepar sulfuris – mehr zur Geschwürbildung neigen.

Silicea C30 (siehe Konstitutionsmittel) wird bei immer wiederkehrenden Entzündungen eingesetzt oder gegen Ende einer Behandlung, um die Ausheilung zu unterstützen.

Homöopathische Komplexmittel

In Betracht kommt auch die Anwendung von sogenannten Komplexmitteln, in der verschiedene homöopathische Substanzen miteinander verbunden sind. **Traumeel® T ad us. vet. Tabletten** und **Traumeel® T Gel ad us. vet.** haben sich hier besonders bei entzündlichen Prozessen bewährt.

Phytotherapie

Äußere Behandlungen und Auflagen mit Tee aus **Kamille, Zinnkraut**, **Eichenrinde** bzw. **Ringelblume** wirken schmerzstillend, abschwellend und gegen bestehende Entzündungen. Warme Umschläge mit den genannten Pflanzenextrakten bringen unter Umständen auch einen Abszess zum Ausreifen und zur Entleerung.

Blähungen (Flatulenzen)

Ursachen und Symptome

Blähungen sind – wenn sie nicht mit anderen Beschwerden auftreten – meist harmlos, aber lästig, zumindest für menschliche Nasen. Sie entstehen u. a. durch Futterumstellungen, verdorbenes Futter oder Futterunverträglichkeiten, was zu Verdauungsstörungen und dadurch zu einer verstärkten Gasbildung in Magen und Darm führt. Die Gase enthalten u. a. Schwefelverbindungen, die verantwortlich für den unangenehmen Geruch sind und unter eindeutigen Geräuschen aus dem Anus entweichen. Bei kurzschnäuzigen Hunderassen entstehen Flatulenzen häufig durch Luftschlucken beim Spielen, Fressen oder Trinken.

Blähungen können jedoch auch ein erstes Anzeichen einer ernsthaften Erkrankung sein, wie zum Beispiel einer Darmentzündung, Wurmbefall oder Fehlfunktion der Bauchspeicheldrüse. Meist treten gleichzeitig andere Symptome auf wie Bauchgeräusche, Fressunlust oder Durchfallneigung.

Was Ihnen auffällt

Ihr Hund pupst fast ohne Unterbrechung und stinkt so arg, dass es fast schon an Geruchsbelästigung grenzt. Sein Bauch rumort und blubbert und fühlt sich vielleicht sogar ein bisschen hart an. Dies ist nur dann ein Grund zur Besorgnis, wenn die Blähungen sehr stark sind und mit Schmerzen einhergehen. Ihr Vierbeiner wirkt dann sehr unruhig und wechselt ständig seine Liegeposition.
In diesem Fall kann eine ernsthafte Erkrankung vorliegen – lassen Sie dies vom Tierarzt abklären.

Was Sie tun können

Ernährung

Eine gesunde Ernährung sowie ausreichend Bewegung setzen dieser Symptomatik normalerweise ein rasches Ende. Wenn Sie einen Zusammenhang zwischen der Fütterung und den Flatulenzen erkennen, ist eine Futterumstellung angesagt.

Wenn Ihr Vierbeiner hingegen Blähungen hat, weil er einen Misthaufen oder Ähnliches auf Fressbares durchforstet hat, bringt **Heilerde ultrafein** (½ bis 1 Teelöffel bei jeder Mahlzeit) als Zusatz ins Futter rasche Linderung, weil sie die entstehenden Gase bindet.

Leinsamenschleim hat außerdem eine beruhigende Wirkung auf den Darm. Köcheln Sie für etwa 10 Minuten je nach Größe Ihres Hundes 1 bis 3 Teelöffel ganze Leinsamenkörner in 100 bis 250 ml Wasser. Anschließend durch ein Sieb gießen und die Flüssigkeit (ohne Körner) ins Futter mischen.

Homöopathie

Aloe C30 hilft bei Blähungen, bei denen Ihr Hund unbemerkt auch Kot verliert. Die Blähungen treten über einen längeren Zeitraum auf und brennen am After. Das Tier hat Schmerzen in der Nabelgegend, die sich durch Fressen und Trinken verschlimmern und durch Absetzen von Stuhl bessern.

Carbo vegetabilis C30 wird bei starken, übel riechenden Blähungen eingesetzt. Der Bauch ist aufgetrieben, äußerst schmerzhaft und druckempfindlich, weshalb es dem Hund schlechter geht, wenn er sich hinlegt. Der Abgang von Blähungen bessert sein Befinden.

Lycopodium C30 (siehe Konstitutionsmittel) ist das Mittel der Wahl, wenn Blähungen aufgrund einer Verdauungsschwäche entstehen. Sie sind auffallend stark, gehen mit lauten Darmgeräuschen einher, treten ziemlich bald nach dem Fressen und häufig zusammen mit Durchfall auf, der – und das ist besonders – nach einer ganz normalen Entleerung einsetzt. Der Hund hat großen Appetit und verlangt nachts nach Futter. Schlechter geht es ihm im warmen Zimmer, besser durch Bewegung.

Nux vomica C30 (siehe Konstitutionsmittel), wenn Blähungen durch Stress, Fütterungsfehler, Überfressen oder Medikamente entstehen. Typisch für dieses Mittel ist, dass die Blähungen erst einige Zeit nach dem Fressen auftreten.

Isopathie

Fortakehl® D5 Tropfen

Schüßler Salze

Schüßler Salz **Nr. 7 Magnesium phosphoricum D6** am besten in gut warmem Wasser gelöst eingeben.

Phytotherapie

Geben Sie etwas frisch gemahlenen **Kümmel** ins Futter oder rühren Sie das Futter mit lauwarmem Tee aus **Löwenzahn** an, der den Gallefluss fördert.

Parasitenbefall

Bei den Parasiten, die sich im Verdauungstrakt des Hundes ansiedeln können, unterscheidet man zwischen Würmern (Spul-, Haken-, Bandwürmern) und Protozoen, das sind einzellige Darmparasiten (Giardien und Kokzidien).

Wurmbefall

Auch wenn Sie es Ihrem Vierbeiner oft nicht ansehen können, dass ihn etwas wurmt: Spul-, Haken- und Bandwürmer sind keine seltenen Gäste bei unseren Tieren. Durch Flohbefall, Schnuppern an fremdem Kot, den Verzehr einer Maus, durch Lecken im Rahmen der Fellpflege, im Mutterleib und sogar über die Muttermilch verschaffen Würmer sich Zutritt in den Hund und führen zu mehr oder weniger ausgeprägten Symptomen.

Bitte bedenken Sie, dass sich nicht nur andere Tiere, sondern auch wir Menschen bei unseren Vierbeinern anstecken können. Kinder sind besonders gefährdet. Sie lassen sich gern von ihrem vierbeinigen Freund durchs Gesicht schlabbern und teilen bereitwillig ihr Bett mit ihm.

Was Ihnen auffällt

Man merkt es einem Hund nicht unbedingt an, dass er verwurmt ist. Und entgegen der landläufigen Meinung sieht man die Würmer auch nicht im Kot – es sei denn, der Wurmbefall ist sehr stark. Hat ein Hund allerdings Bandwürmer, ist es möglich, dass Sie reiskornähnliche Gebilde im Kot oder in der Afterregion Ihres Tieres bemerken. Mit Sicherheit fällt Ihnen aber auf, dass Ihr Hund immer wieder mal „Schlitten fährt" – sein After juckt. Eventuell leidet er unter Durchfall und/oder Erbrechen, hat weniger Hunger als sonst oder frisst wie ein Scheunendrescher. Das Fell kann stumpf werden und ausfallen. Bei jüngeren Tieren oder bei massivem Wurmbefall treten auch Gewichtsverlust und schnelle Ermüdbarkeit auf.

Welpen und Junghunde sind besonders anfällig für Wurmbefall.

Bei Welpen werden diese Beschwerden häufig von einem aufgeblähten Bauch begleitet.

Bitte bedenken Sie, dass ein massiver Wurmbefall beim Welpen tödlich verlaufen kann!

Was Sie tun können

Bringen Sie eine Kotprobe zur mikroskopischen Untersuchung zum Tierarzt. Es empfiehlt sich, hierfür Kot über drei Tage zu sammeln (in einem Schraubglas oder speziellen Untersuchungsgefäß verschlossen im Kühlschrank aufbewahren), um die Aussagekraft der Untersuchung zu erhöhen. Wenn Wurmeier oder Larven nachgewiesen werden, lassen sich daran die Wurmarten bestimmen, die Ihr Hund beherbergt. Leider ist es möglich, dass die Untersuchung sogenannte falsche negative Ergebnisse liefert. Das bedeutet, dass in der Kotprobe keine Eier oder Larven nachgewiesen werden, obwohl der Hund verwurmt ist. Dies liegt daran, dass manche Würmer nicht kontinuierlich Eier ausscheiden, während andere im Körper Ihres Vierbeiners erst noch einen Entwicklungszyklus durchlaufen müssen, bevor sie mit dem Kot ausgeschieden werden. Und manche Larven wiederum befinden sich in einer Art Winterschlaf, bevor sie sich zum erwachsenen Wurm entwickeln, der schließlich Eier legt.

Chemische Wurmkuren

Mit einer Wurmkur können Sie leider keine hundertprozentige Wurmfreiheit erzielen, weil bestimmte Entwicklungsstadien der Würmer sich der Behandlung entziehen, wenn sie irgendwo im Körper abgekapselt und gut geschützt eine Ruhepause einlegen. Auf jeden Fall erreichen Sie mit einer Wurmkur, dass die vorhandene Wurmbürde deutlich reduziert wird – zumindest für einen gewissen Zeitraum. Bei starkem Wurmbefall wird empfohlen, zwei Behandlungen im Abstand von einigen Wochen durchzuführen, um die Erfolgsquote zu erhöhen.
Nimmt Ihr Vierbeiner jedoch gleich anschließend wieder Wurmstadien auf, z. B. über Flohstiche, beginnt der Vermehrungszyklus erneut.

Naturheilkundliche Begleitmaßnahmen helfen, die Verträglichkeit einer Wurmkur zu verbessern. Denn auch wenn die Wirkstoffe heutzutage wesentlich schonender sind als zu früheren Zeiten, müssen sie dennoch von der Leber abgebaut werden. Und auch die abgetöteten Würmer können Stoffe freisetzen, welche die Entgiftungsleistung der Leber be- oder überlasten.

- Kurz bevor Sie die Wurmkur verabreichen, zeichnen Sie auf die Verpackung der Wurmkur mit einem Filzstift das **Heilzeichen** Y oder legen Sie die Packung auf einen Zettel, den Sie mit dem Zeichen Y versehen haben.
- Am Tag nach der Entwurmung geben Sie Ihrem Hund **Heilerde ultrafein** ein. Sie besitzt eine schadstoffbindende Wirkung und leitet Giftstoffe aus, die sich im Verdauungstrakt befinden. Allerdings bindet sie auch wichtige Nährstoffe aus der Nahrung sowie Medikamente, weshalb sie in Joghurt eingerührt und zwischen den Mahlzeiten verfüttert werden sollte. Die Dauer der Anwendung empfiehlt sich über drei Tage; sollte Ihr Hund zu Durchfall neigen, dann über fünf Tage. Die Dosierung richtet sich nach der Größe des Tieres: ein kleiner Hund bekommt täglich 1 Teelöffel, ein großer Hund 1 Esslöffel.
- **Nux vomica C 30** einmalig eine Gabe (5 Globuli) am Tag der Wurmkur unterstützt die Leber in ihrer Entgiftungsfunktion und beugt Magen-Darm-Störungen vor.

Biologische Wurmkuren

Biologische Mittel haben (meist) keine wurmabtötende, sondern eine wurmvertreibende Wirkung. Ihre Anwendung verfolgt außerdem das Ziel, die Anfälligkeit gegenüber Parasiten zu reduzieren.

Homöopathische Kur

Regelmäßig im Frühjahr und im Herbst – bei Bedarf in kürzeren Abständen – kann eine Kur mit Abrotanum und Koso durchgeführt werden: Dazu an fünf aufeinanderfolgenden Tagen einmal täglich 5 Globuli **Abrotanum D4** geben, direkt im Anschluss an fünf aufeinanderfolgenden Tagen einmal täglich 5 Globuli **Koso D4** geben.

Nach Abschluss der Behandlung sollten Sie gegebenenfalls zur Kontrolle eine Kotuntersuchung machen lassen.

Homöopathische Einzelmittel

Abrotanum D4 eignet sich, wenn der Hund trotz gutem Appetit abmagert, sein Bauch stark gebläht ist, er große Mengen stinkender Flüssigkeit erbricht und unter Durchfall im Wechsel mit Verstopfung leidet. Typisch für dieses Mittel ist, dass es dem Tier gut geht, wenn es Durchfall hat und schlecht, wenn die Verstopfung auftritt.
Koso D4: Die Pflanze wird in ihrer abbessinischen Heimat bei Bandwurmbefall eingesetzt, der Name Koso bedeutet „Mittel gegen Bandwurm".
Cina C30: Das Mittel wird oft als „das homöopathische Wurmmittel schlechthin" beschrieben, wirkt jedoch nur dann, wenn der Hund reizbar ist und trotz der bestehenden Magen-Darm-Störung großen Appetit hat, der sogar dann noch bestehen bleibt, wenn er kurz zuvor erbrochen hat. Der Bauch ist aufgetrieben, nichtsdestotrotz schläft das Tier am liebsten auf dem Bauch liegend. Die Beschwerden verschlimmern sich in der Nacht.
Sabadilla C30 kann zur Wurmbehandlung eingesetzt werden bei Hunden, die vom Gemüt her eher als hysterisch zu bezeichnen sind und zu Symptomen wie Zittern und Zuckungen neigen. Zudem tritt Juckreiz am After auf (Schlittenfahren). Das Tier ist sehr kälteempfindlich und lässt sich gern zudecken.
Spigelia C30 wirkt gut, wenn der Vierbeiner es nicht zulässt, am Bauch berührt zu werden. Der Hund leidet unter ständigem Stuhldrang und Juckreiz am After (Schlittenfahren).

Komplexhomöopathie

Aquilinum comp. Globuli für Hunde, die zur Verwurmung neigen. 3-mal täglich 1 Globuli (für Welpen und Junghunde), 3-mal täglich 3 Globuli für jugendliche Hunde, 3-mal täglich 5 Globuli für alte Tiere.

Phytotherapie

Kräuter wie **Thymian**, **Oregano** oder **Beifuß** haben bei regelmäßiger Fütterung über mehrere Wochen einen wurmtreibenden Effekt; Dosierung je nach Größe des Hundes ½ bis 1 Teelöffel des getrockneten Krauts.

VermExil ist ein Fertigpräparat, das neben den genannten Kräutern u. a. auch Kokosflocken enthält.

Giardiose

Zusammen mit den Spulwürmern gehören die einzelligen Giardien zu den häufigsten Darmparasiten. Sie befallen vor allem Welpen, Junghunde und geschwächte Tiere besonders dann, wenn mehrere Tiere zusammen gehalten werden wie bei der Zwingerhaltung oder im Tierheim.

Etwa 70 % aller jungen Hunde sind mit Giardien infiziert. Die Ansteckung erfolgt beim Schnüffeln an Hundehaufen, Belecken anderer Hunde oder sich selbst, über verunreinigtes Futter oder Trinkwasser. Die Giardien siedeln sich im Darm an, wo sie sich vermehren und Zysten bilden, die mit dem Kot ausgeschieden werden. So kann ein mit Giardien infizierter Hund, auch wenn Sie überhaupt keine Symptome an ihm bemerken, andere Hunde, uns Menschen und auch sich selbst anstecken.

Was Ihnen auffällt

Giardien verursachen nicht immer gleich gesundheitliche Probleme. Viele Hunde tragen diese Einzeller in sich, kommen aber gut damit zurecht. So kann es sein, dass Sie gar nichts bemerken. Besonders bei Junghunden oder immunschwachen Tieren treten Beschwerden auf. Sie leiden immer wieder unter schweren, fettigen Durchfällen, manchmal auch zusammen mit Erbrechen und verlieren stetig an Gewicht, obwohl sie guten Appetit haben.
Der Stuhl ist schleimig-gelblich, kann aber auch Blut enthalten.

Was Sie tun können

Der Nachweis erfolgt mittels einer Kotuntersuchung (siehe Seite 104 f.). Allerdings müssen Sie beachten, dass bei Giardien (dies gilt auch für Kokzidien) die Ausscheidung von Oozysten oft erst zwei bis zwölf Tage nach Einsetzen des Durchfalls beginnt. Für eine Kotuntersuchung sammeln Sie über drei bis fünf Tage Kot und bewahren ihn im Kühlschrank auf, bis Sie ihn beim Tierarzt abgeben.

Schulmedizinische Behandlung

Der Tierarzt verordnet den Wirkstoff Fenbendazol, der meist an drei aufeinanderfolgenden Tagen mit Futter verabreicht wird und auch gegen Magen-Darm-Würmer wirkt. Die Behandlung wird meist gut vertragen und soll nach etwa zwei Wochen wiederholt werden.
Ein weiterer Wirkstoff ist Metronidazol, der allerdings seltener eingesetzt wird und bei dem Nebenwirkungen häufiger vorkommen als bei Fenbendazol.

Naturheilkundlichen Begleitmaßnahmen siehe unter Wurmbefall Seite 105.

Biologische Behandlung

Auch hier gilt: Biologische Mittel haben (meist) keine parasitenabtötende, sondern eine -vertreibende Wirkung. Sie helfen jedoch, die Anfälligkeit gegenüber Parasiten zu reduzieren.

Homöopathie

Arsenicum album C30 (siehe Konstitutionsmittel): Typischerweise beginnt der Durchfall kurz nach Mitternacht, ist sehr stark, anhaltend und häufig mit Erbrechen verbunden. Er tritt immer wieder in kleinen Mengen auf, stinkt und erschöpft das Tier. Der Hund ist schwach und friert, ist reizbar und ängstlich und lässt sich gern zudecken. Er hat großen Durst auf Wasser, das er in kleinen Schlucken trinkt, das aber nicht vertragen, sondern gleich wieder erbrochen wird. Der Hund ekelt sich regelrecht vor seinem Futter. Typisch ist auch, dass der Durchfall periodisch auftritt, das heißt, immer wieder zur selben Uhrzeit, jeden zweiten Tag, jede Woche usw. und die Beschwerden sich durch Kälte verschlimmern und Wärme bessern.

Durch verunreinigtes Wasser werden häufig Parasiten mit aufgenommen.

Chapparo amargoso D6 hilft bei chronischem Durchfall, wenn der Stuhl schleimig ist und das Absetzen dem Hund nur wenig Schmerzen bereitet. Das Mittel hat sich besonders bei Durchfall durch den Befall mit Kokzidien und Giardien bewährt.

Nosodentherapie

Lamblia intestinalis C30

Phytotherapie

Usnea barbata, die Bartflechte, zeigt eine gute Wirkung gegen Einzeller wie Giardien und Kozidien, z. B. als Fertigpräparat **Usniotica**.

Hygienemaßnahmen

Die Zysten von Giardien (und Kokzidien) sind hitzeempfindlich, daher ist Hitze eine günstige und ungiftige Möglichkeit, den Infektionskreislauf zu durchbrechen. Waschen Sie täglich Decken, Spielzeug usw. – soweit möglich – bei 60 °C in der Waschmaschine oder mit heißer Seifenlauge (Näpfe, Bürste usw.). Mit einem Heißdampfreiniger kann alles behandelt werden, was nicht in die Waschmaschine passt und heißen Dampf verträgt: Fußböden, Teppiche, Sessel usw.
Sammeln Sie den Kot auf und entsorgen ihn (am besten in einem verschlossenen Plastikbeutel) über den Hausmüll. Kürzen Sie das Fell im Analbereich und entfernen Sie täglich am Fell klebende Kotreste. Am Ende (eventuell auch während) der Behandlung baden Sie Ihren Hund gründlich, um Zysten im Fell zu beseitigen.

Kokzidiose

Auch die Kokzidien, die Erreger der Kokzidiose, gehören zu den Einzellern, aber im Gegensatz zu den Giardien können wir Menschen uns bei unseren Hunden nicht anstecken. Hunde infizieren sich über andere Tiere, die den Erreger in Form von Zysten mit dem Kot ausscheiden, durch Fressen infizierter Kleinnager oder durch den Verzehr von rohem Fleisch. Gefährdet sind in erster Linie Welpen und Junghunde in Zwingerhaltung und Tierheimen.

Was Ihnen auffällt

Bei erwachsenen Hunden ist es möglich, dass eine Infektion ohne Symptome verläuft und Ihnen gar nichts auffällt. Bei Welpen und Junghunden dagegen kann der Befall sehr massiv sein und sogar zum Tode führen. Der Hund leidet dann unter starkem, breiigem Durchfall, der auch schleimig-blutig sein kann. Ihr Vierbeiner ist appetitlos und magert ab, sein Fell wird struppig und stumpf.

Was Sie tun können

Der Nachweis erfolgt mittels einer Kotuntersuchung (siehe Giardiose).

Schulmedizinische Behandlung

Der Tierarzt verordnet ein Sulfonamidpräparat für sieben bis zehn Tage.
Aufgrund des Entwicklungszyklus der Kokzidien hat es sich bewährt, zunächst drei bis fünf Tage zu behandeln, dann für drei Tage zu pausieren und für weitere drei bis fünf Tage zu behandeln.

Naturheilkundlichen Begleitmaßnahmen siehe unter Wurmbefall Seite 105.

Nach der Sulfonamidbehandlung, besonders wenn Durchfall auftritt, werden durch eine Gabe **Sulfur C30** die körpereigene Reaktionsfähigkeit wieder aufgebaut und die pharmakologischen Wirkstoffe ausgeleitet.

Biologische Behandlung siehe Giardiose.
Als Nosodentherapie jedoch **Coccidia C30**.

Die Leber

Die Leber liegt geschützt im vorderen Bauchraum und ist im gesunden Zustand nicht tastbar. Sie hat als größte Drüse des Körpers eine Vielzahl unterschiedlicher Stoffwechselfunktionen zu erfüllen. Hierzu gehören die Blutgerinnung, die Entgiftung, die Regulierung des Blutzuckers und der Körpertemperatur, die Produktion und Sekretion der Gallenflüssigkeit, die Speicherung von Eisen und vieles mehr. Jede einzelne dieser Funktionen kann gestört sein, manchmal treten sogar mehrere Störungen gleichzeitig auf. Doch obwohl Lebererkrankungen beim Hund gar nicht einmal so selten sind, werden sie häufig erst relativ spät erkannt. Das hängt zum einen mit der Regenerationsfähigkeit der Leber zusammen, die Störungen oft unbemerkt abheilen lässt, bevor sich Symptome zeigen, zum anderen macht sie keine typischen Symptome, die uns spontan denken lassen: Ah, da stimmt doch etwas mit der Leber nicht!
Von ihrer Funktion her ist die Leber eng mit der Gallenblase verbunden. Die Gallenblase gibt die von der Leber produzierte Galle an den Dünndarm ab, wo sie an der Verdauung der Nahrungsfette beteiligt ist.

Lebererkrankungen

Ursachen und Symptome

Akute Leberkrankheiten, meistens hervorgerufen durch Bakterien, Viren, Gifte oder Chemikalien, sind beim Hund relativ selten. Viel häufiger entwickelt sich eine Schädigung der Leber schleichend über einen längeren Zeitraum. Als Auslöser kommen chronische Entzündungen, Lebergifte, anhaltende Fütterungsfehler, Tumore und erbliche Ursachen in Frage. Sie führen langfristig zu einer verringerten Leberleistung oder sogar zum bindegewe-

Die chinesische Medizin bezeichnet die Leber als „Ölkännchen für den Körper" - gut erkennbar an dem glänzenden Fell.

big-narbigem Umbau von Lebergewebe (Leberfibrose). Lebererkrankungen sind immer therapiebedürftig, um weitere Schädigungen des Organs zu verhindern.

Was Ihnen auffällt

Am ehesten werden Ihnen Mattigkeit, Appetitlosigkeit und Magen-Darm-Störungen, oft mit Durchfall und Erbrechen, auffallen. Besonders bei akut auftretenden Erkrankungen haben die Tiere großen Durst und das ständige Bedürfnis, Urin abzusetzen. Die Haut und sichtbaren Schleimhäute können sich gelblich verfärben. Diese Gelbsucht tritt beim schleichenden Verlauf erst später auf. Weitere Symptome sind Gewichtsverlust und eine Zunahme des Bauchumfangs. Zusätzlich werden Sie wahrscheinlich bemerken, dass der Urin dunkel verfärbt und der Kot grau-lehmfarben ist.

Eine Leberstörung wird vom Tierarzt oder Tierheilpraktiker meist anhand einer Blutuntersuchung diagnostiziert. Weitere Untersuchungen, wie Röntgen, Ultraschall sowie eventuell eine Leberbiopsie, können dazu beitragen, das Ausmaß und mögliche Ursachen der Erkrankung zu erkennen.

Was Sie tun können

Eine Schädigung der Leber muss aufgrund der Schwere der Krankheit und möglicher Komplikationen vom Tierarzt behandelt werden. Von daher sind die aufgeführten Empfehlungen zur begleitenden Therapie gedacht.

Ernährung

Eine leberschonende Fütterung trägt sehr zur Entlastung und Regeneration bei. Egal, ob Sie auf ein Fertigfutter umstellen oder selbst kochen wollen, lassen Sie sich auf alle Fälle unbedingt fachkundig beraten. Nur so können Sie weitere Fehler vermeiden.

Homöopathie bei akuten Beschwerden

Carduus marianus D4 ist eines der wichtigsten Lebermittel und kann bei Lebererkrankungen aller Art eingesetzt werden. Oft ist die Leber vergrößert und daher für den Fachkundigen hinter dem rechten Rippenbogen fühlbar. Dies erklärt, warum der Hund nicht auf der rechten Seite liegen mag. Er leidet unter Schmerzen, die sich durch Bewegung verschlimmern. Er friert, hat wenig Appetit und erbricht unter Würgen grünliche Flüssigkeiten. Der Kot ist hart, lehmfarben und der Hund muss pressen, um ihn absetzen zu können. Manchmal tritt auch Durchfall im Wechsel mit Verstopfung auf.

Chelidonium C30 ist, im Gegensatz zu Carduus marianus, eher angezeigt bei akuten Leberleiden, die oft durch Gallensteine ausgelöst werden und von Gallenkoliken und Gelbsucht begleitet sind. Der Hund erbricht und fühlt sich, was ungewöhnlich ist, nach dem Fressen häufig besser. Die Beschwerden werden von einem Wechsel von Durchfall und Verstopfung begleitet. Der Stuhl ist lehmfarben. Auf der rechten Oberbauchseite ist der Hund sehr berührungsempfindlich.

Phopshorus C30 (siehe Konstitutionsmittel) für sehr schwach wirkende Hunde. Die Schwäche ist besonders groß, nachdem Kot abgesetzt wurde. Der Durchfall ist schmerzlos. Übel riechender Kot wird in großen Mengen abgesetzt, begleitet von Blähungen. Manchmal verliert der Hund unwillkürlich Kot. Der Bauch ist empfindlich gegen Berührung. Dem Tier geht es nachts besser, dann verspürt es auch Hunger und wird fressen, falls es die Möglichkeit dazu hat. Die Beschwerden verschlimmern sich beim Liegen auf der linken Seite und in der Morgen- und Abenddämmerung.

Homöopathie bei Lebererkrankungen und Appetitlosigkeit (siehe auch Verdauung/Appetitlosigkeit Seite 88 f.)

Carduus marianus D4 siehe oben.

Flor de Piedra D3 hilft aufgrund seines starken Bezugs zur Leber. Es regt den Leberstoffwechsel an und leitet Giftstoffe aus. Das Mittel wird besonders dann empfohlen, wenn falsches oder minderwertiges Futter die Entgiftungsfunktion der Leber eingeschränkt hat. Der Hund ist matt, appetitlos, unruhig und ängstlich und zittert aufgrund von Schmerzen. Auffällig ist der steifbeinige Gang.
Lycopodium C30 (siehe Konstitutionsmittel) bei Leberschädigungen, die mit Appetitlosigkeit einhergehen: Entweder möchte der Hund gar nichts fressen oder er beginnt zu fressen, lässt aber nach wenigen Bissen sein Futter stehen. Begleitet wird die Fressunlust von einem aufgeblähten Bauch, heftigen Blähungen und Aufstoßen. Der Hund erbricht häufig grünliche Flüssigkeit (Galle).

Homöopathie bei Gallensteinleiden (eher selten)

Berberis D6 ist ein großartiges Mittel bei allen Steinleiden. Die Tiere leiden unter häufigem Stuhldrang mit schmerzhaftem Durchfall. Überhaupt ist das Auftreten von Schmerzen, meist in Verbindung mit einer Gelbfärbung der Augen und Maulschleimhaut, sehr typisch für dieses Mittel. Möglich sind Schmerzen, die nur einen kurzen Augenblick anhalten, aber auch Gallensteinkoliken, die wellenartig an- und abschwellen. Der Kot ist hell bis weiß.
Chelidonium C30 siehe Seite 110.

Homöopathie bei toxischen Leberschäden

Flor de piedra D3 siehe Seite 110.
Nux vomica C30 (siehe Konstitutionsmittel) wird benötigt, wenn die Ursache für die Leberschädigung Giftstoffe sind. Hierzu gehören giftbelastete Futtermittel ebenso wie Giftpflanzen und Medikamente. Der Bauch ist empfindlich auf Druck, sodass manche Hunde gereizt auf das Anlegen des Brustgeschirrs, Hochheben oder Berührung reagieren. Die Beschwerden verschlimmern sich in den frühen Morgenstunden. Typisch ist der ständige Drang, Kot abzusetzen.

Die Leber aus Sicht der Traditionellen Chinesischen Medizin

Der Funktionskreis Leber entspricht dem Holzelement und somit der Jahreszeit Frühling. Wenn die ersten Vögel munter zwitschernd aus dem Süden zu uns zurückkehren, durchbrechen junge Pflanzensprösslinge die Erde und streben dem Licht entgegen. Bei der natürlichen Bewegung des Holzelementes geht es um Wachstum, Vitalität und Flexibilität. Nicht umsonst wird die Leberenergie auch als „Ölkännchen für den Körper" bezeichnet, die Muskeln und Sehnen schmiert, damit wir Lebewesen uns geschmeidig bewegen können. Oder um die Worte der Alten Chinesen zu benutzen: Die Leber nährt die Sehnen und Muskeln – und steht in engem Zusammenhang zur Beweglichkeit des Körpers. Weiter heißt es: Die Leber öffnet sich in die Augen, sie werden von ihr genährt.

Wenn Sie die Leber Ihres Hundes mit einer Entgiftungskur entlasten, tun Sie nicht nur Gutes für die Leber, sondern beeinflussen gleichzeitig positiv Augen, Muskeln, Sehnen und Bänder – oder anders ausgedrückt: Besonders bei Hunden mit Bewegungsstörungen (Lähmungen, Schwäche) und Augenleiden sollte die Leber regelmäßig entgiftet werden.

Leberentgiftung

Zum Schutz der Leber und um ihre Entgiftungsfunktion zu unterstützen – auch dann, wenn Ihr Hund pumperlgesund ist –, empfiehlt sich regelmäßig im Frühjahr und Herbst eine Leberentgiftung.

Homöopathie

Zum Beispiel mit **Flor de Piedra D3** 3-mal täglich 5 Globuli als Kur über zehn Tage.

Phytotherapie

Verschiedene, vor allem bittere Kräuter – ob frisch oder getrocknet verfüttert oder als Tee – haben leberschützende und regenerierende Eigenschaften und eine anregende Wirkung auf den Gallefluss. Besonders geeignet sind **Löwenzahn**, **Brennnessel** und **Schafgarbe**. Probieren Sie aus, welches Kraut Ihrem Hund geschmacklich zusagt, auch Kombinationen sind möglich.

Epato®plus mit Mariendistelextrakt und Lecithin
Hepatika von PerNaturam

Komplexhomöopathie

Hepeel® Heel 2-mal täglich 1 bis 3 Tabletten, je nach Größe des Hundes.

Eine Entgiftung der Leber beeinflusst auch positiv Sehnen und Bänder.

Die Bauchspeicheldrüse

Die Bauchspeicheldrüse (Pankreas) liegt im linken vorderen Bauchraum und hat beim Hund im Wesentlichen zwei lebenswichtige Funktionen zu erfüllen: die Bildung von Hormonen (was als endokrine Funktion bezeichnet wird), die für die Regulierung des Blutzuckerspiegels verantwortlich sind, und eine exokrine Funktion, nämlich die Produktion eines enzymhaltiges Sekretes, das in den Dünndarm abgegeben wird und dort maßgeblich an der Verdauung der aufgenommenen Nahrung beteiligt ist.
Erkrankungen der exokrinen Funktion, also der Verdauungsfunktion, sind relativ häufig beim Hund und werden unterteilt in Pankreatitis (Bauchspeicheldrüsenentzündung) und Pankreasinsuffizienz (Bauchspeicheldrüsenschwäche). Leider werden Störungen der exokrinen Funktion oft als Futterunverträglichkeit oder „empfindliche Verdauung" fehlinterpretiert.
Wenn Ihr Hund immer mal wieder – ohne erkennbaren Grund – erbricht oder breiigen Kot hat, lassen Sie unbedingt über eine Blut- und Kotuntersuchung die Bauchspeicheldrüsenfunktion kontrollieren!

Pankreatitis (Bauchspeicheldrüsenentzündung)

Ursachen und Symptome

Bei der Pankreatitis werden die Verdauungsenzyme nicht erst im Darm, sondern bereits in der Bauchspeicheldrüse selbst aktiviert. Dadurch kommt es zu einer Selbstverdauung des Organs.
Was letztendlich wirklich die Ursache für eine Pankreatitis ist, bleibt oft ungeklärt, aber man kennt verschiedene begünstigende Faktoren. Hierzu gehören Übergewicht, fettreiche Ernährung, Medikamente, Gifte, Hormonstörungen, Verletzungen im Bauchraum (beispielsweise durch einen Unfall) und Infektionskrankheiten.
Die Symptome einer Pankreatitis, die akut und auch chronisch auftreten kann, sind nicht unbedingt sehr auffällig und reichen von Magen-Darm-Störungen mit Erbrechen, Durchfall, Fieber und Schmerzen im Bauchraum über Gewichtsverlust bis hin zum lebensbedrohlichen Kreislaufversagen durch Flüssigkeits- und Elektrolytverlust.

Die Bauchspeicheldrüse reguliert den Blutzuckerspiegel und ist so an der körperlichen Aktivität des Hundes beteiligt.

Im weiteren Verlauf kann eine Pankreatitis auch zur Exokrinen Pankreasinsuffizienz, Abkürzung EPI, führen. Als mögliche Ursachen für eine EPI kommen u. a. folgende Faktoren infrage: Pankreatitis, Vererbung, Medikamente und Hormone, Narbenbildung im Dünndarm und Tumore.

Was Ihnen auffällt

Ob Ihr Hund Symptome zeigt oder nicht, hängt u. a. davon ab, wie viel Pankreasgewebe bereits zerstört wurde, welche Menge an Verdauungsenzymen noch gebildet wird und welches Ausmaß die Verdauungsstörung erreicht hat. Am auffälligsten sind mit Sicherheit die wiederkehrenden Durchfälle, die mehrmals täglich auftreten und bei denen ungewöhnlich große Kotmengen abgesetzt werden. Der Kot ist grau-gelb, fettig glänzend, faulig riechend und enthält unverdaute Nahrungsbestandteile. Es ist möglich, dass der Hund beginnt, Kot zu fressen. Später kommen Symptome einer Mangelernährung wie Haut- und Fellprobleme sowie eine stete Abmagerung trotz Heißhunger hinzu.

Die Diagnose beider Erkrankungen kann ausschließlich anhand von Kot- und Blutuntersuchungen gestellt werden.

Was Sie tun können

Aufgrund der Schwere der Erkrankungen gehört Ihr Vierbeiner unbedingt in die Hände eines Tierarztes. Die Therapie besteht bei der Pankreatitis in erster Linie in einer Antibiotika- und Schmerztherapie (in akuten Fällen), einer fettreduzierten Diät sowie einer Substitution der Pankreasenzyme und fehlenden Vitamine.

Auch bei der EPI besteht die Therapie in der Zufuhr von Enzympräparaten und Vitaminen in Kombination mit einer speziellen Diät.

Ernährung

Aufgrund der fehlenden Verdauungsenzyme muss das Futter ganz besonders leicht verdaulich sein. Lassen Sie sich vom Tierarzt oder Tierheilpraktiker einen Ernährungsplan zusammenstellen.
Pankrema regt die Bauchspeicheldrüsentätigkeit an.

Darmsanierung

Wie unter Verdauung/Parasitenbefall/Würmer beschrieben (Seite 103 ff.).

Homöopathie

Arsenicum album C30 (siehe Konstitutionsmittel): Der Hund ist abgemagert, ängstlich, unruhig und erschöpft. Der Durst ist groß, getrunken werden nur kleine Mengen. Der Bauch ist schmerzhaft geschwollen und der Kot ist übel riechend und fettig. Achtung: Kot wird zwar häufig, aber in eher kleinen Mengen abgesetzt.
Belladonna C30 ist ein Mittel für sehr plötzlich einsetzende Beschwerden wie bei einer akuten Pankreatitis. Der Hund leidet sichtlich unter starken Schmerzen, Erbrechen und Appetitverlust, hat aber großen Durst auf kaltes Wasser. Der Bauch ist aufgetrieben, fühlt sich heiß an und ist sehr empfindlich gegen Berührung oder Zudecken. Die Beschwerden können von Fieber begleitet sein und verschlimmern sich durch Wärme jeglicher Art, während sie sich durch Abkühlung bessern.
Eichhornia D6 ist ein Mittel mit einem eng begrenzten Anwendungsbereich. Es wirkt erfahrungsgemäß besonders gut bei Pankreasschwäche und kann daher als Basismittel eingesetzt werden, wenn kein anderes Mittel zu passen scheint.
Haronga madagascariensis D3: Hier steht die Unverträglichkeit von fettreichem Futter im Vordergrund. Ihr Hund hat wenig Appetit, dafür häufig Blähungen. Der Bauch wirkt angespannt (wenn Ihr Hund reden könnte, würde er Ihnen von Druck- und Völlegefühl erzählen).

Iris versicolor C30 hilft, die normale Pankreasfunktion wiederherzustellen. Es wird benötigt, wenn der Hund unter fettigem Durchfall leidet, der beim Absetzen brennende Schmerzen am Anus hervorruft. Erbrochenes ist sauer und gallig.

Jodum C30 findet Anwendung bei weißlichem, fettigem, schaumigem Durchfall, der auch im Wechsel mit Verstopfung auftreten kann. Der Hund magert ab, obwohl er ständig Appetit hat und gut frisst. Er ist sehr schwach und leidet unter starken Schmerzen im Bauchraum. Die Beschwerden verschlimmern sich durch Wärme und bessern sich bei Bewegung im Freien.

Phosphorus C30 (siehe Konstitutionsmittel) ist das Mittel für Hunde, die unter fettigem Durchfall mit vielen Blähungen leiden. Der Durchfall ist reichlich, oft weißlich schleimig und schwächt das Tier sehr. Sowohl die Blähungen als auch der Kot stinken stark und manchmal geht Kot auch unwillkürlich ab. Der Bauch ist empfindlich gegen Berührung. Dem Tier geht es nachts besser, dann verspürt es auch Hunger und wird fressen, falls es die Möglichkeit hat. Die Beschwerden verschlimmern sich beim Liegen auf der linken schmerzhaften Seite und in der Morgen- und Abenddämmerung.

Diabetes mellitus (Zuckerkrankheit)

Nicht nur beim Menschen, auch bei Hunden entwickelt sich Diabetes mellitus zu einer echten Wohlstandskrankheit.

Ursachen und Symptome

Jede Körperzelle, jedes Organ braucht zur Energiegewinnung Zucker (Glukose). Damit die Glukose aus dem Blut in die Zellen geschleust werden kann, wird Insulin benötigt, das von der Bauchspeicheldrüse gebildet wird. Wenn nicht genug Insulin gebildet wird (als Typ 1 Diabetes bezeichnet) oder wenn die Einschleusung von Insulin in die Zelle nicht mehr reibungslos funktioniert (sogenannte Insulinresistenz, Typ 2 Diabetes), bekommen die Zellen keinen Nachschub an Energie und der Zuckerspiegel im Blut steigt. Besonders häufig betroffen sind ältere, übergewichtige Tiere. Bestimmte Rassen neigen zur Entwicklung von Diabetes wie z. B. Dackel oder Golden Retriever. Auch wenn die Entstehung der Zuckerkrankheit sehr komplex ist, ist ein Hauptauslöser die Fütterung, sei es, weil sie zu üppig ausfällt oder die Zusammensetzung nicht wirklich artgerecht ist. Bewegungsmangel tut ein Übriges. Die Neigung, bereits bei allerhand eher leichten Beschwerden, besonders bei Hautproblemen, Kortison zur Therapie einzusetzen, kann ebenfalls das Diabetesrisiko erhöhen.

Alte, übergewichtige Hunde leiden häufig an Diabetes.

Was Ihnen auffällt

Die Symptome eines Diabetes sind recht typisch: Die Hunde entwickeln einen enormen Durst (als Anhaltspunkt: eine Trinkmenge von 30 bis 60 ml/kg Körpergewicht gilt als normal; wenn also ein 30 kg schwerer Hund 1,8 l trinkt, ist das noch nicht bedenklich) und müssen dementsprechend oft „vor die Tür“. Auch ihr Appetit ist meist groß.

Dennoch verlieren viele Hunde deutlich an Gewicht, andere bleiben übergewichtig. Da den Zellen Zucker als Energielieferant fehlt, ist es nicht erstaunlich, dass der Hund antriebslos wird, ihm fehlt jegliche Lust zum Spielen oder sonstiger körperlicher Aktivität.
Im Lauf der Zeit kommt es bei Diabetikern häufig zu Schäden an anderen Organen, besonders, wenn es nicht gelingt, den Zuckerspiegel zu stabilisieren, z. B. Linsentrübung (siehe Seite 50), chronische Harnwegsinfekte, Leberstörungen, Hautprobleme und neurologische Beschwerden. Die Diagnose eines Diabetes mellitus wird in der Tierarztpraxis aufgrund einer Blut- und Harnuntersuchung gestellt.

Was Sie tun können

Sie werden – leider – kaum drumrum kommen, Insulin spritzen zu lernen, denn orale Antidiabetika sind beim Hund nahezu wirkungslos. Jeder Besitzer eines diabetischen Hundes wird bestätigen, dass – nach anfänglicher Unsicherheit – das tägliche Spritzen völlig unkompliziert ist. Nichtsdestotrotz können Sie Ihren Hund naturheilkundlich unterstützen. Damit helfen Sie, Langzeitschäden hinauszuzögern oder zu verhindern und können möglicherweise die tägliche Insulinmenge reduzieren. Setzen Sie die Ergänzungsvorschläge nicht alle auf einmal um, denn damit könnten Sie einen zu starken Abfall des Blutzuckerspiegels bewirken.
Kontrollieren Sie regelmäßig den Blutzuckerspiegel, besonders, wenn Sie etwas Neues als Begleitbehandlung einsetzen.

Ernährung

Bei übergewichtigen Hunden ist Abspecken angesagt. Dadurch lässt sich sogar der Insulinbedarf senken! Brechen Sie aber nichts übers Knie, sondern gehen Sie langsam vor. Empfehlenswert ist eine Gewichtreduktion von 1 bis 3 % des Körpergewichts pro Woche.

Es gibt spezielle Fertigfutter für Diabetiker. Wenn Sie das Futter selbst zubereiten wollen, lassen Sie unbedingt den Bedarf von einem Fachkundigen errechnen.

Homöopathie

Syzygium jambolanum D6 wirkt blutzuckersenkend.

Schüßler Salze

Nr. 30 Chromium kali sulfuratum D12 regt die Insulinproduktion an und verbessert den Leberstoffwechsel.

Isopathie

Sanuvis® Tabletten wirken der Übersäuerung entgegen, die bei Diabetes unweigerlich droht und den gesamten Organismus belastet.
Mucokehl® D5 Tropfen oder **Tabletten** verbessern die Durchblutung, auch in den kleinsten Blutgefäßen, und beugen so den gefürchteten Folgeerkrankungen (Linsentrübung, Harnwegserkrankungen, neurologische Ausfälle) vor.
Pinikehl® D5 Tropfen unterstützen sowohl die Bauchspeicheldrüse als auch die Leber.

Organpräparate

Pancreas/Equisetum Wala besonders bei schwer einstellbarem Zuckerspiegel und wenn häufig Harnwegsinfekte auftreten.

Phytotherapie

Kräuter, besonders die, die viele Bitterstoffe enthalten, regen die gesamte Verdauung und damit auch die Leber und Bauchspeicheldrüse an. Probieren Sie aus, welche Kräuter(mischung) als Tee oder als Kraut Ihrem Hund munden. Hier einige Vorschläge: **Löwenzahn**, **Schafgarbe**, **Brennnessel**, **Wegwarte**, **Heidelbeeren**, **Tausendgüldenkraut** (sehr herb).
Wenn Sie eine fertige Kombination bevorzugen: **Pankrema** regt die Bauchspeicheldrüsentätigkeit an.

Die Harnorgane

Durch eine gesunde Lebensweise kann die Nierenfunktion unterstützt werden.

Aus Sicht der Traditionellen Chinesischen Medizin haben Niere und Blase einen engen Bezug zum Wasserelement und sind dem Winter zugeordnet. In der TCM werden die Nieren als die Wurzel des Lebens bezeichnet. Sie speichern die (Lebens-)Energie, die ein Hund bei der Zeugung von seinen Eltern erbt. Dieses Energiereservoir kann nicht wieder aufgefüllt werden, sodass es im Laufe eines Hundelebens stetig abnimmt – bis zum Tod. Über die Atmung, gesunde Lebensweise und ausgewogene Ernährung können die Nierenspeicher geschont werden. Aus dem bisher Gesagten wird verständlich, warum wir so großes Augenmerk auf eine Unterstützung der Nieren legen sollten.

Die Birke gehört zu den Pflanzen, die nierenstärkend wirken.

Nierenstärkung

Die Chinesen sagen: Die Niere öffnet sich in die Ohren – was die enge Beziehung der Ohren zu den Nieren beschreibt und erklärt, warum Ihr Tierarzt oder Tierheilpraktiker bei hartnäckigen Ohrenerkrankungen die Nieren mitbehandelt. Übrigens kann auch die Hörschwäche alter Hunde auf eine Schwäche der Nierenenergie zurückgeführt werden.

Aus diesen Gründen wird empfohlen, die Nieren regelmäßig, am besten zweimal im Jahr, zu stärken und damit gleichzeitig den gesamten Organismus zu entgiften. Auch wenn Harnwegsbeschwerden bereits aufgetreten sind, besonders, wenn sie länger anhalten oder immer wiederkehren, hilft die regelmäßige Reinigungskur, die Nierenenergie zu unterstützen.

Homöopathie

Solidago D4

Komplexhomöopathie

Reneel® Tabletten
Solidago compositum ad us. vet. Ampullen

Organpräparate

Renes/Equisetum comp. Wala

Phytotherapie

Viele Pflanzen wirken nierenstärkend, z. B. **Brennnesseln**, **Schachtelhalm**, **Goldrute**, **Birke** oder **Löwenzahn**. Die genannten Pflanzen werden von den meisten Hunden problemlos aufgenommen, weil sie recht geschmacksneutral sind, sei es als getrocknete Blätter ins Futter oder als Tee zum Trinken.

Blasenentzündung (Zystitis)

Ursachen und Symptome

Die Wahrscheinlichkeit, dass Ihr Hund im Laufe seines Lebens das eine oder andere Mal eine Blasenentzündung entwickelt, ist recht groß. Hündinnen sind wegen der kürzeren Harnröhre häufiger betroffen als Rüden, weil Bakterien von außen leichter in die Blase einwandern können. Nur der Vollständigkeit halber sei erwähnt, dass – statistisch gesehen – kastrierte Hündinnen und Rüden ebenfalls anfälliger sind. Zum Glück lassen sich Harnwegbeschwerden meist mit naturheilkundlichen Mitteln erfolgreich auskurieren bzw. bei chronischen Problemen deutlich reduzieren.

Es gibt verschiedene Faktoren, die zu einer Zystitis führen können. Je genauer es Ihnen gelingt, mögliche Auslöser zu erkennen, umso gezielter können Sie über geeignete Behandlungsmaßnahmen entscheiden. Beispielsweise begünstigt Auskühlung nach dem Schwimmen, Baden, Spaziergehen bei Regen oder starkem Wind die Entstehung von Blasenbeschwerden, besonders bei Hunden, die vom Typ her sehr wärmebedürftig sind und Kälte nicht gern mögen.

Beugen Sie Problemen vor, indem Sie Ihren Hund nicht mit nassem Fell lange draußen lassen. Sie können ihn mit einem Handtuch einigermaßen trocken rubbeln (wenn Sie denn Lust darauf haben, auf Spaziergängen stets einen gut ausgestatteten Rucksack mitzuschleppen) oder mit Ihren Händen (die Sie ja immer dabei haben) besonders am Rücken die Nierengegend (hinter den Rippen beidseits der Wirbelsäule) und eventuell auch die Pfoten ordentlich massieren. Das bringt die Durchblutung und die Nierenenergie in Schwung. Sie kennen das bestimmt von sich selbst: Wenn Sie kalte Füße haben und Ihnen die Kälte in die Glieder kriecht, erwischt Sie viel eher eine Erkältung.

Wenn sich Harnblasengries bzw. -steine gebildet haben (siehe unten), reizen sie die Blasenwand und führen so zu Blutungen und Entzündungen.
Giftstoffe (z. B. Frostschutzmittel), Medikamente (Chemotherapeutika) oder Reizstoffe (Ammoniak), die über die Nieren ausgeschieden werden, führen ebenfalls zu Blasenreizungen.
Auch Hunde, die an Diabetes mellitus erkrankt sind, leiden häufiger an Blasenentzündungen, weil die höhere Zuckerkonzentration im Harn ein idealer Nährboden für Bakterien und Pilze darstellt.
Bei unkastrierten Rüden besteht ein Zusammenhang zwischen einer Prostatavergrößerung und Harnwegsinfekten.

Was Ihnen auffällt

Ihr Hund muss ständig Harn absetzen, will deshalb häufig nach draußen oder macht kleine Pfützen in die Wohnung. Der Harnabsatz kann von Schmerzäußerungen wie Jaulen oder Fiepen begleitet sein, oft werden nur kleine Mengen abgesetzt. Der Harn riecht streng, sieht trübe aus, weil er vermehrt Eiweiße enthält, und kann durch Blutbeimengungen rötlich verfärbt sein. (Achtung: Füttern Sie Rote Bete, verfärbt diese den Harn ebenfalls rötlich und kann Sie unnötigerweise in Angst und Schrecken versetzen!). Bakterien fühlen sich in diesem veränderten Urin wohl und vermehren sich rasant. Aus diesem Grund verordnet der Tierarzt meist ein Antibiotikum, um die Beschwerden zu behandeln.
In den meisten Fällen, wenn sich die Entzündung auf die Harnblase und Harnröhre beschränkt, ist das sonstige Befinden des Hundes unverändert; er frisst und trinkt wie gewohnt, auch die Messung der Körpertemperatur zeigt keine Abweichungen.

Fieber, Apathie, Fressunlust, verminderter oder verstärkter Durst sind Zeichen für eine tiefer gehende Entzündung, von der eventuell auch die Nieren betroffen sein

können. Wenn kein Urin abgesetzt werden kann, obwohl der Hund es ständig versucht, besteht der Verdacht auf einen Harnwegsverschluss. In diesen Fällen sind eigene Therapieversuche fehl am Platz. Suchen Sie mit Ihrem Hund schnellstens einen Tierarzt auf.
Wenn möglich, fangen Sie Urin auf, damit er beim Tierarzt untersucht werden kann. Spezielle Urin-Teststreifen ermöglichen bereits innerhalb weniger Minuten eine recht genaue Aussage über die Art und das Ausmaß einer Harnwegsentzündung. Wenn genug Urin gesammelt werden konnte, erfolgt zusätzlich eine mikroskopische Untersuchung, mit der sich feststellen lässt, ob Blasengries oder -steine beteiligt sind und wenn ja, welche. Diese Informationen sind wichtig für eine zielgerichtete Behandlung.

Tipps zur Gewinnung einer Urinprobe

Urin aufzufangen ist eigentlich ganz einfach. Es gestaltet sich jedoch schwierig, wenn Ihr Hund sich auf so ungewohnte Weise beobachtet und gestört fühlt. Es empfiehlt sich daher, mit Ihrem gesunden Hund das Auffangen von Urin zu üben, damit er im Krankheitsfall eine Urinprobe bereitwillig hergibt.
Der Harn soll möglichst direkt aufgefangen, also nicht vom Boden aufgenommen werden, weil Verunreinigungen die Untersuchungsergebnisse verfälschen. Sobald der Rüde das Bein hebt oder die Hündin sich hinhockt, können Sie sich z. B. mit einer ausgedienten, sauberen Suppenkelle (eventuell an einen Besenstiel gebunden, damit Ihre Bemühungen auch aus einer gebührend respektvollen Entfernung erfolgreich sind) nähern und versuchen, Urin aufzufangen. Auch wenn Sie nur 1 oder 2 ml gewinnen können, ist das besser als nichts. Für eine umfassende Laboruntersuchung werden etwa 20 ml Harn benötigt. Füllen Sie ihn in ein sauberes, gut verschließbares Gefäß (Urinprobenbecher oder ein gut gereinigtes, mit kochendem Wasser ausgespültes und luftgetrocknetes Schraubglas). Beschriften Sie es mit Ihrem Namen, dem des Hundes und Datum und Uhrzeit der Uringewinnung. Wenn Sie die Probe nicht umgehend zur Untersuchung bringen können, lagern Sie sie im Kühlschrank.

Was Sie tun können

Hunden mit einer Blasenentzündung tut in den meisten Fällen Wärme gut, besonders wenn sie durch Nässe oder Kälte ausgelöst wurde. Legen Sie angewärmte Decken oder ein warmes Körnerkissen auf die Nierengegend oder massieren bzw. bürsten Sie die Hinterpartie durch, um die Durchblutung anzuregen. Wenn Ihr Hund Ihre gutgemeinten Wärmeangebote ablehnt, gibt er Ihnen damit einen wertvollen Hinweis für die homöopathische Mittelwahl (siehe Apis Seite 121).

Homöopathie

In vielen Fällen gibt es ganz typische Symptome (die in der Homöopathie als „Leitsymptome" bezeichnet werden), die schnell auf das passende Mittel hinweisen:
Zystitis, die ganz plötzlich auftritt (wie aus heiterem Himmel): **Aconitum**
Zystitis ausgelöst durch feuchte Kälte: **Dulcamara**, **Pulsatilla**
Zystitis ausgelöst durch hormonelle Umstellung wie Läufig- oder Trächtigkeit, Geburt, Kastration oder Hormontherapie: **Sepia**
Zystitis durch Prostatavergrößerung: **Pareira brava** und/oder **Sabal serrulata**
Zystitis durch Blasensteine: **Berberis**

Aconitum C30 bei sehr stürmisch einsetzenden Beschwerden (Aconitum, der blaue Eisenhut, wird auch als „Sturmhut" bezeichnet), nachdem der Hund trockenem, eiskaltem Wind ausgesetzt war, aber auch nach Schreck. Häufig zeigt der Hund keine anderen Symptome, als dass er häufig unter Schmerzen wenig Urin absetzt, gepaart mit

Angst und Unruhe. Die Beschwerden verschlimmern sich gegen Mitternacht.
Bitte beachten Sie, dass Aconitum nur in der frühen Anfangsphase der Erkrankung angebracht ist. Bestehen die Beschwerden schon einen Tag oder länger, kommt es nicht mehr infrage.
Apis mellifica C30 ist – ähnlich wie Aconitum – ein gutes Mittel, wenn die Beschwerden ganz plötzlich auftreten. Ihr Hund ist unruhig, extrem berührungsempfindlich und schreit vor Schmerzen plötzlich auf. Schmerzlaute und Krämpfe begleiten den Versuch, Wasser zu lassen, aber es wird nur sehr wenig oder gar kein Urin abgesetzt. Ein für Apis typisches Symptom: Besonders die letzten Tropfen Urin bereiten starke Schmerzen. Unter Umständen verliert Ihr Hund auch unwillkürlich Harn. Der Urin ist dunkel, schleimig oder auch blutig. Meist besteht kein Durst. Es geht dem Patienten bei Wärme oder in warmen Räumen schlechter, dafür aber besser im Freien.
Achtung: Geben Sie Apis niemals zusammen mit Cantharis, da die beiden Mittel sich gegenseitig in ihrer Wirkung aufheben.
Belladonna C30 wirkt ebenfalls gut bei Beschwerden, die plötzlich aufgetreten sind, die aber bereits seit ein bis zwei Tagen bestehen. Auch hier ist die Ursache kaltes Wetter (daher ist es ein gutes Folgemittel zu Aconitum). Der Hund hat Fieber und fühlt sich heiß an mit kalten Extremitäten. Die Symptome sind oft sehr heftig; daher empfiehlt es sich, den Patienten sicherheitshalber beim Tierarzt vorzustellen und mit Belladonna begleitend zu behandeln.
Der Hund möchte ständig raus, um sichtlich unter Schmerzen allmählich wenige Tropfen hellen Urin abzusetzen. Im Unterschied zu Aconitum verliert er aber auch zwischendurch immer wieder ungewollt einige Tropfen. Abends, nachts und bei Kälte geht es dem Erkrankten schlechter. Ruhe, Wärme und ein abgedunkeltes Zimmer hingegen bessern seine Beschwerden.
Berberis C30 ist ein wichtiges Mittel bei Beschwerden, die durch Blasensteine ausgelöst werden (siehe auch Cantharis). Vor und nach dem Harnabsetzen deuten Fiepen oder Jaulen auf Schmerzen hin. Häufig werden die Symptome von einer Steifheit im Rücken und ausgesprochener Schwäche begleitet. Berberis wirkt harntreibend. Die Blase wird also „durchgespült", Ihr vierbeiniger Gefährte wird öfter Harn absetzen als sonst. Typisch für dieses Mittel ist, dass die Symptome ständig wechseln: Der Hund hat mal großen Durst, mal keinen, der Urin ist mal hell, dann wieder dunkel, dann schleimig. Wenn Sie eine Urinprobe auffangen und eine Weile stehen lassen, bildet sich ein roter Bodensatz. Stehen und Bewegung führen zu einer Verschlechterung der Symptome und des Befindens.
Cantharis C30 ist – ähnlich wie Berberis – ein wichtiges Mittel bei Schmerzen durch Harnsteine. Man spricht von sogenannten Steinkoliken. Bei jeder Schmerzwelle gehen wenige Tropfen Urin ab. Unabhängig von den Koliken leidet der Hund unter dauerndem, schmerzhaftem Harndrang, möchte deshalb ständig raus und ist sehr unruhig. Oft kann er nur wenige Tropfen Urin auspressen, die blutig sein können. Auch nach dem Wasserlassen halten die Schmerzen noch an. Es geht dem Patienten schlechter nach dem Harnabsatz und durch Kälte. Wärme und Ruhe bessern die Beschwerden.
Dulcamara C30 ist immer dann das Mittel der Wahl, wenn die Blasenentzündung durch feuchte Kälte ausgelöst wird (Leitsymptom „Folge von Durchnässung oder Unterkühlung"). Die Symptome, die das Tier entwickelt, spielen eine untergeordnete Rolle. Setzen Sie Dulcamara ein, wenn Ihr Hund durch einen Gewitterregen völlig durchnässt wurde, nach dem Schwimmen mit nassem Fell bei kühler Witterung herumgelaufen ist oder lange auf feucht-kaltem Rasen gelegen hat, besonders im Spätsommer, wenn auf warme Tage kalte, feuchte Nächte folgen. Dulcamara hilft gut zu Beginn einer Blasenentzündung.

Ihr Hund zeigt ständigen Harndrang mit Schmerzen beim Wasserlassen. Der Urin kann schleimig, aber auch blutig sein. Kaltes, regnerisches Wetter verstärkt die Beschwerden, während Wärme und Bewegung zur Verbesserung führen.

Pareira brava C30 ist – wie Sabal serrulata – eher ein Mittel für Rüden und hat sich bewährt zur Behandlung von Blasenentzündungen mit Prostatavergrößerung. Hier stehen die Schmerzen im Vordergrund. Der Versuch, Harn abzusetzen, ist so schmerzhaft, dass das Tier manchmal regelrecht aufstöhnen muss. Der Urin kommt nur spärlich, häufig enthält er auch Blutbeimengungen. Einen weiteren Hinweis auf eine bestehende Prostatavergrößerung liefert der Kotabsatz. Der Hund leidet unter Verstopfung, der Kot wird nur unter Mühen abgesetzt und ist oft nur bleistiftdünn und sieht plattgedrückt aus.

Nasses Fell kann die Entstehung von Blasenentzündungen begünstigen.

Pulsatilla C30 wirkt vor allem bei Hunden, die dem Pulsatilla Konstitutionstyp entsprechen. Das Mittel wird öfter für Hündinnen als für Rüden benötigt, wenn sie unter einer Blasenentzündung mit ständigem Harndrang leiden. Auslöser ist oft – ähnlich wie bei Dulcamara – Unterkühlung. Häufig treten die Beschwerden bei hormonellen Umstellungen auf, beispielsweise kurz vor bzw. während der Läufigkeit oder der Scheinträchtigkeit. Schmerzen treten beim Wasserlassen und danach auf. Ihr Hund verliert unwillkürlich Urin, besonders wenn er pupsen oder husten muss. Die Beschwerden werden schlimmer im warmen, geschlossenen Zimmer und durch Hitze und bessern sich im Freien.

Sabal serrulata C30 ist vor allem bei Rüden angebracht, bei denen Blasenbeschwerden und eine Prostatavergrößerung gemeinsam auftreten. Das Mittel fördert die Urinausscheidung, besonders wenn diese erschwert ist, und lindert gleichzeitig dauernden Harndrang, der vor allem nachts auftritt und so massiv sein kann, dass der Hund im Schlaf Urin verliert.

Es ist oft schwierig zu entscheiden, ob Sabal serrulata oder Pareira brava besser geeignet ist. Wenn das Mittel, für das Sie sich entscheiden, nicht innerhalb von ein bis zwei Tagen eine deutliche Besserung bringt, wechseln Sie zum anderen.

Sepia C30 wirkt bei Blasenentzündungen besonders dann, wenn der Hund dem Sepia Konstitutionstyp entspricht. Es wird eingesetzt, wenn die Zystitis durch hormonelle Umstellungen ausgelöst wurde. Der Hund leidet unter ständigem Harndrang, muss aber pressen, um überhaupt Harn abzusetzen zu können. Der Harn ist übel riechend, kann Blut enthalten und geht auch mal unwillkürlich ab, besonders dann, wenn das Tier gerade eingeschlafen ist.

Solidago C30 ist ein wichtiges Mittel, wenn der Hund trotz Harndrang keinen oder nur wenig Urin absetzen kann. Der Harn ist rötlich braun, riecht übel und enthält manchmal Sediment, das Sie allerdings nur sehen können, wenn Sie eine Urinprobe in einem Behälter auffangen und für eine Weile stehen lassen.

Komplexhomöopathie

Wenn die Symptome Ihres Hundes sehr vielfältig sind, sie sich nicht einem einzelnen homöopathischen Mittel zuordnen lassen oder Sie wenig Zeit haben, um ein Einzelmittel herauszusuchen, sind Komplexmittel ein guter Kompromiss, z. B. **ReVet H 18 Blase und Niere** Globuli (Firma Reckeweg); sie enthalten Berberis vulgaris C4, Cantharis C6, Lycopodium C9, Sabal serrulatum C4.

Isopathie

Vetokehl® Not/Notakehl® D5 Tropfen oder **Tabletten** werden bei bakteriellen Entzündungen ergänzend oder alternativ zum Antibiotikum eingesetzt.
Bei immer wiederkehrenden Zystitiden unterstützt die Kombination von **Vetokehl® Not/Notakehl® D5** und **Vetokehl® Nig/Nigersan® D5** im täglichen Wechsel die Ausheilung.

Phytotherapie

Verschiedene Kräuter – ob frisch, getrocknet oder als Tee – wirken entzündungshemmend bzw. verstärken den Harnfluss, sodass Keime oder Ablagerungen besser ausgeschieden werden können. Besonders geeignet sind die Blätter von **Brennnessel**, **Birke**, **Schafgarbe** und **Spitzwegerich** sowie **Kamillenblüten**. Auch **Löwenzahn** hat einen harntreibenden Effekt, allerdings enthält er relativ viel Kalzium, was sich bei bestimmten Blasensteinen (siehe unten) ungünstig auswirken kann. Probieren Sie aus, welches Kraut Ihrem Hund geschmacklich zusagt, auch Kombinationen sind möglich.

Harnträufeln (Harninkontinenz)

Ursachen und Symptome

Es handelt sich hierbei um einen unwillkürlichen, also nicht kontrollierbaren Harnverlust, der besonders nachts auftritt. Im Unterschied zur Blasenentzündung besteht also kein Harndrang. Zur weiteren Unterscheidung ist eine Urinuntersuchung hilfreich, die zeigt, ob eine Infektion vorliegt oder nicht.
Oftmals entsteht Harnträufeln als unerwünschte Nebenwirkung einer Kastration, und zwar fast ausschließlich bei weiblichen Tieren. Sie kann Wochen bis Jahre nach der Kastration auftreten und wird durch eine Schwäche des Blasenschließmuskels ausgelöst. Besonders betroffen sind größere Hündinnen mit einem Gewicht über 25 kg und solche, die vor der Kastration schon läufig waren.

Andere, allerdings seltenere Ursachen für eine Inkontinenz sind Blasenentzündungen und Harnsteine, Tumore, Medikamente, angeborene Missbildungen der Harnwege, Nervenschädigungen (z. B. durch Verletzungen oder einen Bandscheibenvorfall), höheres Lebensalter, Stress, seelische Belastungen oder Verhaltensprobleme, beispielsweise bei Aufregung.

Die Gründe können auch in der Umgebung zu suchen sein, z. B. wenn der Schlafplatz direkt neben dem WLAN-Rooter, Computer usw. liegt und Ihr Hund damit einer starken Elektrosmogbelastung ausgesetzt ist. Die beste Abhilfe ist in diesem Fall, die technischen Geräte oder den Hundekorb bzw. die Decke woanders hinzustellen. Wenn dies nicht möglich ist, können Sie das Entstörzeichen (siehe Abbildung nächste Seite) auf einem DIN A4-Blatt ausdrucken und unter den Schlummerplatz legen. Auch die E-Smog Schutz Essenz aus der Reihe der Chakrablüten Essenzen leistet gute Dienste.

Geopathische Störungen, z. B. Wasseradern oder Erdstrahlen, können ebenfalls Probleme bereiten. Zur Überprüfung ziehen Sie am besten einen erfahrenen Rutengänger zu Rate, der für Ihren Hund einen günstigen Platz zum Schlafen ermitteln kann.

Entstörzeichen bei Elektrosmog

Was Ihnen auffällt

Anfangs beobachten Sie nur morgens ein paar feuchte Stellen im Körbchen. Später wird es dann oft mehr und Ihr Hund verliert im Liegen, manchmal sogar auch im Stehen, unwillkürlich größere Mengen Urin.

Was Sie tun können

Da hinter dem Symptom des Harnträufelns viel mehr als nur eine schwache Blase stecken kann, ist es für einen baldigen Therapieerfolg wichtig, nach den möglichen Grunderkrankungen zu forschen und sie gezielt zu behandeln (siehe dazu die entsprechenden Kapitel in diesem Buch).
Zusätzlich kann eine konstitutionelle Behandlung hilfreich sein, die am besten von einem erfahrenen Tierhomöopathen begleitet wird.

Homöopathie bei Harnträufeln nach der Kastration

Pulsatilla C30 (siehe Konstitutionsmittel) wird in der überwiegenden Mehrzahl der Fälle für Hündinnen benötigt, bei denen das Harnträufeln nach einer Kastration begonnen hat. Ähnlich wie Phosphorus wird Pulsatilla aber auch eingesetzt bei Inkontinenz durch Freude, Schreck, Aufregung, Erkältung und Zurechtweisung.
Petroselinum D6 kann eingesetzt werden, wenn die Hündin nach einer Kastration inkontinent geworden ist, und auch in Fällen, in denen sie den Harndrang so plötzlich und intensiv verspürt, dass sie den Harn einfach nicht mehr zurückhalten kann.
Sepia C30 (siehe Konstitutionsmittel) ist ebenfalls ein Mittel für Hündinnen, das sich nach einer Kastration, aber auch nach einer Hormonbehandlung bewährt hat.

Homöopathie bei Harnträufeln nach Aufregung, Freude

Phosphorus C30 (siehe Konstitutionsmittel): Hunde, die dieses Mittel brauchen, verlieren Urin vor allem durch Freude und Angst.
Pulsatilla C30 siehe oben.

Homöopathie bei altersbedingtem Harnträufeln

Conium hilft bei altersbedingter Blasenschwäche oder allgemeiner Hinterhandschwäche.

Bachblüten

Wenn Ihrem Hund seelischer Kummer oder Stress auf die Blase geschlagen ist, kommt eine individuelle Bachblüten-Mischung in Frage.

Bei jungen Hunden, die Harn verlieren, wenn sie sich freuen, z. B. über Besuch, helfen die Bachblüten **Chestnut Bud** oder **Impatiens**.

Isopathie

Pinikehl® D5 Tropfen, wenn das Harnträufeln in Zusammenhang mit einer Bindegewebsschwäche auftritt, sei es konstitutionell oder altersbedingt. Das Mittel beeinflusst die Milz, die in der Traditionellen Chinesischen Medizin als „Meister des Bindegewebes" bezeichnet wird.

Schüßler Salze

Nr. 7 Magnesium phosphoricum D6 stärkt Muskeln und Nerven.
Nr. 11 Silicea D12 stabilisiert das Bindegewebe, das bei älteren Tieren nicht mehr so straff ist wie in jungen Jahren.

Protestpinkeln

Siehe Verhaltensprobleme Seite 192.

Harnsteine (Urolithen)

Ursachen und Symptome

Harnsteine sind, wie der Name schon zum Ausdruck bringt, feste Zusammenballungen, die im Harntrakt gebildet werden, meist in den Nieren oder in der Harnblase. Sie entstehen, wenn Mineralstoffe auskristallisieren, die normalerweise im Urin gelöst sind. Anfangs entsteht der sogenannte Blasengries, den man mit bloßem Auge als Bodensatz erkennen kann, wenn man Urin auffängt und ihn für etwa 15 Minuten stehen lässt. Wenn die Zusammenballung in den Nieren oder der Blase fortschreitet, entwickeln sich Steine, die irgendwann so groß werden, dass sie nicht mehr durch die Harnleiter bzw. die Harnröhre mit dem Urin ausgeschieden werden können.

Das erklärt, warum Harnsteine überwiegend bei Rüden und kleineren Hunden diagnostiziert werden: Während bei Hündinnen die Harnröhre relativ kurz ist und gerade verläuft, ist sie bei den männlichen Artgenossen länger und gebogen und verengt sich vor dem Penisknochen (einem kleine Knochen, der im Penis eingelagert ist und während des langen Deckaktes – bis zu etwa 45 Minuten! – für die Stabilität des Gliedes sorgt). An dieser Stelle können sich Steine ansammeln und zu Beschwerden führen. Bei kleinen Hunden beruht die Anfälligkeit darauf, dass Harnleiter und Harnröhre schlichtweg einen kleineren Durchmesser haben als bei großen Rassen.

Solange die Steine noch durch die harnableitenden Wege passen, werden sie meist unbemerkt ausgeschieden. Erst wenn sie sich festklemmen, führen sie zu Symptomen, wie sie bei jeder anderen Blasenentzündung auftreten können. Im schlimmsten Fall können Steine die Harnwege komplett verschließen. Wenn Ihr Hund wiederholt erfolglos versucht, Urin abzusetzen, gehört er sofort in die Hände eines Tierarztes!

Harnsteine kommen häufiger bei Rüden und kleinen Rassen vor.

Blasensteine werden meistens per Zufall entdeckt, wenn bei Ihrem Hund aus einem anderen Grund eine Röntgen- oder Ultraschalluntersuchung des Bauchraums durchgeführt wird. Sie können also anhand der Symptome nur vermuten, dass Harnsteine vorliegen könnten. Für eine eindeutige Diagnose sind medizinische Untersuchungen (Mikroskopie des Urins, Röntgen, Ultraschall) erforderlich.

Die Bildung von Harnsteinen hat verschiedene Gründe. Oft handelt es sich beim Hund um ein konstitutionelles Problem, die Veranlagung spielt also eine große Rolle. Bestimmte Rassen, beispielsweise Dalmatiner, Dackel oder Westhighland White Terrier, sind besonders oft betroffen. Weitere begünstigende Faktoren sind anatomische Anomalien wie angeborene Harnröhrenverengungen, medikamentöse Behandlungen (so entstehen Cystinsteine häufig in der Langzeittherapie der Leishmaniose mit Allopurinol), zunehmendes Alter und andere Grunderkrankungen (z. B. chronische Harnwegsinfektionen).

Eine wesentliche Rolle spielen die Fütterung und Wasserversorgung:

- Wenn das Futter Mineralstoffe in zu großer Menge oder im ungünstigen Verhältnis enthält, sind die Nieren dafür zuständig, die Überschüsse über den Urin auszuscheiden. Überschreitet die Menge an Mineralien im Harn einen bestimmten Grenzwert, bilden sich Kristalle, die zu Gries oder Steinen anwachsen können. (Das gleiche Phänomen können Sie beobachten, wenn Sie Zucker in Ihren Kaffee rühren. Kleine Mengen lösen sich auf, größere Mengen bilden einen Bodensatz, der am Tassenboden kleben bleibt.)
- Wenn Ihr Hund wenig trinkt, wird der Urin entsprechend konzentrierter sein. Auch dadurch bilden sich schneller Kristalle bzw. Steine.
- Die Futterzusammensetzung beeinflusst den pH-Wert des Urins. Dieser Wert gibt an, wie sauer oder basisch (alkalisch) eine Flüssigkeit ist, in diesem Fall der Urin. Ein pH-Wert niedriger als 7 (meist 5 bis 6,5) bedeutet, dass der Urin sauer ist. Dies ist bei überwiegender Fleischfütterung der Fall. Ein pH-Wert über 7 (meist 7,5 bis 8,5) zeigt alkalische (basische) Verhältnisse an und kommt bei vegetarischer Fütterung vor, aber auch bei bakteriellen Infektionen.

In Abhängigkeit vom pH-Wert bilden sich unterschiedliche Steinarten. Im sauren Urin (pH niedriger als 7) entstehen Oxalat- oder Uratsteine, im alkalischen Urin (pH höher als 7) bilden sich Struvitsteine.
Am häufigsten kommen Struvit- und Kalziumoxalatsteine vor. Uratsteine treten vor allem beim Dalmatiner auf, der als einzige Hunderasse bestimmte Eiweiße (Purine) nicht abbauen kann und sie über den Urin ausscheidet. Weniger häufig finden sich Cystinsteine.
Es ist wichtig, die Zusammensetzung der Steine zu bestimmen, entweder über eine mikroskopische Untersuchung des Harnsediments oder die Analyse eines Steins. Dies ist von großer Bedeutung für eine gezielte Behandlung und natürlich auch in Hinsicht auf die Vorbeugung. Zwischen der Bildung von Steinen oder Gries und dem Säuregehalt (pH-Wert) des Urins besteht ein direkter Zusammenhang.

Was Ihnen auffällt

Als Erstes wird Ihnen auffallen, dass Ihr Hund immer wieder versucht, Harn abzusetzen, allerdings nur mit Mühe und oft mit Schmerzen verbunden, manchmal sogar völlig vergeblich. Eventuell hat er mehr Durst, wirkt abgeschlagen, lustlos und ruhelos. Am ehesten verursachen Steine mit scharfkantiger Oberfläche Beschwerden. Sie können die Blasenwand reizen und zu Entzündungen und Blutungen führen, die den Urin rötlich färben. Abhängig von Größe, Zusammensetzung und Oberfläche der Steine ist es jedoch auch möglich, dass Ihr Hund völlig beschwerdefrei ist und Ihnen nichts Außergewöhnliches auffällt.

Kontrollieren Sie die Körpertemperatur. Fieber weist auf eine starke Entzündungsreaktion hin.
Eine eindeutige Diagnosestellung erfolgt beim Tierarzt über eine mikroskopische Urinuntersuchung sowie Röntgenaufnahmen oder Ultraschall.

Was Sie tun können

Wie bei einer Blasenentzündung gilt sowohl zur Vorbeugung als auch zur Behandlung, dass durch eine erhöhte Wasseraufnahme die Blase gespült, der Urin verdünnt und eine mögliche Steinbildung vermindert wird. Bei manchen Hunden helfen kleine Tricks, um sie zum Trinken zu animieren. So führt die Zugabe von kleinen Mengen Fleischbrühe oder auch Buttermilch dazu, dass das vermeintlich fade Wasser einen „interessanteren" Geschmack bekommt.
Verfüttern Sie möglichst nur Nassfutter (Dosenfutter oder Frischfleisch) statt Trockenfutter. Reichern Sie, besonders wenn Sie Trockenfutter verfüttern, das Futter mit Wasser an. Stellen Sie mehrere Wassernäpfe in der Wohnung auf, um Ihren Hund zum Trinken zu animieren.

Mithilfe von Indikatorpapierstreifen (in der Apotheke erhältlich) lässt sich der Säuregrad (pH-Wert) des Urins messen. Bei Hunden, die schon einmal Blasensteine hatten, sollte der pH-Wert regelmäßig überprüft werden. Bitte beachten Sie, dass der Wert je nach Ernährung, Tageszeit und Abstand zur letzten Fütterung schwanken kann. Deshalb sollte, besonders anfangs, ruhig öfter am Tag gemessen werden.

Bei der Behandlung von Blasensteinen geht es zunächst darum, die akute Entzündung (siehe auch Blasenentzündung Seite 119 ff.) und damit die Beschwerden Ihres Vierbeiners sowie die vorhandenen Steine zu beseitigen. Eventuell ist eine Operation unumgänglich, wenn ein Verschluss der Harnröhre besteht oder droht.

Blasengries oder kleinere Steine lassen sich häufig langfristig durch Futterumstellung und Veränderung des Urin-pH-Wertes beeinflussen. Für gezielte Maßnahmen ist es notwendig, die Zusammensetzung des Steins zu kennen (über eine Untersuchung des Urins oder Analyse eines Steins).

Homöopathie

Die Hauptmittel bei Blasensteinen – **Berberis** und **Cantharis, Sabal serrulata** und **Solidago** – sind bei „Blasenentzündungen" (Seite 119 ff.) beschrieben.
Es gibt noch zwei weitere Mittel, die speziell bei Harnsteinen infrage kommen.
Coccus cacti C30: Es ist, wie Berberis und Cantharis, ein Mittel bei Steinkoliken und wirkt besonders dann, wenn der Hund an Uratsteinen leidet. Ihr Vierbeiner hat krampfartige Schmerzen, die, wie für eine Kolik typisch, an- und abschwellen. Er muss häufig Harn absetzen, der dunkel, dick und manchmal auch blutig ist und aashaftfaulig riecht. Es geht Ihrem Vierbeiner schlechter nach dem Schlaf sowie durch Berührung, er fühlt sich besser, wenn er in Bewegung ist.
Lycopodium C30 (siehe Konstitutionsmittel): Auffallend ist, dass der Hund vor allem nachts immer wieder Urin in großen Mengen absetzen muss, während sie tagsüber ganz normal ausfallen. Bei manchen Tieren wird der Harnabsatz von Jaulen oder Heulen begleitet.

Struvitsteine

Struvitsteine werden besonders häufig bei Hündinnen nachgewiesen. Sie entstehen im alkalischen Urin ab einem pH-Wert von 7. Liegt der pH-Wert unter 6,6, lösen sich die Steine auf. Daher zielt die Therapie von Struvitsteinen darauf ab, den pH-Wert zu senken.
Bei bakteriellen Blaseninfekten ist der Urin meist alkalisch. Dies begünstigt langfristig die Bildung von Struvitsteinen, die daher auch als Infektsteine bezeichnet

werden. Die Ernährung spielt ebenfalls eine große Rolle bei der Entstehung von Struvitsteinen. Als Fleischfresser produzieren Hunde normalerweise sauren Urin. Viele kommerzielle Futtersorten basieren allerdings überwiegend auf Getreide, das zu alkalischem Urin führt.

Was Sie tun können

Da diese Steinart in Zusammenhang mit wiederholten Blasenentzündungen steht, ist es wichtig, diese Infekte zu behandeln bzw. zu verhindern, z. B. mit **Vetokehl® Not/ Notakehl® D5 Tropfen** oder **Tabletten**.

Harn-pH-Wert

Ziel der Behandlung ist es, den pH-Wert des Urins auf 6,4, also in den leicht sauren Bereich zu senken. Er sollte nicht zu sauer sein, da bei einem pH-Wert unter 6 die Bildung anderer Steinen begünstigt wird.

Zur Ansäuerung des Urins geben Sie Ihrem Vierbeiner statt Leitungswasser verdünnten Apfelsaft und/oder hydrogenkarbonatarmes Mineralwasser zu Trinken.

Ernährung

Von Seiten der Ernährung her wär es ideal, wenn der Hund gebarft würde, weil rohes Fleisch den Urin sauer macht. Geeignet sind Fleisch (keine Innereien und Knochen), Fisch, Eier, Milchprodukte, Raps- oder Leinöl, ein wenig Obst und Gemüse. Füttern Sie möglichst wenig oder gar kein Getreide.

Isopathie

Acidum phosphoricum D12

Phytotherapie

Hagebuttenpulver (enthält natürliches Vitamin C) oder **Vitamin C** (Ascorbinsäure) je nach Größe des Hundes 100 bis 500 mg pro Tag.

Allopathie

Zum Ansäuern des Urins Methionin, z. B. **Uro-Pet®** (Fa. Vétoquinol).

Kalziumoxalatsteine

Kalziumoxalatsteine treten am häufigsten bei Rüden auf und bestehen, wie der Name schon sagt, aus Kalzium und Oxalaten. Kalzium ist ein wichtiges Mineral für den Aufbau von Knochen und Zähnen. Unter den Futtermitteln enthalten Knochen bzw. Knochenmehle viel Kalzium, pflanzliche Quellen sind u. a. Brokkoli, Spinat oder Grünkohl. In vielen pflanzlichen Nahrungsmitteln sowie in Wurst und Fleisch finden sich Oxalate. Treten diese Stoffe oberhalb einer bestimmten Konzentration im Urin auf, können sich Kalziumoxalatsteine bilden.
Leider gibt es keine Möglichkeit, diese Steine mit gezielten Diäten oder Medikamenten aufzulösen, sie müssen also operativ entfernt werden. Danach kann über eine entsprechende Ernährung die Neubildung von Kalziumoxalatsteinen verhindert werden. Lassen Sie daher vom Tierarzt oder Tierheilpraktiker, der sich mit Bedarfsberechnungen auskennt, einen Diätplan erstellen, der genau auf Ihr Tier zugeschnitten ist.

Nur der Vollständigkeit halber sei an dieser Stelle erwähnt, dass eine Vergiftung mit ethylenglykolhaltigem Frostschutzmittel (Hunde lecken es wegen seines süßen Geschmacks gern auf) sehr schnell zur Bildung von Kalziumoxalatsteinen und ein bis drei Tage nach der Giftaufnahme fast immer zum Tod führt. Die ersten Anzeichen treten nach etwa 30 Minuten bis einigen Stunden nach der Giftaufnahme auf und sind typischerweise Erbrechen, Herumtorkeln wie betrunken, starke Mattigkeit, großer Durst, häufiges Urinieren. Sollten Ihnen solche Symptome auffallen, besonders nachdem Ihr Vierbeiner in der Garage, Autowerkstatt oder Ähnlichem etwas aufgeleckt hat, bringen Sie ihn sofort zum Tierarzt!

Was Sie tun können

Zur Therapie steht die operative Entfernung der Steine zur Verfügung. Umso wichtiger ist daher anschließend die Vermeidung neuer Steine.

Harn-pH-Wert

Kalziumoxalatseine sind im Allgemeinen nur schlecht über den Harn-pH-Wert zu beeinflussen. Neuere Untersuchungen belegen, dass ein stark saurer pH-Wert < 6 das Risiko für Steinwachstum begünstigt, während bei einem sauren Harn-pH-Wert von 6,5 die Gefahr deutlich geringer ist.

Ernährung

Empfehlenswert sind hydrogenkarbonatreiche, kalziumarme Mineralwässer.
Folgende Lebensmittel haben einen niedrigen Oxalat- und Kalziumgehalt und machen den pH-Wert des Urins alkalisch: Ananas, Apfel, Apfelsine, Aprikose, Banane, Birne, Pfirsich, Wassermelone, fast alle Gemüsesorten, besonders Blumenkohl, Brokkoli und Fenchel. Damit können Sie, wenn Sie doch einmal außerhalb der Reihe konventionelles Dosenfutter füttern müssen, pH-Abweichungen vermeiden.

Isopathie

Acidum oxalicum D12

Phytotherapie

Bockshornklee verhindert die Bildung von Oxalaten. Je nach Größe des Hundes täglich ½ bis 2 Teelöffel frisch gemörserte Samen oder bereits gemahlenes Produkt.

Dalmatiner können Purine nicht ausscheiden und neigen daher zu Uratsteinen.

Uratsteine

Uratsteine treten fast ausschließlich bei männlichen Hunden auf, bei Hunden mit einer angeborenen Leberdurchblutungsstörung und bei Dalmatinern, der einzigen Hunderasse, die aufgrund eines Gendefekts bestimmte Eiweiß-Stoffwechselprodukte (Purine) nicht ausscheiden kann. Die Purine werden stattdessen – ganz ähnlich wie beim Menschen – zu Harnsäure umgebaut und dann mit dem Urin ausgeschieden. Unter ungünstigen Bedingungen können Uratkristalle und -steine entstehen. Um diesem Problem vorzubeugen, sollten Dalmatiner grundsätzlich purinarm ernährt werden.

Was Sie tun können

Harn-pH-Wert

Mit Natron (Natriumbikarbonat) oder bikarbonatreichen Heilwässern anstelle von Leitungswasser wird der pH des Urins auf 6,8 bis 7 eingestellt, da ein alkalisches Milieu das Risiko einer Uratsteinbildung reduziert. Die Dosierung muss individuell erfolgen und regelmäßig mit Teststreifen überprüft werden.

Achtung! Alkalischer Harn begünstigt Blasenentzündungen, weil Bakterien sich unter diesen Bedingungen besonders wohl fühlen.

Ernährung

Eine purinarme Diät ist unerlässlich. Gleichzeitig muss darauf geachtet werden, dass es nicht zu einer Eiweißunterversorgung kommt. Jeder Hund hat – abhängig von Alter, Geschlecht, Konstitution und der Leistung, die er zu erbringen hat – einen bestimmten Minimalbedarf, der durch Umstände wie Arbeit, Krankheit, Trächtigkeit und Laktation gesteigert wird.

Tierische Lebensmittel wie Innereien und Schlachtnebenprodukte wie Darm, Sehnen, Euter oder Pansen enthalten Purine in großen Mengen, Muskelfleisch dagegen vergleichsweise wenig.

Die meisten Fischsorten sind relativ purinarm, mit Ausnahme von Forelle, Hering, Sardellen (auch Anchovis genannt), Sardinen und Rotbarsch. Milcherzeugnisse, Eier und pflanzliche Futtermittel stellen purinarme Eiweißquellen dar.

Isopathie

Acidum uricum D12

Phytotherapie

Petersilie wirkt antibakteriell und beugt Harngries vor, indem sie die Nieren zu einer vermehrten Harnausscheidung anregt. Achtung bei trächtigen Hündinnen: Petersilie führt zu Gebärmutterkontraktionen und kann Fehlgeburten auslösen!
Bärentraubenblätter wirken antibakteriell und harntreibend, und zwar besonders im alkalischen Urin. Dosierung: Über einen Zeitraum von höchstens 1 Woche je nach Größe des Hundes 2 bis 4 g Bärentraubenblätterpulver mit 1 Tasse kochendem Wasser übergießen, ziehen lassen, nach 10 bis 15 Minuten abseihen.

Cystinsteine

Cystinsteine entstehen aufgrund einer angeborenen Stoffwechselstörung. Hunde, die unter diesem erblichen Defekt leiden, scheiden Cystin, eine Aminosäure, im Übermaß über den Urin aus. Bevorzugt bilden sich Cystinsteine bei einem normalen Harn-pH-Wert von 5,5 bis 7,0.

Was Sie tun können

Harn-pH-Wert

Es wird ein pH-Wert zwischen 7,5 und 7,8 angestrebt. Dies gelingt entweder mit Diätfutter oder mit der Zugabe von Natron (Natriumbikarbonat) oder bikarbonatreichen Heilwässern anstelle von Leitungswasser. Die Dosierung sollte individuell erfolgen und ständig mit Teststreifen überprüft werden.
Achtung! Alkalischer Harn begünstigt Blasenentzündungen!

Ernährung

Eine eiweißreduzierte Diät kann die Ausscheidung von Cystin in den Urin senken. Lassen Sie vom Tierarzt oder Tierheilpraktiker einen Ernährungsplan zusammenstellen, um Mangelernährung zu vermeiden.

Fehlender Harnabsatz (Anurie)

Siehe Notfälle Seite 193 ff.

Chronisches Nierenversagen (Chronische Niereninsuffizienz)

Ursachen und Symptome

Beim Nierenversagen sind die Nieren nicht mehr in der Lage, das Blut von Abfallprodukten zu reinigen und den Urin zu konzentrieren. Erst wenn mehr als etwa 75 % des Nierengewebes nicht mehr funktionieren, kommt es zu Beschwerden. Die Erkrankung tritt vor allem bei älteren Hunden auf und entwickelt sich oft schleichend, sodass Sie als Besitzer möglicherweise die Frühwarnsymptome übersehen können.

Eine Niereninsuffizienz kann aufgrund eines angeborenen Nierenschadens bereits im Jugendalter auftreten.

Was Ihnen auffällt

Ihr Hund muss häufiger größere Mengen Urin absetzen, weil die Nieren ihn nicht mehr konzentrieren können.
Er trinkt erheblich mehr als sonst (als Anhaltspunkt: eine Trinkmenge von 30 bis 60 ml/kg Körpergewicht gilt als normal; wenn also ein 30 kg schwerer Hund 1,8 l trinkt, ist das noch nicht bedenklich), hat weniger Appetit, eventuell treten Erbrechen und/oder Durchfall gehäuft auf. Ihr Vierbeiner nimmt ab, auf Spaziergängen ist er schnell erschöpft, insgesamt wirkt er lustlos bis benommen. Sein Fell wird struppig und er riecht streng, eventuell nach Urin.
Für eine eindeutige Diagnose sind u. a. Blut- und Urinuntersuchungen erforderlich. (Großer Durst kommt u. a. auch bei Zuckerkrankheit oder bei unkastrierten Hündinnen bei einer Gebärmutterentzündung vor.)

Was Sie tun können

Eine Heilung der geschädigten Nieren ist leider nicht möglich, aber mit entsprechenden Therapiemaßnahmen können die noch funktionsfähigen Nierenanteile unterstützt und entlastet werden, sodass Sie und Ihr Hund Ihre gemeinsame Zeit weiterhin recht beschwerdefrei genießen können.

Ernährung

Am allerwichtigsten ist die Reduktion des Phosphorgehaltes im Futter. Daneben soll auch die Kochsalzzufuhr bedarfsgerecht sein.
Fälschlicherweise drosseln Besitzer die Eiweißzufuhr sehr stark, im Glauben, damit die Nieren zu entlasten. Richtig ist, den Eiweißgehalt genau auf den Bedarf abzustimmen und leicht verdauliches Eiweiß (Quark, Ei, Fisch, Hühnerfleisch) zu verfüttern. Spezielle Fertig-Nierendiäten sind entsprechend zusammengesetzt. Wenn Sie das Futter selbst zusammenstellen wollen, lassen Sie sich vom erfahrenen Ernährungsberater (Tierarzt oder Tierheilpraktiker) einen individuellen Plan errechnen.

Die Vitaminzufuhr soll optimiert werden, zum einen, weil dadurch der Nierenstoffwechsel direkt unterstützt wird, zum anderen, um Mangelerscheinungen zu verhindern. Besonders wichtig sind Vitamin B12, Folsäure und Vitamin C.
Der Eiweißbaustein L-Carnitin, der für einen reibungslosen Ablauf in den Zellen benötigt wird, wird bei Nierenschäden ebenfalls vermehrt mit dem Harn ausgeschieden. Daher sind Futterzusätze notwendig.

Manche Besitzer kommen auf die Idee, ihrem Hund weniger Wasser zu geben, in der Hoffnung, damit die Inkontinenz und die Pfützen in der Wohnung vermindern zu können. Das ist grundverkehrt, denn der Hund versucht, über die hohe Harnmenge die Abfallprodukte auszuscheiden, die sonst den Körper vergiften würden. Wenn Ihr Hund also seinen Durst nicht stillen kann, wird es durch eine Selbstvergiftung zu einer rapiden Verschlechterung seines Befindens kommen.

Der **Heilpilz Cordyceps** hilft, die Nierenfunktion zu verbessern, sodass bei chronischer Nierenschwäche die noch intakten Anteile deutlich entlastet werden.

Homöopathie

Lespedeza sieboldii D1 ist das Hauptmittel bei chronischer Niereninsuffizienz. Es unterstützt die Nierentätigkeit und fördert die Ausscheidung harnpflichtiger Substanzen, vor allem Harnstoff.
Serum anguillae D6 ist ein weiteres wichtiges Mittel bei eingeschränkter Nierenfunktion. Es wirkt sowohl auf Nieren, Herz, Leber und Lymphsystem und entlastet somit nicht nur die Nieren, sondern wichtige Organe, die besonders von einer Nierenschädigung betroffen sind, weil sie die Folgen der Insuffizienz kompensieren müssen.
Apis C30 kann als Begleitmittel gegeben werden, wenn die Hinterbeine Ihres Vierbeiners durch Wassereinlagerungen geschwollen sind. Wassereinlagerungen erkennen Sie daran, dass bei Druck mit den Fingerkuppen auf die betroffene Region eine Delle entsteht, die sich nur langsam wieder zurückbildet, nachdem Sie losgelassen haben. Der Hund bewegt sich steifbeinig, leidet unter starken Schmerzen beim Wasserlassen und verliert unter Umständen auch unwillkürlich Urin. Es geht Ihrem Hund schlechter im warmen Zimmer sowie durch Wärme allgemein. Im Freien fühlt er sich hingegen besser.
Achtung! Apis nicht zusammen mit Cantharis geben, da die beiden Mittel sich gegenseitig in ihrer Wirkung aufheben.
Arsenicum album C30 (siehe Konstitutionsmittel): Bezeichnend für dieses Mittel ist die schnell zunehmende Erschöpfung Ihres Hundes. Er friert und hat ein großes Verlangen nach Wärme. Er ist nervös und ängstlich, hat großen Durst, trinkt aber immer nur kleine Mengen. Am schlimmsten sind seine Beschwerden in der Nacht.
Solidago C30 ist ein hervorragendes Mittel, um die Nierentätigkeit anzuregen. Das Mittel ist unter dem Stichpunkt Blasenentzündung (Seite 119 ff.) beschrieben.

Phytotherapie

Kräuter, die die Harnorgane durchspülen und damit die Entgiftungsfunktion unterstützen, sind unter dem Stichpunkt Blasenentzündung (Seite 119 ff.) genannt.

Schüßler Salze

Als Folge der Niereninsuffizienz entwickelt sich eine allgemeine Übersäuerung des Organismus. **Nr. 9 Natrium phosphoricum D6** und **Nr. 23 Natrium bicarbonicum D12** schaffen Abhilfe, weil sie die Säureausscheidung verbessern.

Isopathie

Sanuvis® Tabletten in Kombination mit **Mucedokehl® D5 Tropfen** verbessern die Säureausscheidung und Entgiftungsleistung der Niere.

Organpräparate

Wenn die körpereigene Regulationsfähigkeit versagt, sind die Grenzen der Regulationsverfahren wie Homöopathie, Isopathie oder Schüßler Salze erreicht. Organpräparate hingegen erweisen sich auch in diesen Fällen noch als wirksam, z. B. **Renes/Viscum comp. PLV (Plantavet)** oder **Renes/Equisetum comp. (Wala).**

Die weiblichen Geschlechtsorgane

Scheidenentzündung (Vulvovaginitis)

Ursachen und Symptome

Scheidenentzündungen kommen relativ oft bei jungen Hündinnen vor der ersten Läufigkeit vor. Da ihr Immunsystem noch nicht ausgereift ist, können sich recht banale Bakterien, die zur normalen Schleimhautbesiedlung gehören, vermehren und zu eitrigen Entzündungen führen. Begünstigende Faktoren sind u. a. anatomische Anomalien, Fehler in der Futterzusammensetzung oder Stressbelastung. Die Scheidenentzündung bei jungen Hündinnen ist in der Regel völlig harmlos und ein Hinweis auf ein noch untrainiertes Immunsystem. Sie heilt meist ohne gesundheitliche Beeinträchtigung nach der ersten Läufigkeit aus. Bei älteren Hündinnen muss eine Scheidenentzündung jedoch behandelt werden. Sie kann isoliert auftreten, aber auch in Zusammenhang mit einer Gebärmutterentzündung.

Scheidenentzündungen kommen häufig bei jungen Hündinnen vor.

Was Ihnen auffällt

Die Hündin leckt oder benagt sich vermehrt im Bereich der Scheide. Gelblicher oder weißlicher, dickflüssiger oder wässriger Ausfluss aus der Scheide verklebt das Fell an der Schwanzunterseite und der Scheide.

Was Sie tun können

Überprüfen Sie, ob die Fütterung möglicherweise optimiert werden kann. Die Zugabe von Vitamin E (z. B. in Maiskeim- oder Rapsöl) und Vitamin C (z. B. in Hagebuttenpulver) unterstützen die Stabilität und lokale Abwehr an den Schleimhäuten.

Behandlungsversuche aller Art sind – offen gestanden – oft nicht von großem Erfolg gekrönt. Viele Besitzer berichten, dass der Ausfluss für die Dauer einer Behandlung aufhört, bald jedoch wieder auftritt, um nach der ersten Läufigkeit von allein aufzuhören.

Homöopathie

Eine konstitutionelle Behandlung verbessert die noch unterentwickelte Immunabwehr. Für junge Hunde häufig infrage kommende Konstitutionsmittel sind **Calcium carbonicum, Calcium phosphoricum** oder **Silicea**. Um das richtige Mittel zu finden, stellen Sie Ihren Hund einem homöopathisch arbeitenden Tierarzt oder Tierheilpraktiker vor.

Acidum formicicum C30 wirkt als allgemeines Umstimmungsmittel bei Entzündungen aller Art.

Aconitum C30 ist das richtige Mittel, wenn die Vaginitis urplötzlich mit heftigsten Beschwerden auftritt und durch Kälte oder Angst, Panik, Schreck ausgelöst wurde. Typisch für dieses Mittel ist die ausgeprägte Ängstlichkeit und Unruhe der Hündin. Die Vagina ist rot, sehr heiß und trocken, Fieber kann auftreten.

Pulsatilla C30 (siehe Konstitutionsmittel) wird für freundliche, nachgiebige, sehr anhängliche Hündinnen gebraucht, die unter einem wundmachenden, dicklichen Ausfluss leiden. Es geht der Hundedame an der frischen Luft deutlich besser und schlechter im warmen Zimmer.

Sepia C30 (siehe Konstitutionsmittel) ist das am häufigsten benötigte Mittel für eine Vaginitis bei älteren Hündinnen. Der Ausfluss verursacht starken Juckreiz und führt zu Haarausfall und Hautausschlägen im Bereich der Scheide. Wie bei allen anderen Beschwerden auch geht es der Hündin besser, wenn ein langer Spaziergang mit ihr gemacht wird. Je länger sie läuft, desto besser fühlt sie sich.

Isopathie

Vetokehl® Not/Notakehl® D5 Tropfen wirken regulierend auf die Bakterienflora und sind daher bei eitrigem Scheidenausfluss angezeigt.

Vetokehl® Sub D5 Tropfen helfen, das Immunsystem zu stärken.

Schüßler Salze

Nr. 3 Ferrum phosphoricum D12 und **Nr. 12 Silicea D12** reduzieren die Entzündungsneigung und verbessern die Schleimhautabwehr.

Die Läufigkeit (Hitze)

Hündinnen werden meist im Alter von sieben bis zwölf Monaten zum ersten Mal läufig. Eine Läufigkeit dauert durchschnittlich zwei Wochen (bis zu vier Wochen ist nicht ungewöhnlich) und tritt meist alle sechs Monate auf, wobei es individuelle und rassebedingte Schwankungen gibt.

Etwa ein bis zwei Wochen vor der Hitze schwellen die Schamlippen an. Die eigentliche Läufigkeit beginnt mit dem Tag, an dem blutig-wässrige Flüssigkeit aus der Scheide tritt. Dieses Sekret enthält Duftstoffe, die die Rüden

Während der Läufigkeit werden die Rüden auf einmal wieder interessanter.

aus der Umgebung anlocken. In den ersten Tagen der Läufigkeit lässt die Hündin den bzw. die Hundeverehrer nicht zu nah an sich heran. Erst etwa ab dem 11. Tag, wenn der Ausfluss weniger blutig, sondern mehr fleischwasserfarben aussieht, lässt sie sich decken. Diese Deckbereitschaft hält etwa drei bis vier Tage an. Danach weist die Hündin aufdringliche Rüden wieder vehement ab und mit Ende der Läufigkeit hört die Blutung auf.

Für diejenigen Besitzer, die züchten oder einfach mal einen Wurf Hundewelpen erleben wollen, löst die Läufigkeit Freude aus, bei denjenigen, die eine Trächtigkeit unbedingt vermeiden wollen, beginnt eine anstrengende Zeit: Die Hündin selbst ist unruhig und beginnt zu streunen (sie ist „läufig“, wie der Ausdruck verdeutlicht). Spaziergänge können sehr anstrengend sein, weil die vierbeinigen Verehrer auf Schritt und Schritt folgen.

Welche Möglichkeiten gibt es, Nachwuchs zu verhindern?

Wer auf gar keinen Fall möchte, dass die Hündin Nachwuchs bekommt, muss eine Entscheidung treffen, wie dies zu verhindern ist. Dabei hat jede Vorgehensweise ihre Vor- und Nachteile; es gibt nicht die eine optimale Lösung. Daher ist es wichtig, genau abzuwägen und den Weg zu wählen, der zu Ihren Lebensumständen am besten passt. Folgende Möglichkeiten stehen zur Wahl:

Sie lassen Ihre Hündin läufig werden und stellen sicher, dass sie keine Gelegenheit bekommt, einem Verehrer ihre Gunst zu erweisen. Hierbei müssen Sie die Blutstropfen auf den Teppichen, die Unruhe und das Streunen (samt Unfallgefahr, vor allem wenn Sie in der Nähe von vielbefahrenen Straßen wohnen), den möglicherweise zahlreichen Hundeherrenbesuch (samt Konkurrenzkämpfen) und genervte Nachbarn in Kauf nehmen. Zu bedenken ist außerdem, dass mit zunehmendem Alter das Risiko einer Gebärmutterentzündung (Pyometra) wächst und dass Gesäugetumore häufiger entstehen als bei kastrierten Hündinnen.
Unkastrierte Hündinnen weisen ein höheres Risiko auf, Diabetes mellitus (Zuckerkrankheit) zu entwickeln, als ihre kastrierten Artgenossinnen.
Viele Besitzer entscheiden sich gegen eine Kastration (bzw. medikamentöse Läufigkeitsunterdrückung), um nicht in natürliche Rhythmen einzugreifen. Leider gibt es auch hier eine Kehrseite, denn wenn eine läufige Hündin den oder die Nachbarsrüden anlockt, sie aber ihre Triebe nicht ausleben dürfen, kann dies sowohl für die Hundedamen und als auch -herren psychischen Stress bedeuten.

Die Kastration: Hierbei werden auf jeden Fall die Eierstöcke operativ entfernt. Erfolgt der Eingriff bei einem sehr jungen Tier, bleibt die noch sehr kleine Gebärmutter meist erhalten. Bei älteren Hundedamen hingegen wird sie entfernt, um spätere Entzündungen zu verhindern. Die Hündin wird nicht mehr läufig. Ausnahmen bestätigen die Regel. Wenn Sie trotz Operation Symptome wie bei einer Läufigkeit beobachten, liegt dies zum einen daran, dass die übergeordneten Hormon-Steuerungszentralen im Gehirn als Impulsgeber weiterhin im gewohnten Rhythmus Hormone abgeben. Zum anderen kann der Grund für weiterhin auftretende Zyklen sogenanntes versprengtes Eierstockgewebe sein, das sich irgendwo im Bauchraum abgelagert hat.
Vor Jahren galt der Grundsatz, die Hündin solle mindestens zwei bis drei Jahre alt sein und einmal geworfen haben, bevor sie kastriert wird. Inzwischen wird die Frühkastration empfohlen, möglichst noch vor der ersten Läufigkeit, weil sich dadurch unerwünschte Folgeerscheinungen (z. B. Harnträufeln) weitestgehend vermeiden lassen. Aber wie bei fast allen Dingen im Leben gibt es auch hier die Kehrseite der Medaille.
Mögliche Nachteile: Durch die Kastration verändert sich der Stoffwechsel, es kommt daher leichter zu Übergewicht, wenn man nicht rechtzeitig die Fütterung anpasst. Die Futtermenge sollte sofort reduziert werden und einen etwas höheren Gehalt an Eiweiß haben, weil dies eine geringere Energiedichte als Fette oder Kohlenhydrate aufweist und schneller ein Sättigungsgefühl erzeugt. Füttern Sie zusätzlich Carnitin, das den Stoffwechsel verbessert und den Appetit senkt.

Besonders bei größeren Hündinnen (meist über 25 kg Körpergewicht) kann, teils erst nach einigen Jahren, Harnträufeln (siehe Seite 123 ff.) auftreten. Dies kann dann eine Dauertherapie erforderlich machen, um den unkontrollierten Urinabgang zu verhindern. Die Gründe für dieses Problem sind bisher nicht geklärt. Eine Rolle spielt auch, in welchem Alter die Kastration durchgeführt wird: Erfolgt sie sehr früh, möglichst noch vor der ersten Läufigkeit, tritt das Harnträufeln erheblich seltener auf.

Bei Rassen mit langem, seidigem Fell, z. B. Cocker Spaniel oder Irish Setter, verändert sich häufig die schöne Mähne, es entwickelt sich ein stumpf aussehendes Babyfell.
Durch die veränderte Hormonlage werden manche Hündinnen vehementer, dominanter oder aggressiver. Außerdem begünstigt die Kastration möglicherweise das Auftreten von Gelenkerkrankungen (Arthrosen) sowie einer Schilddrüsenunterfunktion.

Medikamentöse Läufigkeitsunterdrückung: Wer sich (noch nicht) für oder gegen eine Kastration entscheiden mag, aber eine Läufigkeit verhindern möchte, hat zur Lösung dieses Problems die Möglichkeit, beim Tierarzt mit regelmäßigen Hormoninjektionen die Hitze zu unterdrücken. Es wird empfohlen, auf jeden Fall die erste Läufigkeit abzuwarten und dann zwei bis maximal vier Monate später mit der Behandlung zu beginnen. Die Injektionen müssen je nach verwendetem Präparat alle drei bis fünf Monate wiederholt werden, um die Hitze dauerhaft zu unterbinden.
Die möglichen Nachteile der Kastration gelten auch für die Hormontherapie. Darüber hinaus erhöht sich das Risiko einer Gebärmutterentzündung, insbesondere, wenn die Wiederholungsinjektionen nicht rechtzeitig erfolgen. Der Vollständigkeit halber sei noch erwähnt, dass es an der Injektionsstelle zu Fell- und Hautveränderungen kommen kann. Dies hat glücklicherweise keine gesundheitlichen Konsequenzen.
Der Vorteil dieser Methode liegt darin, dass die Behandlung beendet werden und die Hündin wieder läufig werden kann, wenn es doch Nachwuchs geben soll oder Ihre Lebens- bzw. Wohnsituation sich ändert und eine läufige Hündin kein Problem darstellt.

Die Sterilisation: Hierbei bleiben die Eierstöcke erhalten; es werden entweder nur die Eileiter durchtrennt bzw. – die bessere Variante – zusätzlich die Gebärmutter entfernt, weil dadurch die Blutung während der Läufigkeit fast völlig ausbleibt und Gebärmutterentzündungen verhindert werden.
Da die Sterilisation den Hormonhaushalt nicht verändert, wird die Hündin weiterhin läufig mit der dazugehörigen Triebigkeit und dem Rüdenbesuch. Nach dem Decken bleiben die Befruchtung der Eizellen und damit eine Trächtigkeit aus.
Es bestehen die gleichen Nachteile wie bei der nicht operierten Hündin (siehe oben).
In der Tiermedizin wird jedoch meist von der Sterilisation abgeraten, eben wegen der läufigkeitsbedingten Unruhe, außerdem soll es Spätfolgen geben können, die weitere Operationen nötig machen.

Störungen der Läufigkeit

Eine Behandlung zur Läufigkeit ist nur dann angebracht, wenn Abweichungen vorliegen, z. B. wenn sie zu selten/zu oft auftritt, extrem lang dauert oder die Hündin im Verhalten sehr auffällig ist.

Was Sie tun können

Homöopathie

Wenn Ihre Hündin während der Läufigkeit recht auffällige, ungewöhnliche Verhaltensweisen an den Tag legt, kann eine gezielte homöopathische Behandlung hilfreich sein.
Ignatia C30 (siehe Konstitutionsmittel) ist ein gutes Mittel, wenn Ihre Hündin sich während der Läufigkeit eher abweisend und kratzbürstig Ihnen gegenüber verhält. Sie seufzt möglicherweise oft vor sich hin, jault grundlos, möchte aber nicht von Ihnen getröstet werden. Die Hündin wird manchmal gar nicht oder nur einmal im Jahr läufig. Kummer durch den Verlust eines geliebten Menschen, ihres Heims oder Ähnliches kann dazu führen, dass

die Läufigkeit ganz ausbleibt. Die Hündin wirkt unausgeglichen, reagiert reizbar, manchmal sogar – was man sonst gar nicht von ihr kennt – aggressiv.
Pulsatilla C30 (siehe Konstitutionsmittel): Hündinnen, die dieses Mittel brauchen, werden oft erst relativ spät oder gar nicht läufig oder die Läufigkeit ist nur schwach ausgeprägt. Sie haben den Eindruck, Ihrer Hündin nichts recht machen zu können, sie wirkt wie ein freundliches, aber quengelndes, launisches Kind, das wie eine Klette an Ihnen klebt. Sie ist schläfrig und träge, bringt man sie aber dazu, mit auf die Gassirunde zu gehen, geht es ihr gleich besser.
Sepia C30 (siehe Konstitutionsmittel) passt eher bei älteren Hündinnen, die während der Läufigkeit träge werden und sich zurückziehen und absondern. Sie möchten nicht getröstet werden. Die Hündin hat oft schon mehrmals geworfen. Das Mittel heilt die unterschiedlichsten Zyklusanomalien: zu kurze oder zu lange, ausbleibende und auch schwache Läufigkeit.

Isopathie

Die folgenden Mittel, gleichzeitig verabreicht, haben sich als Basistherapie bewährt, um die Läufigkeit zu harmonisieren:
Formasan® Tropfen oder **Formidium® ad usum vet Ampullen** und **Mucedokehl® D5 Tropfen**. Mucedokehl reguliert die übergeordneten hormonellen Steuerungszentren und wirken daher ausgleichend sowohl bei erhöhter als auch bei reduzierter Hormonaktivität. Es klingt zunächst ungewöhnlich, dass ein- und dasselbe Mittel sowohl bei Über- und Unterfunktionen wirksam sein soll. Dieser Effekt beruht darauf, dass naturheilkundliche Mittel regulierend in beide Richtungen und auf diese Art und Weise harmonisierend wirken.

Der Deckakt

Wenn eine Hündin einem Rüden ihre Gunst erweist, springt der Rüde auf und dringt mit seinem Penis in die Scheide der Hündin ein. Anschließend dreht er sich um und steigt von der Hündin ab, sodass beide Hinterteil an Hinterteil stehen und bis zum Ende des Deckens, bis zum Samenerguss, „aneinanderhängen“. Es kann bis zu 45 Minuten dauern, bis das Paar sich wieder trennt.
Auch wenn der Samenerguss meist erst gegen Ende des Deckaktes erfolgt, kann der Rüde bereits in der Frühphase des Hängens seine Gene erfolgreich weitergeben. Eine Hündin lässt sich übrigens durchaus noch von einem anderen Rüden decken und kann dann einen Wurf von zwei verschiedenen Vätern zur Welt bringen.
Wenn das Decken nicht geplant/gewollt ist, versuchen Besitzer oft, Rüden und Hündin gewaltsam voneinander zu trennen, z. B. mit kalten Wassergüssen. Davon ist dringend abzuraten, weil dies bei Rüde und Hündin zu stark blutenden Verletzungen des Penis oder der Scheide führen kann.

Was tun, wenn Ihre Hündin ungewollt gedeckt wurde?

Wenn eine unerwünschte Bedeckung stattgefunden hat, gibt es nur noch zwei Möglichkeiten:
Abwarten, ob die Hündin tragend geworden ist (die Wahrscheinlichkeit beträgt „nur“ 50 %) und sich mit der Aussicht auf ungewohnten Nachwuchs arrangieren.
Wenn es definitiv keinen Nachwuchs geben soll, kann beim Tierarzt sicherheitshalber „die Spritze danach“ verabreicht werden. Dies ist bis zum 45. Tag der Trächtigkeit möglich. Dazu bekommt die Hündin innerhalb von 24 Stunden zweimal eine Injektion. Wer sich mit der Entscheidung für diese Maßnahme schwertut, hat die Möglichkeit, zunächst drei bis vier Wochen abzuwarten. Ab dem 21. bis 28. Tag kann per Ultraschall oder ab dem

25. Tag per Blutuntersuchung (Relaxin-Test) geklärt werden, ob die Hündin überhaupt tragend ist.

Die Entscheidung für oder gegen eine Trächtigkeit bzw. Abtreibung ist nicht leicht, denn auch hier hat jede Variante Vor- und Nachteile, die genau abgewogen werden sollten. Mit der Abtreibung verhindern Sie ungeplanten Nachwuchs, für die Hündin besteht jedoch das Risiko einer Gebärmutterentzündung. Ein Wurf Welpen bedeutet für Sie als Besitzer viel Kosten, Arbeit und Zeit. Auch wenn Sie sich die künftigen Besitzer der Welpen sorgfältig auswählen, können Sie nie sicherstellen, dass der Spross nicht irgendwann im Tierheim landet. So kann jeder Wurf indirekt zur Überfüllung der Tierheime beitragen! Wenn Sie sich für die Abtreibungsspritze entscheiden, können folgende homöopathische Mittel die Gefahr von unerwünschten Nebenwirkungen vermindern helfen:
Caulophyllum C30 hilft der Gebärmutter sich zurückzubilden und stoppt lang anhaltende Blutungen. Die Hündin leidet unter Schmerzen, ist zittrig, kälteempfindlich und hat großen Durst.
Secale cornutum C30 unterstützt die Rekonvaleszenz und hilft bei mangelhafter Rückbildung der Gebärmutter mit dünnen, dunklen, faulig riechenden Blutungen. Die Hündin ist ruhelos, mag es im Gegensatz zu Caulophyllum kühl und möchte nicht zugedeckt werden.

Wer keinen Nachwuchs möchte, sollte es erst gar nicht so weit kommen lassen.

Die Trächtigkeit

Die Trächtigkeit der Hündin dauert im Schnitt 63 Tage +/- 5 Tage, also 58 bis 68 Tage. Wer unbedingt wissen möchte, ob seine Hundedame tragend ist, kann zwischen verschiedenen Nachweisverfahren wählen:

- Ultraschall, aussagekräftig ab dem 21. bis 28. Tag
- Röntgen, aussagekräftig ab dem 45. bis 55. Tag
- Blutuntersuchung (Relaxin-Test), aussagekräftig ab dem 21. bis 28. Tag.

In den ersten sechs Wochen ist die Trächtigkeit äußerlich kaum erkennbar. Erst danach wachsen die Welpen rapide, der Bauch der Hündin wird dicker und birnenförmig, eventuell kann man auch Fruchtbewegungen sehen oder fühlen. Gleichzeitig wird das Gesäuge größer und in den Tagen vor der Geburt kann auch schon Milch aus den Zitzen tropfen. Die Gesäugeschwellung kann jedoch auch bei scheinträchtigen Hündinnen auftreten, sie ist also kein zuverlässiger Hinweis darauf, dass Nachwuchs ins Haus steht!

In den ersten sechs Wochen braucht die Hündin kaum mehr Nährstoffe für die Entwicklung der Welpen, danach steigt der Bedarf allmählich an. Die Futtermengen werden deshalb erst mit fünf bis sechs Wochen allmählich erhöht bzw. ein höher konzentriertes Futter beigemischt (mit Welpen im Bauch ist einfach nicht mehr so viel Platz für große Futtermengen) und mehrmals täglich gefüttert. Gegen Ende der Trächtigkeit wird die Hündin behäbiger, die Atmung wirkt sehr angestrengt, denn die Gebärmutter mit den wachsenden Welpen drängt die übrigen Bauchorgane Richtung Brustkorb und das drückt auf die Lunge.

Ab dem 55. bis 57. Tag sind die Welpen so weit entwickelt, dass sie im Fall einer Frühgeburt lebensfähig sind.

Was Sie tun können

Eine Trächtigkeit ist keine Krankheit! Die Hündin benötigt daher in der Regel keine Medikamente und soll nicht wie ein rohes Ei behandelt werden. Halten Sie sich an die Faustregel, Ihrer Hündin keine ungewohnten Belastungen zuzumuten und alles Gewohnte in Maßen beizubehalten. Sorgen Sie für eine abwechslungsreiche Fütterung.

Homöopathie und Schüßler Salze

Folgende Kombination an homöopathischen Mitteln hat sich bewährt, um sowohl die Hündin als auch die wachsenden Welpen zu unterstützen:
Calcium phosphoricum D12 (entspricht **Schüßler Salz Nr. 2**), **Ferrum phosphoricum D12** (entspricht **Schüßler Salz Nr. 3**) und **Silicea D12** (entspricht **Schüßler Salz Nr. 11**), jeweils einmal täglich 3 bis 5 Globuli des homöopathischen Mittels oder 1 Tablette des entsprechenden Schüßler Salzes.

Zur **Geburtsvorbereitung** hat es sich bewährt, etwa drei Tage vor dem errechneten Geburtstermin **Caulophyllum C30**, einmalig 3 bis 5 Globuli, zu verabreichen und bis zur Geburt alle drei bis vier Tage zu wiederholen. Hierzu empfehlen wir, das Mittel zu verkleppern. Dazu geben Sie bitte 3 Globuli in ein halbes Glas Wasser und rühren mit einem Plastik- oder Hornlöffel (niemals mit einem Metalllöffel) so lange, bis die Globuli sich vollständig aufgelöst haben. Von diesem Wasser geben Sie Ihrer Hündin über den Tag verteilt 2- bis 3-mal einen Teelöffel. Vor jeder Gabe muss das Wasser erneut mit dem Plastiklöffel verrührt werden. Den Rest des Klepperwassers verwerfen Sie bitte.
Am besten sprechen Sie rechtzeitig vor dem errechneten Geburtstermin mit Ihrem Tierarzt ab, ob er im Bedarfsfall erreichbar ist bzw. wie der Notdienst geregelt ist.
Arnica C30 kann **nach jeder Geburt** gegeben werden, um eine schnelle Regeneration zu unterstützen, es sei denn, ein anderes Mittel ist klar indiziert.

Calendula C30 ist angezeigt bei Wunden, die durch einen Dammriss hervorgerufen wurden.
Staphisagria C30 wird gegeben, wenn ein Kaiserschnitt durchgeführt wurde.

Störungen während der Trächtigkeit

Was Ihnen auffällt

- Die Hündin legt völlig ungewohntes Verhalten an den Tag (die Grenzen zwischen noch normal und schon krankhaft sind allerdings fließend!).
- Die Hündin hat Scheidenausfluss; er kann gelblich (Hinweis auf Eiterbildung), blutig, wässrig, dicklich, geruchlos sein oder unangenehm riechen.
- Die Hündin zeigt Schmerzen.
- Beim Fiebermessen liegt die Körpertemperatur über 39,5 bis 39,8 °C (normal sind etwa 38 bis 39 °C).
- Die Trächtigkeitsdauer ist überschritten, also spätestens 68 Tage nach dem Decken.

Was Sie tun können

In diesen Fällen verlieren Sie bitte keine wertvolle Zeit mit eigenen Behandlungsversuchen, sondern lassen Sie beim Tierarzt abklären, was dahintersteckt.

Die Geburt

Auch eine Hündin, die vorher noch nie geworfen hat, meistert die Geburt und die Versorgung der Welpen in der Regel problemlos. Daher kann gutgemeinte menschliche Hilfestellung, solange alles regulär verläuft, die Hündin irritieren und mehr schaden als nutzen. Der größte Fehler in der Geburtshilfe ist die menschliche Ungeduld! Hüten Sie sich davor, Freunde, Familie oder Nachbarn zur Geburt einzuladen, auch wenn sie gern dabei wären.
Es ist sinnvoll, sich für den möglichen Ernstfall eine kleine Hilfsausrüstung zurechtzulegen: Fieberthermometer, saubere Tücher, Notfalltropfen (Rescue® Remedy), steriles Nahtmaterial (vom Tierarzt besorgen), eine Klemme und eine Schere (beide idealerweise zur Desinfektion abgekocht).

Etwa 24 Stunden vor der Geburt frisst und trinkt die Hündin meist kaum noch. Sie wird unruhig, sucht sich einen in ihren Augen geeigneten Platz und baut sich ein Nest nach ihren Vorstellungen. Seien Sie nicht beleidigt, wenn Ihre Hundedame eine liebevoll gezimmerte Wurfkiste mit flauschigen Decken zugunsten eines Platzes im Kleiderschrank verschmäht.

Eine Möglichkeit, den Geburtstermin besser einzugrenzen, bietet die regelmäßige Messung der Körpertemperatur, am besten zweimal täglich. Denn rund 24 Stunden vor der Geburt sinkt die Körpertemperatur (rektal, also im After gemessen) kurzfristig um etwa 1 °C auf etwa 37 °C ab und steigt zur Geburt hin wieder auf Normalwert (38 bis 39 °C) oder etwas darüber an.

Wenige Stunden vor der Geburt sondert die Hündin schleimige Flüssigkeit aus der Scheide ab, die den Geburtsweg für die Welpen vorbereitet. Die Wehen – erkennbar als Anspannung der Bauchmuskeln und Pressen – werden kräftiger und häufiger. Sobald die erste Fruchtblase geplatzt ist, tritt Fruchtwasser aus. Es ist wässrig, klar bis gelblich, rötlich oder auch leicht grünlich.

Nun können noch zwei bis vier Stunden vergehen, bis der erste Welpe geboren wird. Er hat Wegbereiterfunktion für die Geschwister, die dann recht zügig – in Abständen von 5 bis 15 Minuten – zur Welt kommen. Die Hündin packt die Welpen aus der Fruchthülle (falls sie noch nicht während der Geburt geplatzt ist), beißt die Nabelschnur durch und leckt den Nachwuchs intensiv ab. Damit wird das Fell getrocknet und die Atmung angeregt.

Zu jedem Welpen gehört eine Nachgeburt. Sie wird meist kurz nach der Geburt des Welpen ausgestoßen (oder erst nach dem nachfolgenden Geschwister) und von der Hündin aufgefressen.
Bei großen Würfen legt die Hündin zwischendurch eventuell eine Wehenpause ein, sodass es etwa eine Stunde dauern kann, bis der nächste Welpe geboren wird. In diesen Pausen wird die Hündin am ehestens bereit sein, angebotenes Wasser (am besten lauwarm und – wenn sie es mag – mit einem Teelöffel Honig oder ¼ Teelöffel Salz auf 1 Liter Wasser) aufzunehmen. Die eine oder andere Gabe Rescue® Remedy Tropfen kann auf jeden Fall die Hündin unterstützen.

Die Welpen finden von allein den Weg zu den Zitzen der Mutter und fangen an zu trinken. Die erste Milch (Kolostrum, Biestmilch) enthält neben Flüssigkeit und Nährstoffen wichtige Abwehrstoffe, denn das Immunsystem der Kleinen ist noch völlig unterentwickelt.

Die Gesamtdauer der Geburt kann sechs bis 24 Stunden dauern. Die Hündin wird, wenn der letzte Welpe geboren ist, meist erkennbar entspannter.

Wer auf Nummer sicher gehen will, dass die Geburt wirklich abgeschlossen ist, muss die Hündin röntgen lassen. Dies sollte dennoch keine Routinemaßnahme sein, sondern nur bei schwierigen oder langwierigen Geburten erfolgen.

Was Sie tun können

Bieten Sie Ihrer Hündin lauwarmes Wasser und Futter an.

Homöopathie

Bellis perennis C30 fördert die Wundheilung der Geburtswege.
Sabina C30 unterstützt die Rückbildung der Gebärmutter.

Störungen während der Geburt

Was Ihnen auffällt

Die Grenzen zwischen noch normal und schon krankhaft sind fließend; auch Ihre Erfahrung als Besitzer spielt hier eine große Rolle. Denn ein langjähriger Züchter wird bei einer Veränderung im natürlichen Geburtsablauf Erfahrungen gesammelt haben, wie er unterstützend eingreifen kann, um die Welpen lebend zur Welt zu bringen, während jemand, der zum ersten Mal eine Hündin in der Geburt begleitet, besser beraten ist, lieber einmal zu früh als zu spät fachkundige Hilfe zu holen.

Was Sie tun können

Alles, was Ihnen ungewöhnlich vorkommt oder was Sie nicht einschätzen können, ist ein Grund, den Tierarzt zu Rate zu ziehen! Sie können in allen Fällen Notfalltropfen (Rescue® Remedy) als Basismittel verabreichen.
Wenn das Fruchtwasser schmutzig grünbraun, eitrig oder übel riechend ist, ist Gefahr im Verzug. Bringen Sie die Hündin schnellstens zum Tierarzt! Auch wenn starke Blutungen auftreten, die Hündin sehr erschöpft, apathisch oder sonst wie auffällig ist, muss sie unbedingt zum Tierarzt.
Vor der Fahrt können Sie die Hündin unterstützen mit **Arnica C30** oder **Traumeel® ad us. vet.** bei Blutungen, **Crataegus D1** oder **Veratrum album C30** bei Kreislaufschwäche.

Bei **Störungen der Wehentätigkeit** zeigt die Hündin keine Wehen oder diese werden unter der Geburt zunehmend schwächer oder es wird trotz Presswehen kein Welpe geboren. Beachten Sie zunächst, dass – wie oben beschrieben – der erste Welpe meist länger braucht, um den Geburtskanal zu passieren, und dass gegen Ende der Geburt die Austreibungsphase länger dauern kann, weil die Wehen nicht mehr so kräftig sind.

Sie können versuchen, die Wehentätigkeit zu unterstützen, indem Sie die Hündin im Kreuzbereich massieren, denn hier liegen wichtige Akupunktur-/Akupressurpunkte. Wenn die Geburt dennoch nicht vorangeht, wird der Tierarzt ein Wehen förderndes Medikament spritzen bzw. einen Kaiserschnitt durchführen.

Homöopathie

Caulophyllum C30 hilft, wenn die Hündin zwar Wehen hat, diese aber nicht kräftig genug sind, die Welpen auszutreiben. Der Muttermund ist hart und verschlossen, die Hündin ist sehr erschöpft und launisch, Fremden gegenüber manchmal sogar aggressiv.
Chamomilla C30 bei extremer Schmerzempfindlichkeit. Die Hündin jault und bellt vor Schmerzen, ist gereizt, launisch und unduldsam. Wärme macht ihre Beschwerden unerträglich.
Gelsemium C30 eignet sich für Hündinnen, die sich aufgrund des für dieses Mittel typischen Lampenfiebers während der Geburt ängstlich bis hysterisch verhalten. Die Geburtswege sind verkrampft, der Geburtsvorgang dauert ungewöhnlich lange oder setzt komplett wieder aus.
Pulsatilla C30 (siehe Konstitutionsmittel) verbessert die Wehentätigkeit und wird für extrem anhängliche, winselnde Hündinnen benötigt, die unter der Geburt aber auch mal zornig reagieren können, wenn sie meinen, nicht die gewünschte Aufmerksamkeit zu bekommen. Sie leiden unter verzögerten, uneffektiven Wehen, sind recht duldsam, reagieren gut auf Zuspruch und Zuwendung und lassen sich auch im Schmerz noch ablenken. Frische Luft (geöffnete Fenster) und Trost lindern ihre Beschwerden deutlich.
Sabina C30 hat eine starke Wirkung auf die Gebärmutter und fördert den Ausstoß der Plazenta. Die Hündin leidet unter starken Nachwehen und Blutungen. Das Blut scheint schlecht zu gerinnen und ist hellrot. Dem Tier geht es besser durch frische Luft, es ist reizbar und nervös und sehr geräuschempfindlich gegen bestimmte Geräusche.

Die Welpen nach der Geburt

Im Normalfall übernimmt die Hundemama die Versorgung der Welpen.

Was Sie tun können

Wenn die Hündin den neugeborenen Nachwuchs nicht aus der Fruchthülle auspackt, müssen Sie diese Aufgabe übernehmen, weil er sonst ersticken würde. Reißen Sie deshalb die Hülle am besten am Kopfbereich auf. Wenn die Nabelschnur noch nicht während der Geburt abgerissen ist, warten Sie ruhig noch ein paar Minuten, bevor Sie sie durchtrennen – so bekommt der Hundezwerg noch über das Nabelblut Sauerstoff und Nährstoffe. Binden Sie die Nabelschnur entweder mit einem sterilen Faden ab oder klemmen Sie ab, etwa 1 cm von der Bauchdecke entfernt. Dann die Nabelschnur dahinter, also an der körperfernen Seite des Fadens oder der Klemme, am besten durchreißen oder – wenn sie sehr zäh ist – mit der Schere durchtrennen. Wenn Sie eine Klemme verwendet haben, wird sie nun abgenommen.
Wenn das kleine Hundewesen nicht anfängt zu atmen oder röchelt (weil es Fruchtwasser eingeatmet hat), massieren Sie (nicht zu zaghaft) die Nackenregion, um das Atemzentrum anzuregen. Umfassen Sie Ober- und Unterkiefer ringförmig mit Daumen und Zeigefinger und streichen Sie Schleim aus den Nasengängen zu den Nasenöffnungen hinaus.
Sehr wirkungsvoll zur Anregung der Atmung ist ein Akupunkturpunkt an der Schwanzspitze am Ende des letzten Schwanzwirbels. Kneifen Sie die Schwanzspitze mehrmals kräftig mit den Fingernägeln von Daumen und Zeigefinger. Auch Rescue® Remedy (Notfalltropfen) hilft, die Atmung anzuregen.

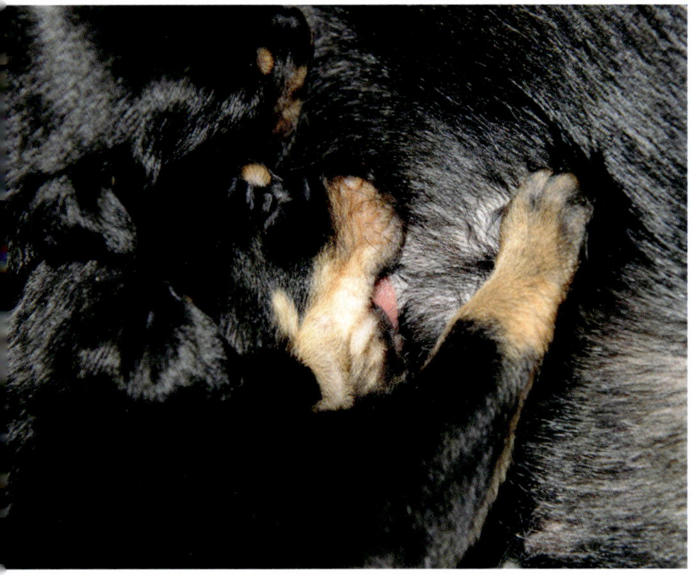

Diese Welpen entwickeln sich prächtig.

Setzen Sie Welpen, die nicht von allein den Weg zum Gesäuge finden, an eine Zitze an, eventuell müssen Sie einem schwachen Welpen das Maul vorsichtig öffnen und ein paar Milchspritzer hineinmelken, damit er zu Kräften kommt. Will ein Welpe gar nicht trinken, melken Sie Milch von der Mutter ab und flößen Sie sie – körperwarm! – mit einer kleinen Spritze oder einem kleinen Saugfläschchen tröpfchenweise ein.
Wenn Sie keine Muttermilch abmelken können, rühren Sie spezielle Welpenmilch nach Gebrauchsanweisung an und geben sie ein. Eine Notlösung, wenn Sie kein Milchpulver griffbereit haben, ist körperwarmes Wasser, um dem Kleinen Wärme zuzuführen. Halten Sie das Sorgenkind unbedingt warm.
Wer wenig Erfahrung mit Welpen hat, sollte sich Hilfe holen, z. B. von einem erfahrenen Züchter oder beim Tierarzt.

Milchmangel

Was Sie tun können

Wenn die Hündin gleich nach der Geburt nicht genug Milch hat, um die Welpen satt zu bekommen, können Sie den Milchfluss und die Milchbildung unterstützen. Legen Sie saubere Handtücher in gut warmes Wasser, wringen Sie sie aus und massieren Sie damit vorsichtig das Gesäuge. Die feuchte Wärme verbessert die Durchblutung und entkrampft die Milchgänge.
Geben Sie der Hündin warmes Wasser zu trinken.

Homöopathie

Asa foetida C30 hilft bei Milchmangel, wenn die Hündin ausgesprochen berührungsempfindlich, nervös und unruhig ist.
Ignatia C30 (siehe Konstitutionsmittel) hilft Hündinnen, bei denen die Milch durch Kummer oder Trauer versiegt.
Phytolacca D12 hat sich aufgrund seiner besonderen Affinität zu den Milchdrüsen bei Milchmangel bewährt. Das Mittel regt den Milchfluss an, auch dann, wenn scheinbar gar keine Milch vorhanden ist.
Sepia C30 (siehe Konstitutionsmittel) wird häufig nach einer schweren Geburt benötigt. Typisch für dieses Mittel sind die Erschöpfung und die Gleichgültigkeit den Welpen gegenüber.
Urtica urens D4 regt – wie Asa foetida – spärlich ausgeprägten Milchfluss bei berührungsempfindlichen Hündinnen an, aber es fehlen die Unruhe und Nervosität.

Scheinträchtigkeit (Lactatio falsa)

Ursachen und Symptome

Bei Hündinnen, die nicht tragend geworden sind, finden nahezu die gleichen Hormonverschiebungen statt wie bei einer tatsächlichen Trächtigkeit. Daher ist es anhand von Veränderungen wie Gesäugeschwellung, Behäbigkeit, Appetitzunahme usw. nicht möglich, eine Trächtigkeit zu diagnostizieren oder auszuschließen. Neun Wochen nach der Läufigkeit wird auch eine scheinträchtige Hündin mehr oder weniger ausgeprägte Verhaltensweisen zur Geburtsvorbereitung wie eine trächtige Hündin zeigen. Auch bei nicht gedeckten Hündinnen wird das Gesäuge größer und Milch gebildet. Eine Scheinträchtigkeit ist also kein krankhaftes Geschehen.
Dieses Phänomen stammt noch aus der Zeit der wölfischen Vorfahren. Hier bekam nur die Leitwölfin Nachwuchs, aber die Aufzucht der Welpen war auch die Aufgabe der anderen. Dazu mussten sie natürlich Milch bilden.
Es ist erstaunlich, dass es im Rahmen der Rassezucht zwar gelungen ist, Größe, Fellfarbe und allerhand sonstige Merkmale zu verändern, aber sich dieses Relikt der wölfischen Vorfahren hartnäckig hält.

Was Ihnen auffällt

Bei manchen Hündinnen verläuft die Scheinträchtigkeit sehr unauffällig. Bei anderen führt die Scheinträchtigkeit wie die echte Trächtigkeit zu Verhaltensänderungen: Die Hündin kann sehr anhänglich werden, Nestbau betreiben und Spielzeug wie Nachwuchs bemuttern. Andere Hündinnen werden in dieser Zeit aggressiv, weil sie ihren vermeintlichen Nachwuchs verteidigen wollen.

Was Sie tun können

Versuchen Sie, die bemutternde Hündin in ihrem Verhalten nicht zu bestärken.

Homöopathie

Asa foetida C30 ist gekennzeichnet durch Nervosität und Unruhe, ein pralles, schmerzhaftes Gesäuge mit viel Milch und eine Empfindlichkeit gegen Berührungen.
Pulsatilla C30 (siehe Konstitutionsmittel) wird bei Hündinnen angewendet, die in ihrer Mutterrolle aufgehen, den vermeintlichen Nachwuchs bemuttern, kaum noch fressen oder spazieren gehen wollen. Hat man sie dann endlich dazu gebracht, mit vor die Tür zu gehen, fühlen sie sich deutlich besser. Im Gegensatz zu ihrem normalen Verhalten sind sie sehr launisch – mal anhänglich lieb, mal knurren sie. Die Pulsatilla Hündin hat – im Unterschied zu Ignatia, die normalerweise keine Milch hat – eine starke Milchbildung und eignet sich daher hervorragend als Amme.
Ignatia C30 (siehe Konstitutionsmittel) passt zu Hündinnen, deren Verhalten auch vertrauten Familienmitgliedern gegenüber plötzlich ablehnend und feindselig wird. Man kann sie getrost als hysterisch bezeichnen. Ihr Gesäuge ist zwar ein wenig geschwollen, aber meist hat die Hündin keine Milch.
Phytolacca C30 ist hilfreich bei sehr hartem und empfindlichem Gesäuge.
Sepia C30 (siehe Konstitutionsmittel) neigt nur selten zur Scheinträchtigkeit, aber wenn, dann hat sie sehr schlechte Laune. Sie bemuttert kein Spielzeug und hat keine Milch.

Isopathie

Mucedokehl® D5 Tropfen wirken ausgleichend auf die Psyche und damit auf ungewöhnliches Verhalten während der Scheinträchtigkeit.

Phytotherapie

Salbeitee ins Trinkwasser oder ins Futter reduziert die Milchbildung. Dazu 1 Teelöffel getrocknete Blätter mit ¼ l kochendem Wasser übergießen und 10 Minuten ziehen lassen.

Gesäugeentzündung (Mastitis)

Ursachen

Eine Entzündung des Gesäuges kann sowohl bei säugenden als auch scheinträchtigen Hündinnen auftreten.
Besonders gefährdet sind säugende Hündinnen. Die Welpen können beim Trinken an der Zitze mit ihren kleinen, scharfen Krallen oder später mit ihren spitzen Zähnchen (die Piranhas alle Ehre machen würden) die Haut der Zitzen oder des Gesäuges verletzen. Auch das vehemente Saugen und Ziehen an der Zitze reizt die Schleimhaut der Milchgänge und führt zu Schwellungen.
Eine Mastitis kann sich außerdem entwickeln, wenn die Hündin viel mehr Milch bildet als die Welpen trinken, oder bei Scheinträchtigkeit, wenn sich die Milch im Gesäuge staut.

Was Ihnen auffällt

Das Gesäuge der Hundedame ist geschwollen, mehr oder weniger gerötet, fühlt sich fest bis hart und meist wärmer an als sonst.
Kontrollieren Sie die Körpertemperatur, denn Fieber deutet auf eine eitrige Entzündung hin. Es kann sein, dass Berührung als sehr unangenehm empfunden wird, oder aber, dass sie guttut. Achten Sie auch darauf, ob Ihre Hündin sich eher nur auf die Seite legt oder auf das Gesäuge. Diese Unterschiede sind hilfreich bei der Wahl des passenden homöopathischen Mittels.
Häufig mag sich die Erkrankte kaum bewegen, fühlt sich sichtlich unwohl und hat keinen Appetit. Der Durst kann deutlich reduziert oder vermehrt sein.
Versuchen Sie, aus den Zitzen etwas Milch herauszumelken. So können Sie feststellen, welche Gesäugebereiche besonders betroffen sind (meist sind es die beiden hinteren Paare). Außerdem gibt das Aussehen der Milch zusätzliche Informationen zur möglichen Ursache und damit für die Wahl der geeigneten Behandlung und für die homöopathische Mittelwahl. Je stärker das Ermolkene in Aussehen und Beschaffenheit von „normaler“ Milch (also weißlich, klumpenfrei, flüssig) abweicht, desto stärker ist die Entzündung.

Sieht die Flüssigkeit aus wie „normale“ Milch, leidet Ihre Hündin vermutlich eher an einem Milchstau. Ist die Flüssigkeit mit kleinen Klümpchen durchsetzt oder insgesamt dicklich, liegt meist eine bakterielle Infektion vor. Rosa bis rote Färbung der Milch deutet auf kleinere Verletzungen der Blutgefäße im Gesäuge hin ausgelöst durch rabiates Saugen der Welpen oder durch Entzündungsvorgänge.

Was Sie tun können

Da das Immunsystem der Welpen noch nicht sehr belastbar ist, sollten sie besser mit Ersatzmilch (Welpenmilch) gefüttert werden, wenn die Muttermilch verändert ist.
In den meisten Fällen sorgen bei Gesäugeentzündungen kühlende Umschläge für Linderung (Ausnahmen bestätigen die Regel!).
Besonders bewährt haben sich **Quarkumschläge**, weil die kühlende Wirkung lange anhält und Quark außerdem abschwellend und entzündungsmildernd wirkt. Füllen Sie Quark in einen Baumwollbeutel oder kleinen Kopfkissenbezug oder streichen Sie ihn auf ein feuchtes Baumwolltuch, das Sie anschließend zusammenfalten. (So verteilt sich der Quark nicht im Fell und der Wohnungseinrichtung.) Dann legen Sie den Quarkbeutel auf das Gesäuge und erneuern ihn, wenn er warm oder trocken geworden ist.

Auch Umschläge mit verdünnter **Retterspitz Animal** Lösung wirken abschwellend, kühlend und entzündungshemmend. Die Lösung riecht zwar recht intensiv, ist aber für Welpen, die weiterhin bei der Hündin trinken, unbedenklich.

Homöopathie

Aconitum C30 ist das richtige Mittel, wenn die Mastitis urplötzlich mit heftigsten Symptomen auftritt und durch Kälte, Angst, Panik oder Schreck ausgelöst wurde. Typisch für dieses Mittel ist die ausgeprägte Ängstlichkeit und Unruhe der Hündin. Das Gesäuge ist rot, heiß, geschwollen und schmerzhaft, das Tier hat hohes Fieber mit Schüttelfrost.

Apis C30: Das Gesäuge ist rot und schmerzhaft, ödematös geschwollen (wenn man mit dem Finger fest aufdrückt, bleibt für einen Augenblick eine kleine Delle zurück) und die Haut glänzt leicht. (Apis wird aus der Honigbiene hergestellt. Wer schon einmal von einer Biene gestochen wurde, wird sich die Symptome einer Gesäugeentzündung, die Apis benötigt, gut merken können.) Die Hündin liegt ausgestreckt auf dem kühlen Boden, da Kälte ihre Beschwerden bessert. Wärmeanwendungen verschlimmern die Schmerzen dagegen.

Belladonna C30: Die Mastitis tritt plötzlich auf, aber nicht so schnell wie bei Aconitum. Das Gesäuge ist rot, sehr heiß, hart und schmerzhaft. Die Hündin hat hohes Fieber, fühlt sich aber trotzdem eher trocken an und hat meist kalte Extremitäten.

Bryonia C30: Das Gesäuge ist heiß und hart, aber blass. Dieses Mittel wird benötigt, wenn das Fieber schon wieder sinkt. Die Hündin ist zwar berührungsempfindlich, aber Druck lindert ihre Beschwerden, deshalb legt sie sich auf das Gesäuge. Die Hündin hat großen Durst. Es geht ihr besser, wenn sie ruhen kann, während Bewegung die Beschwerden verstärkt. Die Hündin hat, wie auch Lachesis, Fieber.

Lachesis C30 (siehe Konstitutionsmittel) ist das Hauptmittel bei fiebriger Mastitis. Die Beschwerden treten akut, mit großen Schmerzen und fast immer erst links auf. Meist hat die Hündin am Abend vor der Gesäugeentzündung mit einem Mal keine Milch mehr. Sie wirkt apathisch, das Gesäuge ist geschwollen, die Haut eher

Eine Gesäugeentzündung kann bei säugenden und scheinträchtigen Hündinnen auftreten.

dunkelrot-bläulich. Ganz typisch für dieses Mittel ist, dass es dem Tier deutlich schlechter nach dem Schlafen geht.

Phytolacca C30 kann man als Leitmittel der Gesäugeentzündungen sehen, da es einen sehr starken Bezug zum Gesäuge hat. Das Gesäuge ist heiß, hart wie ein Stein, hochrot, sehr schmerzhaft und berührungsempfindlich. Die Hündin liegt meist auf der Seite, weil Druck als unangenehm empfunden wird.

Pulsatilla C30 (siehe Konstitutionsmittel) wird oft für liebe, anhängliche Hündinnen, die ungern allein bleiben, gebraucht. Auffällig ist, dass die Entzündung die Seiten wechseln kann, also erst rechts, später dann links auftritt – oder umgekehrt. Die Hündin hat keinen Durst, reagiert gut auf Zuspruch und jede Form der Zuwendung. Frische Luft (geöffnete Fenster) und Trost lindern ihre Beschwerden deutlich.

Phytotherapie

Ein Tee aus **Spitzwegerich** fördert den Milchfluss und damit die Ausscheidung von Giftstoffen.

Isopathie

Vetokehl® Not/Notakehl® D5 Tropfen sind bei bakteriellen Infektionen des Gesäuges eine gute Ergänzung oder Alternative zu einer antibiotischen Behandlung.
Vetokehl® Muc/Mucokehl® D5 Tropfen unterstützen die Durchblutung am Gesäuge. Dadurch werden Verhärtungen besser gelöst und Entzündungsprozesse schneller abgebaut.
Beide Mittel können innerlich und zusätzlich lokal angewendet.
Achtung! Wenn beide Präparate eingesetzt werden, dann sollte dies zeitlich versetzt erfolgen, z. B. Vetokehl® Muc/ Mucokehl® vormittags, Vetokehl® Not/Notakehl® nachmittags bzw. abends, weil sie sich bei zeitgleicher Gabe in der Wirkung aufheben können. Für die lokale Anwendung geben Sie jeweils 5 Tropfen auf etwa 200 ml Wasser und tupfen Sie diese Verdünnung mehrmals täglich mit einem feuchten Tuch auf.

Gebärmutterentzündung (Pyometra)

Ursachen und Symptome

Bei unkastrierten Hündinnen steigt mit zunehmendem Alter das Risiko, nach der Läufigkeit eine Gebärmutterentzündung zu entwickeln. Dabei spielt es offenbar keine oder kaum eine Rolle, ob die Hündin zuvor ein- oder mehrmals geworfen hat.
Die Erkrankung tritt typischerweise nach der Läufigkeit auf, meist innerhalb der nachfolgenden zwei bis zwölf Wochen.
Während der Läufigkeit ist der Muttermund geöffnet, sodass Bakterien in die Gebärmutter gelangen können. Diese Keime gehören zur normalen Schleimhautflora der Scheide. Daneben spielen aufsteigende Infektionen in Zusammenhang mit – oft latenten – bakteriellen Harnwegserkrankungen eine Rolle. Die Entstehung einer Pyometra wird außerdem durch hormonelle Einflüsse begünstigt, sei es durch die Hormonschwankungen zur Zeit der Läufigkeit oder durch Hormonbehandlungen zur Läufigkeitsunterdrückung. Wenn die Hündin nicht tragend wird, ist – vereinfacht gesagt – die lokale Abwehr der Gebärmutterschleimhaut vermindert, sodass die eingewanderten Keime ideale Wachstumsbedingungen haben. Die Gebärmutter füllt sich allmählich mit Eiter, es entwickelt sich eine Pyometra (pyo bedeutet im Griechischen Eiter). Wenn der Muttermund offen ist, kann das eitrige Sekret ablaufen (offene Pyometra). Viel bedrohlicher ist die geschlossene Pyometra, bei der der Muttermund geschlossen ist und die Gebärmutter sich immer weiter mit Eiter füllt. Das führt bis zur Blutvergiftung, im Extremfall kann die Gebärmutter sogar platzen.

Was Ihnen auffällt

Symptome, die auf eine Gebärmutterentzündung hindeuten, können sehr vielfältig und teils recht unspezifisch sein. Daher werden sie oft nicht sofort mit einer Pyometra in Verbindung gebracht.

Ein recht typischer Hinweis auf eine Gebärmutterentzündung ist der vermehrte Durst. Entsprechend oft muss die Blase entleert werden. Wenn Ihre Hundedame in den Wochen nach der Läufigkeit mehr trinkt, sollten alle Alarmglocken bei Ihnen läuten!
Der Appetit kann unverändert oder reduziert sein, auch Erbrechen und/oder Durchfall kommen vor.
Die Hündin kann müde bis völlig apathisch sein; sie bewegt sich ungern, besonders Springen (z. B. ins Auto) fällt ihr schwer. Oft vermuten Besitzer daher, es bestünden Hüft- oder Rückenprobleme.

Die Körpertemperatur ist häufig erhöht; wenn also Ihre Hündin in der Zeit nach der Hitze ungewöhnlich ruhig oder „anders als sonst" ist, messen Sie unbedingt Fieber. Bei einer offenen Pyometra wird Ihnen außerdem auffallen, dass die Hündin Scheidenausfluss hat, der eitrig oder eitrig-blutig sein kann. Vermehrtes Lecken in der Analregion nach der Läufigkeit sollte Sie also wachsam werden lassen.
Bei der geschlossenen, lebensbedrohlicheren Form der Gebärmutterentzündung fehlt der Scheidenausfluss als deutliches Symptom leider.

Was Sie tun können

Beim leisesten Verdacht, dass eine Gebärmutterentzündung im Anmarsch sein könnte, lassen Sie Ihre Hündin beim Tierarzt untersuchen. Zur Diagnosestellung werden Blutuntersuchungen, Ultraschall bzw. Röntgen durchgeführt.
Zur Behandlung gibt es zwei Möglichkeiten:

- Eine Operation, bei der die entzündete Gebärmutter und die Eierstöcke entfernt werden (das entspricht einer Kastration), oder
- die konservative Therapie, bei der Gebärmutter und Eierstöcke erhalten bleiben (z. B. wenn geplant ist, dass die Hündin später einmal Nachwuchs bekommen soll). In der Schulmedizin werden hierzu Antibiotika und Hormonpräparate angewendet.

Zur konservativen Behandlung können auch naturheilkundliche Mittel eingesetzt werden. Welche Vorgehensweise die geeignete ist, muss jeweils im Einzelfall entschieden werden.
Nachteil der konservativen Therapie – ob schulmedizinisch, naturheilkundlich oder in Kombination – ist, dass die Pyometra vielfach nicht völlig ausheilt, sondern latent bestehen bleibt und spätestens nach der nächsten Läufigkeit wieder aufflackert.
Deshalb empfiehlt es sich, Kontrolluntersuchungen durchführen zu lassen, um nichts zu versäumen.
Die unterschwellige Entzündung wirkt als chronisch streuender Herd, der andere Organe (vor allem Leber, Nieren und Herz) belastet und zu schwerwiegenden Folgeerkrankungen führen kann, die die Gesundheit der Hündin gefährden. Unter diesem Gesichtspunkt sind die nachteiligen Folgen einer Operation der Pyometra, also der Kastration, möglicherweise das kleinere Übel. Gerade bei älteren Hündinnen mit einer Gebärmutterentzündung schrecken viele Besitzer vor einer Operation zurück, weil sie das Risiko einer Narkose befürchten. Die Erfahrung zeigt jedoch, dass die Operation und anschließende Heilungsphase in den allermeisten Fällen recht komplikationslos verlaufen. Meist blüht die Hundedame sogar regelrecht auf – daran zeigt sich im Nachhinein, wie sehr die Entzündung ihr Befinden tatsächlich beeinträchtigt hat.

Homöopathie

Hepar sulfuris C30: Die Hündin ist ausgesprochen reizbar und reagiert überempfindlich auf Berührung, weshalb sie nicht untersucht, am liebsten gar nicht berührt werden möchte. Sie friert, verträgt keine Zugluft und fühlt sich durch Wärmeanwendungen deutlich besser.
Der austretende Eiter stinkt nach altem Käse.
Lachesis C30 (siehe Konstitutionsmittel) ist dadurch charakterisiert, dass die Hündin nicht am Bauch berührt werden mag und ihre Beschwerden nach dem Schlaf deutlich schlimmer sind. Ebenso wie Pulsatilla kommt Lachesis öfter bei der geschlossenen Form zur Anwendung. Dem Tier geht es deutlich besser, wenn der Eiter zu laufen beginnt.
Pulsatilla C30 (siehe Konstitutionsmittel) ist ein Mittel für die geschlossene Pyometra und bringt den Eiter zum Fließen. Die Gebärmutterentzündung tritt oftmals zusammen mit einer Scheidenentzündung auf. Die Hündin friert im warmen Zimmer, an der frischen Luft geht es ihr besser. Auch Zuwendung und Zuspruch lindern ihre Beschwerden.

Sepia C30 (siehe Konstitutionsmittel) ist ein Mittel für die chronische Pyometra und wie Lachesis und Pulsatilla eher für die geschlossene Form. Treten Absonderungen auf, sind diese oft stinkend und blutig-bräunlich. Da das austretende Sekret juckt, knabbert und leckt die Hündin viel. Das Tier ist mürrisch und zieht es vor, in Ruhe gelassen zu werden.

Isopathie

Formasan Tropfen unterstützen die Entgiftung bei Entzündungen.
Vetokehl® Not/Notakehl® D5 Tropfen sind das Hauptmittel bei bakteriell bedingten Beschwerden und damit eine gute Ergänzung oder Alternative zum Antibiotikum.
Pinikehl® D5Tropfen stärken die körpereigene Abwehr.

Gesäugetumore

Gesäugetumore treten recht häufig bei älteren, unkastrierten Hündinnen auf. Dies erklärt sich durch die hormonellen Schwankungen der Läufigkeit, Trächtigkeit bzw. Scheinträchtigkeit. Umgekehrt senkt die Frühkastration, möglichst vor der ersten Läufigkeit, das Erkrankungsrisiko (siehe Kastration Seite 136).

Weitere Auslöser sind u. a. erbliche Disposition, toxische Belastungen (Umweltgifte aller Art), Stoffwechselstörungen, Ernährung und Übergewicht sowie psychische Stressbelastungen.

Aus Sicht der Traditionellen Chinesischen Medizin gibt es einen Bezug zwischen Erkrankungen der Brustdrüsen und dem Magenmeridian, der am Bauch entlang parallel zum Gesäuge verläuft. Beide Organe stehen im Dienst des Nährens. Bildlich gesehen dient der Magen als kurzfristiges Futter-Zwischenlager für die Hündin, das Gesäuge als Milchsammelstelle für die Welpen.

Man unterscheidet zwischen gutartigen (benignen) und bösartigen (malignen) Tumoren. Gutartige Formen wachsen in der Regel langsam, aber da dies auch auf bösartige Formen in der Frühphase zutrifft, hilft dieses Kriterium bei der Unterscheidung nicht weiter.

Abtasten ermöglicht keine sichere Beurteilung der Wachstumstendenz eines Knotens. Dies ist nur durch die mikroskopische Untersuchung einer Gewebeprobe möglich. Leider neigen Gesäugetumore zur Metastasenbildung; besonders häufig ist das Lungengewebe betroffen.

Was Ihnen auffällt

Sie ertasten in der Gesäugeleiste einzelne oder mehrere Verhärtungen. In der Frühphase können sie etwa linsen- oder erbsengroß sein, sich hart oder eher weich anfühlen. Manche lassen sich gut vom übrigen Gewebe abgrenzen, andere wachsen eher diffus. Sie beeinträchtigen die Hündin meist nicht, in anderen Fällen zeigt sie durch vermehrtes Lecken der Region, dass sie etwas stört.
Wenn die Tumore nicht operativ entfernt werden, können sie allmählich oder plötzlich und explosionsartig wuchern. Im Extremfall können sie aufbrechen, bluten und sich entzünden.

Was Sie tun können

Wenn der Tumor/die Tumore möglichst bald operativ entfernt werden, kann das Tumorwachstum verhindert und das Risiko einer Metastasierung vermindert werden. Wenn sie noch recht klein sind (linsen- bis maximal walnussgroß), lassen sie sich noch recht gut entfernen. Wenn sie jedoch schon apfelsinengroß sind oder aufbrechen, ist der operative Eingriff viel aufwändiger und die Prognose schlechter.
Meist werden nicht nur die betroffenen Gesäugebereiche, sondern mindestens die benachbarten oder die gesamte Gesäugeleiste herausgeschnitten, um eine Tumorstreuung

zu vermeiden. Das gibt eine lange Wundnaht, die jedoch der Hündin selbst meist erstaunlich wenig Beschwerden macht.
Es empfiehlt sich, den Tumor (bzw. ein Stück davon) mikroskopisch untersuchen zu lassen. Handelt es sich um eine gutartige Geschwulst, kann man beruhigt aufatmen. Stellt sich heraus, dass der Tumor zu den bösartigen gehört, ist das zunächst ein großer Schreck. Sie können dieses Wissen nutzen, um mit entsprechenden Maßnahmen neuer Geschwulstbildung entgegenzuwirken.
Erfahrungsgemäß fällt vielen Besitzern die Entscheidung für oder gegen eine Operation sehr schwer. Sei es, dass sie die Narkose oder Wundkomplikationen fürchten, oder sie hoffen, der Tumor würde nur langsam wachsen, sodass die Hündin damit alt wird.

Brechen Sie Ihre Entscheidung nicht übers Knie, sondern wägen Sie die Vor- und Nachteile in Ruhe ab. Allerdings sollten Sie sich für die Entscheidung eine Frist setzen, die nicht länger als zwei bis drei Wochen dauern sollte.

In vielen Fällen wachsen die Tumore tatsächlich sehr langsam und die Hündin geht irgendwann mit ihnen aus ihrem jetzigen Leben. Wenn Sie jedoch abwarten, bis die Geschwulste sehr groß sind und sich dann erst zu einer Operation durchringen, sind die Erfolgsaussichten geringer.

Die im Folgenden aufgeführten Vorschläge für eine naturheilkundliche Behandlung können eingesetzt werden

- vor einer geplanten Operation, weil die Erfahrung zeigt, dass die Geschwulste sich besser vom übrigen Gewebe abgrenzen lassen und sogar kleiner werden können. Dadurch lassen sich die Geschwulste besser herausschneiden.
- nach der Operation, um das Risiko neuer Tumore zu reduzieren.
- wenn Sie sich nach reiflicher Überlegung gegen eine Operation entschieden haben, aber das Tumorwachstum in Schach halten möchten.

Homöopathie

Conium maculatum C30 ist eines der wichtigsten Mittel bei Gesäugetumoren, in der Mehrzahl ist die rechte Seite betroffen. Die Knoten sind schmerzlos und fühlen sich derb-elastisch an. Oft geht dem Krebsgeschehen eine Verletzung des Gesäuges voraus. Besser geht es der Hündin draußen, an der frischen Luft und durch Wärme, schlechter durch Kälte, vor allem im Winter.
Phosphorus C30 (siehe Konstitutionsmittel) ist das am zweithäufigsten benötigte Mittel bei Gesäugetumoren und unterstützt in vielen Fällen die Wirkung von Conium. Es wird, je nach Entwicklung des Tumors, Tage bis Wochen nach Conium in Absprache mit Ihrem Tierarzt oder Tierheilpraktiker gegeben. Die Hündin ist am Tag häufig schläfrig und nachts unruhig. Auffällig ist, wie schnell die Hündin abbaut.
Tarantula cubensis C30 unterstützt die Abgrenzung der Tumore, in vielen Fällen werden sie sogar kleiner.

Isopathie

Eine bewährte Kombination, um Gewebeveränderungen positiv zu beeinflussen und zur Nachsorge nach Operationen, besteht aus

- **Sanuvis**
- **Sankombi® D5**
- **Vetokehl® Nig/Nigersan® D5**
- und **Pinikehl® D5**.

Die Präparate werden parallel zueinander über mehrere Monate gegeben.

Die männlichen Geschlechtsorgane

Eine Vorhautentzündung kommt häufig bei jungen Rüden vor.

Vorhautentzündung (Präputialkatarrh)

Ursachen und Symptome

Häufig sind junge Rüden vor der Geschlechtsreife betroffen. Es handelt sich in der Regel um eine völlig harmlose Erscheinung. Da das Immunsystem noch nicht ausgereift ist, können sich recht banale Bakterien, die zur normalen Schleimhautbesiedlung gehören, vermehren und zu eitrigen Entzündungen führen. Die Symptome klingen meist von allein ab, wenn der Rüde erwachsen wird, also mit etwa neun bis zwölf Monaten.

Was Ihnen auffällt

Ihr junger Hausgenosse leckt sich ausgiebig an der Vorhautregion. Das Fell ist hier oft mit einer trüben, gelblichen oder grünlichen Absonderung verklebt. Das Sekret tröpfelt aus dem Geschlechtsteil, sodass der junge Hund seine Spuren auf den Fußböden und Liegeplätzen hinterlässt.

Was Sie tun können

Spülungen helfen, die Bakterienbesiedlung auf ein normales Maß zu reduzieren, sie beseitigen jedoch meist nicht dauerhaft die Symptome. Als Spüllösung eignen sich u. a. **lauwarmes Wasser**, **Schwarztee** oder ein Kräutertee, z. B. aus **Schafgarbe** oder **Stiefmütterchen**. Da die Keime zu den physiologischen Schleimhautbewohnern gehören, sollten keine keimtötenden Präparate (Antibiotika oder starke Desinfektionsmittel) eingesetzt werden. Ziehen Sie die Spülflüssigkeit in eine Einmalspritze (5 oder 10 ml) auf und geben Sie sie in den Vorhautsack. Halten Sie die Öffnung kurz zu und massieren Sie von außen. Dann lassen Sie die Lösung herauslaufen, am besten mit einem Tuch oder Küchenpapier auffangen. Wiederholen Sie den Vorgang 2- bis 3-mal. Je nachdem, wie stark der Präputialkatarrh ist, wird die Spülung in zwei- bis dreitägigen Abständen durchgeführt.

Zum Abschluss geben Sie mittels Einmalspritze 2 bis 3 Tropfen **Vetokehl® Not/Notakehl® D5**, in 2 bis 3 ml Wasser (lauwarm) gelöst, in den Vorhautsack. Alternativ können Sie auch **Notakehl® D3 Salbe** verwenden. Zusätzlich zur lokalen Behandlung hilft eine innerliche Behandlung, um die Entzündung in den Griff zu bekommen und das Immunsystem zu stärken.

Homöopathie

Hepar sulfuris C30 wird benötigt, wenn der Ausfluss eitrig ist. Typischerweise stinkt der Eiter nach altem Käse. Der Hund ist ausgesprochen reizbar und schmerzempfindlich. Er reagiert überempfindlich auf jede Berührung und mag sich deshalb auch nicht untersuchen lassen. Am liebsten wär es ihm, gar nicht berührt zu werden. Er friert, verträgt im Bereich der Entzündung keine Zugluft und fühlt sich durch Wärmeanwendungen deutlich besser.

Pulsatilla C30 (siehe Konstitutionsmittel) bei Entzündungen, die mit dicklichen, gelben Absonderungen einhergehen. Typisch für dieses Mittel sind stark wechselnde Symptome, aber immer geht es dem Hund schlechter in geschlossenen Räumen und deutlich besser an der frischen Luft.

Silicea C30 (siehe Konstitutionsmittel) eignet sich dann, wenn die Entzündung chronisch geworden ist. Der austretende Eiter ist wässrig und macht die Vorhaut wund. Die Beschwerden verschlimmern sich durch Hitze, Kälte und Feuchtigkeit und bessern sich durch Wärme.

Isopathie

Vetokehl® Not/Notakehl® D5 Tropfen oral wirken regulierend auf die Bakterienflora und sind daher bei eitrigem Sekret angezeigt.

Vetokehl® Sub D5 Tropfen wirken stärkend auf das Immunsystem.

Schüßler Salze

Nr. 3 Ferrum phosphoricum D12 und **Nr. 12 Silicea D12** wirken gegen die Entzündung und stärken die lokale Immunabwehr.

Übersteigerter Sexualtrieb

Die wenigsten unkastrierten Rüden bekommen heutzutage überhaupt die Gelegenheit, sich mit einer deckbereiten Hundedame zu paaren.

Was Ihnen auffällt

Rüden können die Duftmarken einer läufigen Hündin über viele hundert Meter wahrnehmen. Sehr triebige Hundeherren sind kaum noch zu halten und nehmen Reißaus, um die Angebetete zu besuchen. Bei den Besitzern einer läufigen Hündin macht sich nicht gerade Begeisterung breit, wenn ein Rüde an den Türen kratzt, laut jaulend auf sich aufmerksam macht und der Hündin auf Schritt und Tritt folgt, wenn er sie zu Gesicht bekommt. Manche Rüden hören in ihrer Verliebtheit auf zu fressen, sind unruhig, schlafen kaum und stellen die Geduld der Besitzer mit ihrem Winseln und ihren Ausbruchsversuchen auf eine harte Probe.

Um dem angestauten Trieb Luft zu machen, fangen viele Rüden an zu onanieren. Sie besteigen die Beine ihrer zweibeinigen Rudelmitglieder oder nutzen Gegenstände aller Art, z. B. Kissen oder Spielzeug, als Hundedamenersatz.

Manche Rüden sind nicht zu halten, wenn sie eine läufige Hündin in der Nase haben.

Was Sie tun können

Wenn Sie den Trieb Ihres Rüden grundsätzlich unterbinden wollen, gibt es die Möglichkeit der Kastration, bei der die Hoden operativ entfernt werden, oder die „chemische", medikamentöse Kastration. Hier wird z. B. ein Hormonchip mit einer Spritze unter die Haut gesetzt, der über sechs bis zwölf Monate die Hormonproduktion und damit den Geschlechtstrieb unterdrückt.
Der Vorteil der medikamentösen Kastration liegt darin, dass sie nicht endgültig ist. So können Sie beobachten, ob Ihr Rüde tatsächlich ohne die Macht seines Triebes ausgeglichener wird, falls Sie eine Operation in Betracht ziehen.
Wie bei der Kastration der Hündin (siehe Seite 136) können verschiedene unerwünschte Nebenwirkungen auftreten, z. B. Übergewicht, Fellveränderungen oder Trägheit. Daher ist es wichtig, die Entscheidung für die eine oder andere Vorgehensweise genau zu überdenken.

Wenn Ihr Hundeherr durch läufige Hündinnen völlig außer Rand und Band gerät und Sie in der Nähe stark befahrener Straßen oder in einer dicht besiedelten Gegend wohnen, kann die Kastration die Harmonie innerhalb der Familie und der Nachbarschaft bewahren und das Risiko verringern, dass Ihr Vierbeiner unter die Räder gerät.
Mit naturheilkundlichen Mitteln lässt sich die Hypersexualität in vielen Fällen gut regulieren, sodass der liebestolle Rüde (und Sie) die Läufigkeit benachbarter Hündinnen gut übersteht.

Homöopathie

Origanum C30 ist das Hauptmittel, um Hypersexualität abzumildern.

Isopathie

Formasan Tropfen und **Mucedokehl® D5 Tropfen** wirken ausgleichend auf den Hormonhaushalt.

Prostatavergrößerung (Prostatahypertrophie)

Ursachen und Symptome

Die Prostata (Vorsteherdrüse) ist an der Bildung männlicher Geschlechtshormone beteiligt. Sie liegt beim Rüden oberhalb von Harnblase/Harnröhre und unterhalb des Enddarms.

Eine Vergrößerung der Prostata tritt bei unkastrierten Rüden in jungen Jahren vorübergehend auf, wenn die Hormonproduktion durch läufige Hündinnen angekurbelt wird. Bei gestandenen, unkastrierten Hundeherren kommt es mit zunehmendem Alter sehr häufig zu einer dauerhaften Vergrößerung.
Die Prostatahypertrophie verursacht lange Zeit keinerlei Symptome. Erst wenn sie eine bestimmte Größe überschreitet, bereitet sie dem Rüden Beschwerden, die sich aus ihrer anatomischen Lage erklären, und zwar

- Kotabsatzstörungen und
- Harnträufeln.

In beiden Fällen sind die Symptome leider nicht typisch für eine Prostatahypertrophie, daher genügen sie nicht für eine eindeutige Diagnose. Auch Darmerkrankungen, Tumore, Harnwegsentzündungen oder Blasensteine können sich ähnlich äußern.
Der Tierarzt kann über eine rektale Untersuchung, bei Bedarf Urinuntersuchung, Ultraschall, Röntgen usw. Klarheit schaffen.

Was Ihnen auffällt

Ihr Hundeherr hat Schwierigkeiten und möglicherweise auch Schmerzen beim Kotabsatz. Er muss mehr pressen als gewöhnlich, der Kot sieht nicht wurstförmig, sondern plattgedrückt aus. Es kann auch zur Verstopfung kommen. Ihr Rüde verliert tröpfchenweise Urin, der auch blutig sein kann.

Vielleicht hat Ihr unkastrierter Rüde häufig Blasenentzündungen und Sie (und Ihr Tierarzt) haben bisher noch gar nicht daran gedacht, dass die Prostata daran schuld sein könnte?

Was Sie tun können

Wenn Sie aufgrund der Symptome eine Prostata-Erkrankung vermuten, lassen Sie Ihren Vierbeiner beim Tierarzt untersuchen. Nehmen Sie am besten eine Urinprobe mit (siehe auch Seite 120).

Ziel der Behandlung ist, die bestehenden Beschwerden möglichst bald zu beheben und langfristig die Prostatagröße zu normalisieren.

Homöopathie

Bei Kotabsatzbeschwerden siehe Verstopfung Seite 99 f.
Berberis C30 hilft, Beschwerden einer schmerzhaft vergrößerten Prostata zu beseitigen. Der Rüde muss ständig Harn absetzen und leidet dabei unter Schmerzen. Der Urin ist hellrot und schleimig. Besonders bei Bewegung verschlimmern sich die Beschwerden.
Conium C30 hat sich besonders für ältere Rüden (siehe Solidago) bewährt, bei denen der Urin nicht „in einem Zug", sondern mit Unterbrechungen abgesetzt wird und die unter Harnträufeln, besonders im Liegen, leiden.
Pareira brava D3 bewährt sich – ähnlich wie Sabal serrulata – besonders zur Behandlung von Prostatavergrößerungen mit Harnwegsbeschwerden. Hier stehen die Schmerzen im Vordergrund. Der Versuch, Harn abzusetzen, ist so schmerzhaft, dass das Tier manchmal regelrecht aufstöhnen muss. Der Urin kommt nur spärlich, häufig enthält er auch Blutbeimengungen. Einen weiteren Hinweis auf eine bestehende Prostatavergrößerung liefert der Kotabsatz. Der Hund leidet unter Verstopfung, der Kot wird nur unter Mühen abgesetzt und ist oft nur bleistiftdünn.
Sabal serrulata D3 gilt als das Hauptmittel bei Prostatabeschwerden. Der Hund kann nur tröpfelnd Urin absetzen, der häufig blutig ist. Das Mittel wird oft bei Prostatabeschwerden, die zusammen mit einer Zystitis auftreten, benötigt. Es besteht häufiger Harndrang, besonders in der Nacht.
Sepia C30 (siehe Konstitutionsmittel) kann bei Prostataentzündungen, bei denen übel riechender Urin von rötlich brauner Farbe abgesetzt wird, gegeben werden. Der Hund muss beim Urinieren pressen und die Beschwerden sind morgens schlimmer.
Solidago D4 bei Vergrößerungen der Prostata, besonders bei älteren Hunden (ähnlich wie Conium). Der Rüde hat Schwierigkeiten beim Harnabsatz, der Urin fließt nur spärlich, ist rötlich braun, riecht übel und enthält manchmal Sediment, das Sie allerdings nur sehen können, wenn Sie eine Urinprobe in einem Behälter auffangen und für eine Weile stehen lassen.
Staphisagria C30 ist angezeigt bei Prostataentzündungen mit Harnträufeln und dem ständigen Bedürfnis zu Urinieren. Häufig werden die Beschwerden ausgelöst und verschlimmert durch unterdrückten Sexualtrieb (z. B. wenn Rüden im gleichen Haushalt mit einer läufigen Hündin leben, diese aber nicht decken dürfen), durch eine ungerechte Behandlung und Wut. Sie bessern sich durch Wärme.

Isopathie

Sankombi® D5 Tropfen, über mehrere Wochen verabreicht, helfen, die Prostatavergrößerung zu normalisieren.
Mucedokehl® D5 Tropfen wirken regulierend auf den Hormonhaushalt und sind daher bei Prostatavergrößerung infolge Hypersexualität angezeigt.
Vetokehl® Not/Notakehl® D5 Tropfen sind angezeigt in Zusammenhang mit Prostataproblemen, wenn bakterielle Entzündungen der Prostata, der Blase oder des Darms auftreten.

Phytotherapie

Geben Sie einen Tee aus **Brennnesseln** und/oder **Schachtelhalm** zu trinken oder ins Futter. Beide Pflanzen enthalten viel Kieselsäure, die für die normale Funktion der Vorsteherdrüse wichtig ist. Außerdem verbessern sie den Urinfluss.

Organpräparate

Prostata bovis Gl D6 Wala

Bei unkastrierten Rüden kommt es im Alter häufig zu einer Prostatavergrößerung.

Haut und Fell

Ein dichtes Fell bietet guten Schutz vor Verletzungen.

Die Haut hat vielfältige Aufgaben, z. B. Schutzfunktion, Temperaturregulation und Entgiftungsfunktion.

In der Traditionellen Chinesischen Medizin ist die Haut eng verbunden mit den Organsystemen Lunge und Dickdarm. Haut, Lunge und Dickdarm beeinflussen sich gegenseitig. Das erklärt, warum beispielsweise bei chronischen Darmerkrankungen oder nach Antibiotikatherapien häufig auch Hautprobleme auftauchen.

In der Embryonalentwicklung entwickeln sich die Haut und das Nervensystem aus der gleichen Schicht. Diese gemeinsamen verwandtschaftlichen Bande halten ein Leben lang und erklären, warum der Hund sich bei nervlichem Stress nicht wohlfühlt in seiner Haut. Nicht umsonst gilt die Haut im Volksmund als Spiegel der Seele und gibt somit Aufschluss über das Wohlbefinden Ihres Hundes.

Schnitt-, Biss- und Kratzverletzungen

Ursachen und Symptome

Jeder Hund wird im Laufe seines Lebens unangenehme Bekanntschaft machen mit Glasscherben, scharfkantigen Steinen, Stacheldraht, herausragenden Nägeln, Ästen, Zweigen, scharfen Grashalmen, den Zähnen oder Krallen eines Artgenossen oder einer Katze.

Ein dickes und/oder langhaariges Fell bietet einen gewissen Schutz vor Verletzungen. Der Nachteil: Unter dem dichten Pelz bleiben Wunden oft zunächst unentdeckt, bis sie sich entzünden und der Hund Ihnen durch vermehrtes Lecken zeigt, dass etwas nicht in Ordnung ist.

Oberflächliche Wunden wie Kratzer oder Abschürfungen machen meist kaum Beschwerden und heilen schnell ohne jegliche Behandlung von selbst.

Tiefe Wunden bereiten mehr Probleme, denn hier werden nicht nur Haut und Unterhaut verletzt, sondern auch darunter liegende Gewebe. Je nachdem, ob Blutgefäße, Muskeln, Sehnen, Bänder, Knochen, Gelenke bzw. Nerven betroffen sind, treten unterschiedliche Beschwerden auf, von Blutungen über Lahmheit bis hin zu Lähmungen.

Wunden bluten unterschiedlich stark, je nachdem ob nur kleinere oder größere Blutgefäße verletzt werden. Bei gut durchbluteten Körperteilen wie Pfoten, Maulschleimhaut oder Ohrmuscheln fällt eine Blutung ebenfalls kräftiger aus. Die Blutung hat einen wundreinigenden Effekt und ist daher – wenn sie nicht zu stark ist – eine sinnvolle Selbsthilfemaßnahme des Körpers.

Bei tiefen Wunden, die kaum bluten, besteht ein höheres Risiko für anschließende Eiterungen, besonders wenn sie durch Beißereien oder verunreinigte Gegenstände (z. B. rostiger Draht) entstanden sind. Bisswunden neigen besonders zu Entzündungen, weil Zähne und Speichel des Gegners viele recht unangenehme Keime übertragen. Außerdem sind Hautverletzungen durch Bisse meist recht klein und heilen oberflächlich schnell zu. Darunter finden die Bakterien ideale Wachstumsbedingungen. Innerhalb von Stunden bis wenigen Tagen bildet sich eine schmerzhafte, eitrige Schwellung, ein Abszess. Je nach Abwehrlage des Hundes kann Fieber dazukommen.

Wenn auch Muskeln, Bänder, Sehnen, Knochen oder Nerven bei tieferen Verletzungen betroffen sind, können eine mehr oder weniger stark ausgeprägte Lahmheit oder Lähmungen die Folge sein.

Das Ausmaß der Schmerzintensität bei Verletzungen hängt einerseits davon ab, welche Schichten verletzt wurden, anderseits aber auch, welche Körperpartie betroffen ist. Beispielsweise sind Pfoten und Ohren besonders empfindlich.

Was Ihnen auffällt

Bei kurzhaarigen Hunden oder an wenig behaarten oder gut sichtbaren Köperstellen ist eine Verletzung meist schnell erkennbar. Unter dichtem Pelz oder an versteckten Stellen (z. B. auf der Innenseite der Beine) bleibt eine Wunde länger vor Ihren wachsamen Augen verborgen, es sei denn, eine Blutung oder Lahmheit zeigt, dass etwas nicht in Ordnung ist.

Achten Sie bei der Untersuchung einer Wunde und ihrer Umgebung auf Rötungen, Schwellungen, Schmerz, vermehrte Wärme und Störungen der Funktion (z. B. wenn Ihr Hund bei einer Verletzung an der Pfote lahmt).

Was Sie tun können

Bei tiefen bzw. stark blutenden Verletzungen, bei ausgeprägter Lahmheit, Lähmungen oder großen Schmerzen bringen Sie den Hund umgehend zum Tierarzt!

Als Erste-Hilfe-Maßnahme drücken oder binden Sie stark blutende Gefäße ab (der Stau muss nach spätestens 20 Minuten kurz gelockert werden), decken Sie die Wunde mit einem sauberen Tuch ab und geben Sie dem Verletzten **Arnica C30, Rescue® Remedy** oder **Traumeel® T ad us. vet.**

Lokale Behandlung

Kürzen Sie großzügig die Haare um die Wunde herum, sodass das Wundgebiet völlig frei von Fell ist. So können Sie die Wunde besser reinigen und sauber halten. Und Sie reduzieren die Zahl der Keime, die über die Haare in die Wunde und in den Körper gelangen und Entzündungen hervorrufen können.

Zur Wundreinigung können Sie, wenn nichts anderes zur Verfügung steht, Leitungswasser nehmen. Auch physiologische, **0,9%ige Kochsalzlösung** ist geeignet – entweder als Fertigprodukt oder selbst hergestellt. Dazu 9 g Kochsalz aus der Küche (das entspricht etwa einem leicht gehäuften Teelöffel) in 1 Liter Wasser auflösen.

Calendula als Tee oder verdünnte Tinktur hat nicht nur einen reinigenden, sondern auch lindernden und wundheilungsfördernden Effekt.
Tupfen Sie anschließend die Wunde etwas ab und träufeln einige Tropfen **Vetokehl® Not/Notakehl® D5** auf.
Dann gilt es zu verhindern, dass Ihr Hund an der Wunde leckt. Es stimmt zwar, dass er sie dabei reinigt, aber er verteilt gleichzeitig viele Keime aus der Maulhöhle, die die Wunde infizieren und Eiterungen begünstigen. Vielleicht haben Sie Glück und Ihr tierischer Patient lässt die Wunde in Ruhe. In allen anderen Fällen müssen Sie sich etwas einfallen lassen.

Ein Verband schützt die Wunde, aber wenn Ihr Vierbeiner zu denen gehört, die jeden Ihrer sorgfältig angelegten Verbände flink zerpflücken, war Ihre Arbeit „für die Katz". Außerdem gibt es Körperpartien, die für Verbände ungeeignet sind, etwa im Ellenbogen- oder Kniebereich. Entweder rutscht der Verband schon bei den ersten Schritten ab oder Sie müssten ihn so straff wickeln, dass die Durchblutung des Beins gefährdet ist.

Bei Wunden am Brustkorb oder Bauch ist ein ausgedientes, kurzärmeliges T-Shirt eine preiswerte Möglichkeit, die Wunde zu schützen. Es muss so lang sein, dass es vom Hals bis zum Schwanzansatz reicht. Ziehen Sie es Ihrem Hund über den Kopf, fädeln die Vorderbeine durch die Armlöcher und schneiden in der Nähe des unteren Saumes Löcher, durch die Sie die Hinterbeine stecken. Wenn das T-Shirt sehr weit ist, machen Sie in Saum-Nähe am Rücken noch einen Knoten – fertig ist der Maßanzug.

Eine weitere Möglichkeit: Sie verpassen Ihrem Hund einen Halskragen. Heutzutage gibt es verschiedenste Ausführungen, die entweder wie eine große, abstehende Halskrause aussehen oder – vereinfacht ausgedrückt – die Form eines Eimers ohne Boden haben. Meist brauchen Hunde ein paar Tage, um mit ihrem ungewohnten Halsschmuck zurechtzukommen.

Innerliche Behandlung
Homöopathie

Die wichtigsten homöopathischen Mittel zur Behandlung einer Verletzung finden Sie in der homöopathischen Haus- und Notfallapotheke im Repertorium zum einen unter Verletzungen, zum anderen aber auch unter dem passenden Stichwort wie beispielsweise Nerven- oder Pfotenverletzung (siehe Seite 190).

Homöopathie bei Abszessen

Belladonna C30 für leuchtend rote, schmerzhafte, heiße, geschwollene Wunden. Typisch: Die Symptome sind hochakut und der Eiter ist meist nicht sichtbar, da er tief in der Haut sitzt.
Myristica sebifera D3 fördert die Reifung bei Abszessen.
Hepar sulfuris C30 (siehe unten eitrige Wunden) ist ein gutes Folgemittel zu Myristica, wenn der Abszess offen ist.

Chakrablüten Essenzen

Zell Essenz fördert die Wundheilung.

Eitrige Wunden

Was Ihnen auffällt

Es kann passieren, dass eine Wunde trotz guter Versorgung nach einigen Tagen zu eitern beginnt. Vielleicht ist das Immunsystem Ihres Hundes gerade nicht in Höchstform gewesen oder es sind besonders widerstandsfähige Bakterien im Spiel. Manchmal bleibt unter dem dichten Fell eine Wunde unentdeckt, die sich entzündet und Ihnen erst auffällt, weil Ihr Vierbeiner die Stelle intensiv beleckt.

Was Sie tun können

Bei tiefen Wunden, starken Schwellungen, Schmerzen oder Fieber gehört der Hund in tierärztliche Behandlung.

Lokale Behandlung

Wenn noch nicht geschehen, kürzen Sie das Fell in der Umgebung der Wunde (wie bei Schnittverletzungen beschrieben).

Zur täglichen Wundreinigung eignen sich spezielle Wundreinigungslösungen, **Kernseifenlösungen**, verdünnte **Betaisodona® Lösung** (Vorsicht, sie hinterlässt auf Haut und Kleidung gelbliche Flecken!) oder eine **gesättigte Kochsalzlösung** (zur Herstellung geben Sie nach und nach so viel Salz in Wasser, bis es sich nicht mehr auflöst und einen kleinen Bodensatz bildet). Anschließend wird das Wundgebiet trocken getupft, bevor die eigentliche Wundbehandlung (1- bis 2-mal täglich) erfolgt.

Medizinalhonig, Betaisodona® Salbe oder andere Wundsalben sind bestens geeignet, allerdings nur, wenn Sie die Wunde anschließend verbinden können, denn sonst würden Staub, Fussel und Sonstiges aus der Umgebung an der Wunde kleben bleiben und die Salbe sich an allen Liegeplätzen verteilen.

Bei oberflächlichen nässenden Wunden eignet sich **Hübner Original Silicea Balsam**; es wirkt abtrocknend, wundheilungsfördern und klebt nicht.

Auch **Octenisept Spray®** eignet sich zur verbandfreien Wundversorgung.

Innerliche Behandlung

Homöopathie

Calendula C30 für Risswunden, die offen sind und nicht heilen wollen. Meist ist nur sehr wenig Eiter vorhanden. Feuchtes, wolkiges Wetter verschlimmert die Beschwerden.

Hepar sulfuris C30 für eitrige Wunden, die nach altem Käse riechen. Der Hund ist ausgesprochen reizbar und reagiert überempfindlich auf Berührung der Wunde, weshalb er nicht untersucht, am liebsten gar nicht berührt werden möchte. Er friert, verträgt keine Zugluft – vor allem im Bereich der Wunde – und fühlt sich durch Wärmeanwendungen deutlich besser.

Mercurius solubilis C30 ist angezeigt bei Wunden mit stinkendem, wundmachendem Eiter. Dem Hund geht es grundsätzlich besser, wenn er keinen Temperaturschwankungen ausgesetzt ist. Seine Beschwerden verschlimmern sich nachts, durch Kälte, Wärme und feuchtes Wetter.

Silicea C30 (siehe Konstitutionsmittel) für Hunde, bei denen jede Wunde, egal wie klein sie ist, eitert. Der Eiter ist übel riechend und die Wunde heilt schlecht. Die Beschwerden verschlimmern sich durch Kälte und bessern sich durch Wärme.

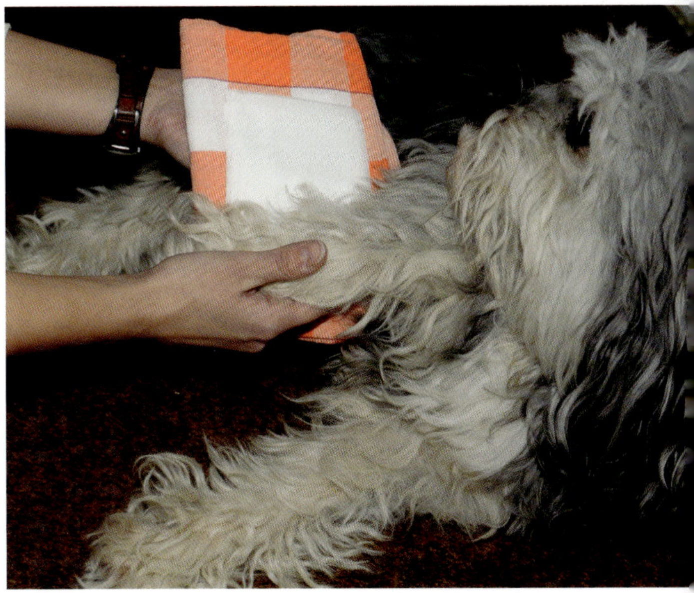

Eine gereinigte Wunde sollte zum Schutz vor Verschmutzungen verbunden werden.

Hot Spots kommen häufig bei Hunden vor, die gern im Wasser plantschen.

Hot Spots

Ein Hot Spot (heißer Punkt) beim Hund hat nichts mit einem öffentlichen Internetzugang zu tun. Bis vor einigen Jahren genügte den Medizinern noch die Bezeichnung akute, nässende Dermatitis, also eine Hautentzündung, um den Symptomen einen verständlichen Namen zu geben.

Ursachen und Symptome

Hot Spots kommen gehäuft in der warmen Jahreszeit vor. Besonders betroffen sind Hunde mit langem, dichtem Fell (Golden Retriever, Berner Sennenhunde usw.), die außerdem viel und gern im Wasser plantschen. Das lange Fell braucht zudem lange zum Trocknen. Bakterien haben unter dem feuchten, wärmenden Schutz des Haares leichtes Spiel, sich in oberflächlichen Hautverletzungen häuslich

einzurichten und rasant zu vermehren. Daher kann sich ein Hot Spot innerhalb weniger Stunden entwickeln.
Die Wunden können durch Flöhe, Zecken und andere Insekten entstehen, aber auch nach freundschaftlichem oder kämpferischem Gerangel mit einem Artgenossen sowie durch intensives Kratzen bei allgemeinem Juckreiz bei Allergien oder einer anderen Erkrankung, z. B. bei Gehörgangentzündungen. Auch unter einem verfilzten Fell finden Bakterien günstige Wachstumsbedingungen vor.
Das Immunsystem des Hundes setzt sich zur Wehr, um die Eindringlinge zu bekämpfen, was u. a. zur Eiterbildung führt (Eiter besteht aus weißen Blutkörperchen, also Abwehrzellen und den von ihnen zerstörten Keimen und Zerfallsprodukten).

Was Ihnen auffällt

Sie stellen fest, dass Ihr Hund sich urplötzlich an einer bestimmten Körperstelle intensiv kratzt, leckt oder benagt. Häufige Lokalisationen sind seitlich am Kopf (unter den Ohren), am Hals, am Rücken und Schwanzansatz.
Da sich die Entzündung sehr schnell entwickelt, ist das Fell sehr bald feucht und mit Eiter verklebt. Die Haut darunter ist feucht, wund, geschwollen, gerötet und mit einem eitrigen, meist stinkenden Wundsekret bedeckt. Die Stelle ist sehr schmerzhaft, berührungsempfindlich und juckt offenbar ganz entsetzlich. Der Hund versucht, sich durch Kratzen, Nagen und Lecken Linderung zu verschaffen, was aber die Entzündung nur verstärkt.
Ihr Vierbeiner kann sich im Extremfall so unwohl in seiner Haut fühlen, dass er nicht mehr frisst, sich verkriecht, sich kaum noch bewegen mag und eventuell auch Fieber bekommt.

Was Sie tun können

Kontrollieren Sie sicherheitshalber die Körpertemperatur, denn Fieber deutet auf eine tiefergehende Entzündung hin, die der tierärztlichen Unterstützung bedarf.

Lokale Behandlung

Schneiden Sie das Fell großzügig (!) mit Schere oder Schermaschine im Bereich der Wunde und bis in die gesunde Haut kurz. Lange Strähnen, die in die Wunde hängen, müssen ebenfalls gekürzt werden. Dadurch kommt Luft an die Wunde, Bakterien finden weniger Angriffsfläche. Ein häufiger Fehler in der Behandlung besteht genau darin, dass die Haare zu sparsam weggeschnitten wurden.

Dann reinigen Sie alle ein bis zwei Tage die Wunde, z. B. mit einer milden **Kernseifenlösung**, physiologischer **0,9%iger Kochsalzlösung** (siehe Seite 159) oder **gesättigter Kochsalzlösung** (siehe Seite 161) und tupfen Sie anschließend trocken. Ein Fön – eingestellt auf niedrige Stufe – kann ebenfalls gute Dienste leisten, denn die Wunde soll möglichst bald abtrocknen.

Zur eigentlichen Wundbehandlung sollen nur Lotionen oder Gels angewendet werden, die nicht kleben (siehe Eitrige Wunden Seite 160 f.). Sie werden je nach Bedarf 2- bis 3-mal täglich oder öfter aufgetragen. Wenn möglich, verzichten Sie auf einen Verband, denn so kann die Haut am schnellsten trocknen.

Wenn Ihr Hund das Kratzen, Nagen und Lecken nicht lassen kann, verpassen Sie ihm einen Kragen (siehe Seite 160). Es versteht sich von selbst, dass bis zur Abheilung leider ein Badeverbot besteht.

Wenn die akute Entzündung abgeklungen ist, können Sie beginnen, die Hautheilung zu unterstützen, z. B. mit **Calendula Creme**, **Bepanthen® Wund- und Heilsalbe** oder **Mucokehl® D3 Salbe**, dünn aufgetragen. Denn die alte Volksweisheit „wenn es juckt, dann heilt es" bedeutet auch, dass Ihr Hund verleitet wird, wieder zu kratzen und damit den Heilungserfolg zunichte zu machen.

Innerliche Behandlung

Homöopathie

Hepar sulfuris C30 siehe Eitrige Wunden Seite 160 f.
Mercurius C30 siehe Eitrige Wunden Seite 160 f.
Mezereum C30: Die Beschwerden treten periodisch (beispielsweise immer im Sommer) und mit heftigstem Juckreiz auf. Die Beschwerden verschlimmern sich nachts, durch kalte Luft und durch Berührung und bessern sich durch frische Luft.
Rhus toxicodendron C30: Die Haut ist dunkelrot, geschwollen und juckend. Typisch für dieses Mittel sind die Unruhe und die ständige Lageänderung. Die Beschwerden verschlimmern sich nachts, in der Ruhe, durch Nässe und feucht-kaltes Wetter. Besonders der Juckreiz bessert sich durch die Anwendung von Wärme.

Isopathie

Vetokehl® Not/Notakehl® D5 Tropfen können parallel oder alternativ zu einem Antibiotikum eingesetzt werden, sowohl innerlich als auch lokal auf die Wunde.

Hautpilze

Ursachen und Symptome

Jede gesunde Haut wird von Pilzen besiedelt und das ist gut so. Sie sind durchaus nützlich, weil sie eine Art Schutzschicht bilden und wie ein tägliches Fitnesstraining für die Haut wirken.
Wenn die Haut jedoch vorgeschädigt ist, sei es durch dauerndes Baden, häufige Anwendung von Shampoos (die gesunde Hundehaut ist selbstreinigend!), Wunden, Allergien, Darmstörungen oder andere Grunderkrankungen (Diabetes mellitus, Schilddrüsenunterfunktion usw.), dann können diese physiologischen Hautbewohner in die Hautschichten eindringen, sich vermehren und die Haut nun schädigen.

Darüber hinaus gibt es auch Hautpilze, die von Natur aus krankheitsauslösend sind. Sie gehören nicht zu den physiologischen Hautbewohnern und können daher auch die intakte Hautbarriere angreifen. Besonders unangenehm ist die Mikrosporie, denn bei diesem Pilz besteht Ansteckungsgefahr auch für den Menschen.

Was Ihnen auffällt

Ihr Hund kratzt sich (wie so oft bei Hautproblemen) und Sie entdecken haarlose, häufig rundliche Bezirke. Denn Pilze wachsen vom Zentrum nach außen, wobei sich am Außenrand oft silbrig-graue Schuppen bilden. Eventuell verströmt Ihr Hund einen eigentümlich muffigen Geruch. Diese Symptome reichen jedoch nicht aus, um die eindeutige Diagnose „Pilzbefall" zu stellen. Hierzu muss beim Tierarzt u. a. ein Hautgeschabsel genommen und untersucht werden.

Sollten Sie oder andere Personen, die mit dem Hund Kontakt haben, plötzlich ähnliche Stellen auf der Haut entdecken, handelt es sich vermutlich um Mikrosporie. Gehen Sie sicherheitshalber zum (Haut-)Arzt und berichten von Ihrem Verdacht. Die Mikrosporie-Behandlung ist langwierig und wenn nicht alle Rudelmitglieder sie konsequent beachten, zieht sich die Prozedur noch weiter in die Länge.

Was Sie tun können

Da – wie oben beschrieben – in den meisten Fällen die Pilze nicht die eigentliche Krankheitsursache sind, macht eine Pilz abtötende Behandlung nur bedingt Sinn. Es ist wichtiger, die Barrierefunktion der Haut wieder herzustellen.
Soweit möglich, stellen Sie alle bekannten Auslöser ab. Da Haut und Darm in enger Verbindung stehen, hilft eine Darmsanierung (siehe Seite 103 ff.) in der Regel, sowohl den Darm als auch die Haut zu entgiften und zu stärken.

Isopathie

Fortakehl® D5 Tropfen (stärken die Darmfunktion) morgens und **Pefrakehl® D5 Tropfen** (als biologische Alternative zu Antipilzmitteln) abends über vier bis acht Wochen. Ab der 2. Behandlungswoche zusätzlich einmal täglich **Vetokehl® Ver D6 Tropfen**.

Krallen- und Ballenverletzungen, Zwischenzehenekzem

Ursachen und Symptome

Verletzungen und Entzündungen der Pfoten sind besonders unangenehm, weil die Füße dauernd in Gebrauch sind und eine Ruhigstellung kaum möglich ist. Hinzu kommt, dass sie gut durchblutet sind und viele Nervenenden enthalten. Daher bluten Verletzungen an der Pfote recht ordentlich und sind meist sehr schmerzhaft, sodass der Hund deutlich lahmt oder das Bein gar nicht aufsetzen mag.
Da die Ballenhaut sehr dick ist und bei Verletzungen von innen ausheilen muss, ist die Heilungsphase bei Verletzungen sehr langwierig.
Entzündungen des Zwischenzehenbereiches treten auf in Zusammenhang mit Hauterkrankungen, insbesondere Allergien, bei Hormonstörungen (Schilddrüsenunterfunktion, Cushing Syndrom, einer Erkrankung der Nebenniere), durch eingedrungene Fremdkörper (ganz typisch: Grannen, die zu Zwischenzehenabszessen führen) oder durch mechanische Reize (ungewohnt lange Spaziergänge, viel Laufen in Sand, auf steinigem Boden oder heißem Asphalt), durch Streusalz, Herbstgrasmilben und vieles mehr.

Was Ihnen auffällt

Fast immer wird Ihr Hund durch intensives Belecken oder Benagen einer oder mehrerer Pfoten auf sich aufmerksam machen.
Verletzungen der Ballen, Krallen oder der Haut zwischen den Zehen erkennen Sie möglicherweise zuerst daran, dass Ihr Hund humpelt oder blutige Pfotenabdrücke in der Wohnung hinterlässt. Untersuchen Sie genau jede Zehe, jeden Ballen und jeden Zwischenbereich auf Verletzungen oder mögliche Fremdkörper (Steinchen, Eisklumpen usw.). Achten Sie auf mögliche Schmerzreaktionen, mit denen Ihr Vierbeiner Ihnen zeigt, wo „der Schuh drückt".
Verletzungen der Kralle bluten stark und sind sehr schmerzhaft. Das kann jeder nachvollziehen, der sich schon einmal einen Fingernagel ein- oder abgerissen hat. Manchmal hängt das Krallenhorn nur noch lose am Nagelbett.

Was Sie tun können

Bei tiefen Schnittverletzungen bringen Sie Ihren Patienten zum Tierarzt, denn möglicherweise ist eine operative Versorgung nötig, oder, wenn eine Kralle sehr weit eingerissen ist, kann es angebracht sein, das lose Horn zu ziehen.

Entfernen Sie sichtbare Fremdkörper und versorgen Sie die Pfote wie unter Schnittverletzungen beschrieben.
In den meisten Fällen wird ein Schutzverband nötig sein, um eine Verschmutzung der Wunde zu vermeiden, Lecken und Nagen zu verhindern und um die Pfote ruhigzustellen.

In leichten Fällen kann eine Socke ausreichen, die mit Klebepflaster so befestigt wird, dass sie nicht abrutscht, ohne die Durchblutung zu beeinträchtigen. Prüfen Sie daher anschließend immer wieder, ob das Bein oberhalb des Pflasters anschwillt – in dem Fall muss das Klebeband gelockert werden. Bitte **NIE** Gummibänder verwenden, sie können einschnüren und dadurch die Durchblutung der Pfote komplett unterbinden!

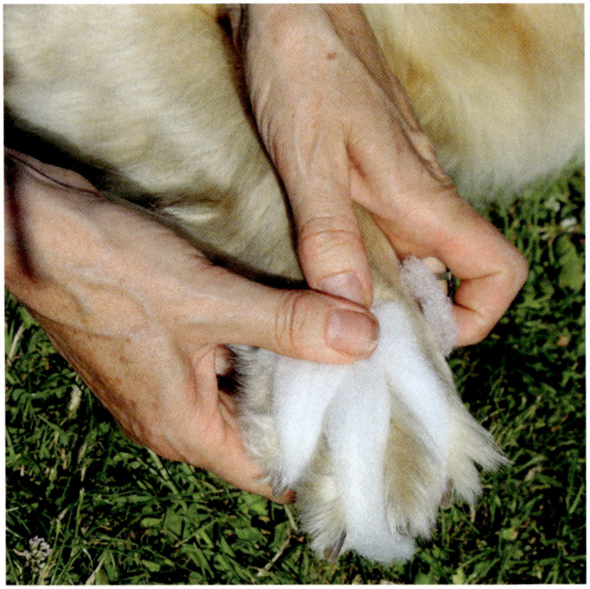
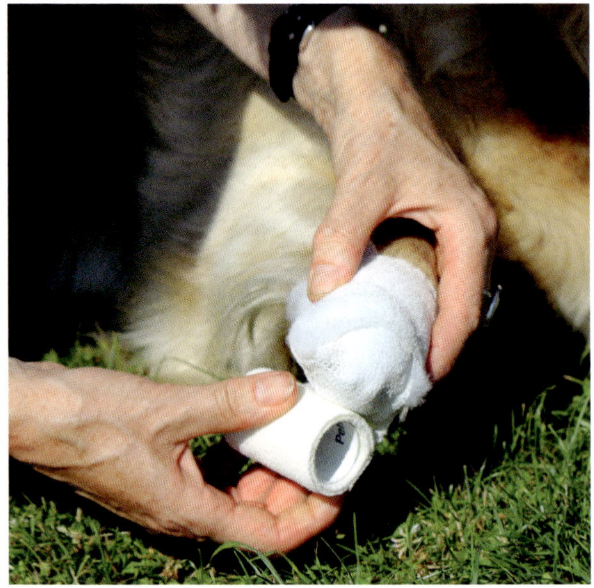

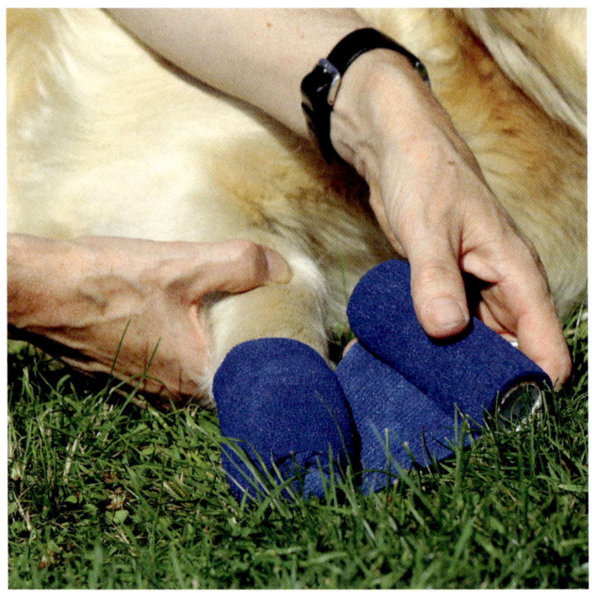

Bei tieferen Wunden oder Abszessen ist ein Pfotenverband empfehlenswert (siehe Abbildungen Seite 166). Dabei gibt es einige Punkte zu beachten: Wenn Sie eine Wundsalbe oder Lotion aufgetragen haben, decken Sie sie mit einem Stück Wundgaze oder Verbandmull ab. Legen Sie zwischen jede Zehe (Daumenkralle bzw. Wolfskralle nicht vergessen!) und in die Vertiefung auf der Pfotenunterseite schmale Watte- oder Polsterwattestreifen (Polsterwatte bekommen Sie in Apotheken oder beim Tierarzt) als Polsterung. Damit vermeiden Sie, dass Druckstellen entstehen. Dann umwickeln Sie die Pfote bis über das „Hand- bzw. Fuß-Gelenk" zunächst mit Watte oder Polsterwatte und dann mit einer elastischen, selbsthaftenden Binde. Das Ende kleben Sie mit Pflasterstreifen fest. Der Verband soll – wie die Socke – nicht einschnüren. Die Lauffläche kann mit wasserabweisendem Pflaster verstärkt werden. Für Spaziergänge bei Nässe kann eine kleine Plastiktüte übergestülpt und befestigt werden oder Sie kaufen einen Hundeschuh, der stabiler und langlebiger ist.
Der Verband wird alle ein bis zwei Tage gewechselt, bis die Wunden abgeheilt sind.

Innerliche Behandlung

Bei Krallenverletzungen

Hypercium C30 siehe Haus- und Notfallapotheke Seite 196 f.

Bei Zwischenzehenabszess

Graphites C30: Die Haut zwischen den Zehen ist wund, nässend und stinkend und sondert ein klebriges Sekret ab, das sich beim Abtrocknen zu gelben Krusten verfestigt. Die Beschwerden verschlimmern sich durch Wärme.
Hepar sulfuris C30 (siehe Eitrige Wunden Seite 160 f.) ist ein gutes Folgemittel zu Myristica, wenn der Abszess offen ist.
Myristica sebifera D3 fördert die Reifung bei Zwischenzehenabszessen.
Rhus toxicodendron C30 ist angezeigt bei juckenden Bläschenausschlägen mit der Neigung zur Schuppenbildung. Die Haut ist dunkelrot, geschwollen, der Hund ist unruhig und verändert dauernd seine Liegeposition. Die Beschwerden verschlimmern sich nachts, in der Ruhe, durch Nasswerden und feucht-kaltes Wetter. Besonders der Juckreiz bessert sich durch die Anwendung von Wärme.

Isopathie

Vetokehl® Not/Notakehl® D5 Tropfen bei eitrigen Entzündungen und Zwischenzehenabszess.

Flöhe, Läuse, Haarlinge, Milben, Zecken

Ursachen und Symptome

Diesen kleinen Biestern ist gemeinsam, dass sie bei Tierbesitzern durch ihre Anwesenheit keinerlei Begeisterungsstürme auslösen. Schließlich führen sie zu allerlei unangenehmen Beschwerden direkt an der Haut, können aber auch Wegbereiter für Allergien sein oder Überträger von Krankheitserregern, z. B. den Borrelien.
Bei aller Unbeliebtheit verdienen diese Insekten und Milben auch eine gewisse Bewunderung für ihre Anpassungsfähigkeit, Hartnäckigkeit und Überlebensstrategien, wie das Beispiel der Flöhe zeigt:
Flohlarven können in Ihrer Wohnung problemlos zwei Jahre lang in Ritzen, im Teppichboden oder sonstigen Verstecken vor sich hin schlummern, um dann, wenn die Umgebungstemperatur und Luftfeuchtigkeit ihnen behagen, urplötzlich aus ihrem Dornröschenschlaf zu erwachen, nur weil ein zwei- oder vierbeiniges Wesen vorbeigeschlendert ist und ein wenig Druck auf den Boden ausgeübt hat. Die dann zu voller Größe und Schönheit entwickelten Flöhe stürzen sich springend, ohne sonderlich wählerisch zu sein, auf alles, was Blutgefäße mit sich trägt und ihnen über den Weg läuft, ob Hund, Katze oder

Mensch. Dann stechen sie zu, meist an mehreren Stellen dicht hintereinander, und saugen Blut. Dabei übertragen sie nicht nur Stoffe, die zu starkem Juckreiz führen, sondern können ihrem Wirt Bandwurmeier hinterlassen. Ein starker Flohbefall kann sogar zur Blutarmut führen! Die gesättigten Flöhe paaren sich, die Flohdame legt Ihre Eier ab, etwa 50 Stück pro Tag, während ihres mehrwöchigen Lebens etwa 1500!
Die Eier fallen vom Wirt ab in die Umgebung (Hundedecke, Teppich, Bett, Autositz usw.) und schlüpfen zu Larven, die dann wieder seelenruhig darauf warten, dass ein „Prinz“ vorbeikommt und sie weckt.

Flöhe sind mit bloßem Auge gut zu erkennen, aber da sie recht flinke, gute Springer sind, ist es im dichten Hundepelz nicht leicht, sie aufzuspüren.
Läuse und ihre Verwandten, die **Haarlinge**, sind zum Glück seltenere Besucher Ihres Hundes. Sie haben keine ausgefeilte Überlebensstrategie entwickelt, aber dafür sind sie leider nicht so gut zu erkennen wie Flöhe. Zum einen sind sie mit 1 bis 2 mm Körperlänge kleiner, zum anderen können sie wegen ihrer hellen, beige-gelblichen Farbe leicht mit Schuppen verwechselt werden. Haarlinge können wie Flöhe Bandwürmer übertragen, Läuse als Blutsauger können bei starkem Befall zur Blutarmut führen.

Milben verursachen ebenfalls starken Juckreiz. Sie sind mit bloßem Auge nicht zu erkennen. Da es unterschiedliche Milbenarten gibt, hängen die Symptome, die Ihr Hund zeigt, davon ab, welche Sorte er sich eingefangen hat.
Zu den unangenehmsten Vertretern gehört die **Räudemilbe**, auch Grabmilbe genannt (Sarcoptes-Räude), die die oberen Hautschichten befällt, und die **Demodex-Milbe** (Haarbalgmilbe), die ihrem Namen entsprechend in den Haarbälgen residiert.
Beide führen zu sehr heftigen Symptomen: unerträglicher Juckreiz, Haarausfall, Hautveränderungen über den Körper verteilt.
Ohrmilben halten sich freundlicherweise tatsächlich nur in den Ohren auf, lösen dort aber hartnäckige Entzündungen aus (siehe Gehörgangentzündung Seite 54 ff.).
Herbstgrasmilben leben, wie ihr Name vermuten lässt, auf Gräsern. Leider haben sie sich angewöhnt, den ersten Teil ihres Namens zu übersehen und sind daher auch schon im Sommer oder gar im späten Frühling aktiv. Wenn Ihr Vierbeiner durchs Gras stromert, streift er die Milben ab. Sie befallen daher überwiegend die Körperpartien, die mit Gras in Berührung kommen: Ohren, Maul, Pfoten/Beine und Bauch. Herbstgrasmilben sind wegen ihrer leuchtend orange-gelben Farbe gut mit bloßem Auge zu erkennen. Am Hund ernähren sie sich von Blut und wie bei anderen Insekten und Spinnentieren löst ihr Speichel einen heftigen Juckreiz aus.
Futter- und Hausstaubmilben leben, wie ihr Name sagt, in Futter (Trockennahrung) bzw. im Hausstaub. Ihr Kot kann zu allergischen Hautreaktionen führen (siehe Seite 173 ff.).

Zecken sind von ihrer Größe her (im vollgesogenen Zustand etwa bis 2 cm lang) nicht zu übersehen, dennoch verstehen sie es, geschickt im Fell unterzutauchen, damit sie ungestört zustechen und Blut saugen können. Leider können sie dabei Krankheitserreger übertragen, z. B. Anaplasmen, Babesien, Borrelien. Sobald die Außentemperaturen auf über 10 bis 16 °C ansteigen, werden Zecken aktiv.

Jährlich geben Tierbesitzer viel Geld aus, um die verschiedenen unliebsamen Besucher fern zu halten bzw. zu verjagen, ganz zu schweigen von den Behandlungskosten für Folgeerkrankungen.
In großer Regelmäßigkeit kommen neue Antiparasitika auf den Markt, die mit ihrer guten und lang anhalten-

Diese Zecke wurde fachgerecht mit einer sogenannten Zeckenzange entfernt.

den Wirkung und ihrer einfachen Anwendung Besitzer aufatmen und Tiere zur Ruhe kommen lassen. Aber es dauert nicht lange, da lassen sich die kleinen Biester von den neuen Medikamenten nicht mehr beeindrucken und nisten sich wieder unbekümmert beim Hund und in Ihrer Wohnung ein.

Was Ihnen auffällt

Egal, ob Flöhe, Läuse, Haarlinge oder Milben bei Ihrem Hund zu Besuch gekommen sind, sie alle führen zu einem mehr oder weniger stark ausgeprägten Juckreiz am ganzen Körper. (Ausnahmen bilden die Ohrmilben, die sich ihrem Namen entsprechend nur dort aufhalten, und die Zecken. Hier beschränkt sich der Juckreiz meist auf die Umgebung der Bissstelle.)

Ihr Hund reagiert mit Kratzen, Lecken und Beißen. Oft schreckt er aus dem Liegen plötzlich hoch oder bleibt beim Spaziergehen stehen, um die juckende Stelle zu bearbeiten. Durch das Kratzen und Benagen entstehen außerdem Wunden, die sich entzünden können (siehe Hot Spots Seite 162).

Wenn Sie die Haut untersuchen, entdecken Sie eventuell kleine gerötete Stichstellen: Dann sind die blutsaugenden Flöhe oder Läuse am Werk. Typisch für Flöhe ist, dass zwei oder mehrere Stiche nebeneinander liegen. Haarlinge hingegen ernähren sich nur von Schuppen und Haaren.

Um Flöhe, Läuse oder Haarlinge aufzuspüren, kämmen Sie Ihren Hund mit einem feinzinkigen Flohkamm durch. Vielleicht geht Ihnen gleich ein Floh „ins Netz" oder Sie entdecken feine dunkelbraune, sandartige Krümel. Um zu klären, ob es sich um Schmutz oder Flohkot (also verdautes Blut) handelt, verreiben Sie das Ausgekämmte auf einem angefeuchteten weißen Papiertuch, das sich durch Flohkot rötlich braun färbt.

Läuse und Haarlinge entdecken Sie, wenn Sie die Ausbeute des Flohkamms auf ein trockenes Papiertuch geben. Eine Lupe und gutes Licht (z. B. eine Taschenlampe) helfen Ihnen zu erkennen, ob die vermeintlichen Schuppen herumkrabbeln: In diesem Falle handelt es sich dann um Läuse oder Haarlinge.

Milben sind so klein, dass sie meist mit bloßem Auge nicht zu erkennen sind. Um sie nachzuweisen, wird eine Haut- bzw. Haarprobe mikroskopisch untersucht.

Wenn Ihr Hund auf den Flohspeichel oder Milbenkot überempfindlich reagiert, wird die Haut nicht nur im Bereich der Stiche jucken, sich röten und anschwellen. Es kann sich eine Allergie entwickeln, die nach jedem neuen Kontakt zu Juckreiz am ganzen Körper führt.

Zecken sind aufgrund ihres typischen Aussehens zu erkennen. Nachdem sie sich vollgesogen haben und abfallen, können Sie die Stichstelle noch lange gut erkennen als kleinere (etwa stecknadelkopfgroße) Hautverdickung, die oft gerötet ist und juckt.

Was Sie tun können

Haben Sie den einen oder anderen dieser unliebsamen Gesellen entdeckt, heißt es, schnell und gründlich etwas zu unternehmen, um zu verhindern, dass sie Eier bzw. Larven großzügig in der Umgebung verteilen und sich explosionsartig vermehren. Die Vorstellung, dass bald die gesamte Wohnung von Flohgenerationen bevölkert wird, lässt selbst den friedliebendsten und ökologisch orientierten Tierbesitzer verständlicherweise zu rabiaten Mitteln greifen.

Chemische Antiparasitika

Es gibt eine Vielzahl an Wirkstoffen, die die Parasiten entweder abtöten, fernhalten oder die Vermehrung unterbinden („Anti-Baby-Pille für Flöhe"), als Shampoo, Halsband, Spray für den Hund bzw. die Umgebungsbehandlung, Puder, Pipetten zum Auftragen auf die Haut oder Tabletten zum Verfüttern.

Die Erfahrung zeigt, dass nicht jedes Präparat bei allen Tieren gleich gut wirkt, daher müssen Sie ausprobieren, welches Mittel bei Ihrem Hund anschlägt.
Sie können mit diesen Antiparasitika ohne großen Aufwand die unliebsamen Gäste verscheuchen. Die Kehrseite der Medaille: Es handelt sich um chemische Stoffe, die zwar meist – soweit erkennbar – gut vertragen werden, aber leider auch zu unerwünschten Nebenwirkungen führen können. Unklar ist jedoch, wie sich die regelmäßige Anwendung auf Dauer im Körper auswirkt.
Manche der eingesetzten Wirkstoffe sind toxisch für Wasserlebewesen und Bienen!

Naturheilkundliche Begleitmaßnahmen

- Kurz bevor Sie das Mittel verabreichen, zeichnen Sie auf die Verpackung mit einem Filzstift das **Heilzeichen Y** oder legen Sie die Packung auf einen Zettel, den Sie mit dem Zeichen Y versehen haben.
- **Nux vomica C 30**, einmalig 1 Gabe (5 Globuli) am Tag der Anwendung des Antiparasitikums, unterstützt die Leber in ihrer Entgiftungsfunktion und beugt unerwünschten Nebenwirkungen vor.

Biologische Antiparasitika und Behandlungsmaßnahmen

In den meisten Fällen ist ihre abtötende Wirkung nicht sehr stark ausgeprägt (Ausnahmen bestätigen die Regel), sodass bei einem bereits vorliegenden Parasitenbefall das Behandlungsergebnis vielfach unbefriedigend oder enttäuschend ist. Wesentlich besser fällt die vorbeugende, abwehrende (repellierende) Wirkung gegen Flöhe und Konsorten aus. Die Natur ist eben eher auf Gleichgewicht ausgerichtet und weniger auf Ausmerzen. Meist sind biologische Abwehrstrategien leider auch zeitaufwändiger als die chemische Variante.
Via Nova Bio-Insektal® Spray enthält Pyrethrum- und andere natürliche Pflanzenextrakte und hat daher parasitenabtötende Eigenschaften.
Seit einigen Jahren sind Pipetten zum Auftragen auf die Haut erhältlich auf Basis von **Neem-(Margosa-)Extrakten** die einen abwehrenden und leicht abtötenden Effekt haben.
Akafree Spray enthält Geraniol und wirkt eher abwehrend auf stechende Plagegeister.
Schwarzkümmelöl, regelmäßig 5 bis 10 Tropfen ins Futter gegeben, führt dazu, dass Flöhe, Zecken usw. den Geruch des Hundes nicht mehr mögen und sich daher fernhalten.
Schwarzkümmelöl oder **kalt gepresstes Kokosöl**, tropfenweise vor Spaziergängen an verschiedenen Stellen im Fell verteilt, wirken als natürliches Abschreckmittel gegen Zecken und Herbstgrasmilben.
Andere Besitzer haben gute Erfahrungen damit gemacht, das Fell ihres tierischen Gefährten mit verdünntem **Obstessig** einzusprühen oder die Pfoten mit **Kaisernatron** oder **Backpulver** einzupudern.

Besonders bei langem, dichtem Fell ist es schwierig, kleine Plagegeister oder Hauterkrankungen zu entdecken.

Die ätherischen Öle von Lavendel können kleine Plagegeister fernhalten.

Auch **ätherische Öle**, z.B. Lavendel, Nelke oder Citronella, schrecken so manches Insekt oder Spinnentier ab. Geben Sie auf 10 ml Trägeröl – z.B. Olivenöl – insgesamt maximal 5 Tropfen ätherischer Öle und verteilen Sie vor Spaziergängen einige Tropfen der Mischung im Fell.

Bei manchen – leider nicht bei allen – Hunden schützt eine **Bernsteinkette** vor Zecken. Der Bernstein erzeugt durch Reibung eine statische Aufladung, die Zecken offenbar sehr unangenehm finden.

Umgebungsbehandlung

Sprühen Sie regelmäßig den Staubsaugerschlauch und -beutel mit einem Flohspray ein und lassen ihn trocknen, bevor Sie saugen. Anschließend lagern Sie den Staubsaugerbeutel bis zum nächsten Gebrauch gut verschlossen in einem Plastikbeutel im Gefrierschrank.
Die verschiedenen Entwicklungsstadien von Flöhen, Läusen usw. sind empfindlich gegenüber Hitze und extremer Kälte. Daher ist auch die Anschaffung eines Heißdampfreinigers eine gute Investition, mit dem alle Böden und Gegenstände, die Heißdampf vertragen, regelmäßig bearbeitet werden.

Alles, was waschbar ist und in die Waschmaschine passt, kann bei möglichst hoher Temperatur gewaschen werden. Hitzeempfindliche Dinge können in einem gut verschlossenen Plastikbeutel für 24 bis 48 Stunden in die Gefriertruhe gelegt werden.

Kämmen Sie Ihren Hund regelmäßig durch, um Parasiten und Kot zu entfernen. Wenn Sie den Kamm leicht einölen, lassen sich die springfreudigen Flöhe besser einfangen.

Nosode

Ctenocephalus canis C30 (Hundefloh) bei Flohspeichelallergie einmal wöchentlich eine Gabe; hilft, die Anfälligkeit für Flohbefall zu reduzieren.

Chakrablüten Essenzen

Moorfee Essenz bei Flohspeichelallergie, außerdem werden die Hunde seltener von Flöhen befallen.

Allergien/Chronische Haut- und Fellprobleme

Wer schon einmal einen Hund hatte, der unter chronischen Haut- und Fellproblemen litt, kann ein Lied davon singen, wie hoch der Leidensdruck für alle Beteiligten ist und wie langwierig und mühsam es sein kann, sie einigermaßen in den Griff zu bekommen.

Ursachen und Symptome

Die Auslöser für Hautveränderungen sind äußerst vielfältig und komplex. So reagiert die Haut nicht nur mit Symptomen, wenn sie direkt „angegriffen" wird, z.B. durch Verletzungen oder Flohstiche, sondern auch bei Erkrankungen anderer Organe wie der Leber, des Verdauungstraktes, der Hormondrüsen oder der Immunorgane usw. Auch wenn Ihr Vierbeiner sich nicht ausgelastet oder gestresst fühlt, irgendeinen Kummer oder Zorn verspürt, kann sich dies in Hautproblemen äußern. Die Haut fungiert für den gesamten Körper und die Seele als Entgiftungsorgan und wenn andere Organe mit ihren Aufgaben überfordert sind, steht die Haut hilfsbereit zur Verfügung, leider auf Kosten ihrer eigenen Stabilität.

Wenn die Haut geschwächt ist, wird nahezu automatisch das Fell in Mitleidenschaft gezogen. Erschwerend kommt hinzu, dass sich durch zunächst banale Auslöser wie Flohstiche eine Allergie entwickeln kann. Später genügt dann ein einziger Floh, um den Hund buchstäblich aus der Haut fahren zu lassen. Außerdem kann bei Allergien der auslösende Reiz vor langer Zeit sein Unwesen getrieben haben und zum aktuellen Zeitpunkt des Allergieausbruchs gar nicht mehr bestehen. So kann ein Futter, das Sie vor Längerem schon abgesetzt haben, den Grundstein für die überschießenden Hautreaktionen gelegt haben.

Unter den Allregieauslösern gibt es drei Hauptgruppen: Futtermittel, Flohspeichel/Milben und die große Gruppe der Umweltallergene.

Und um das Ganze noch komplizierter zu machen: Möglicherweise liegen mehrere Ursachen unabhängig voneinander vor, etwa wenn Ihr Hund wegen einer Schilddrüsenunterfunktion dünnes Fell bekommt und sich zusätzlich wegen Befall mit Herbstgrasmilben die Haut wund knabbert. Und dann kann eine bestehende Hauterkrankung weitere Probleme nach sich ziehen, z. B. wenn Milbenbefall zu unerträglichem Juckreiz führt, der Hund sich die Haut wund leckt und dadurch einer Bakterien- oder Pilzinfektion Tür und Tor öffnet.

Was Ihnen auffällt

Egal, was der Auslöser ist, die Haut reagiert oft heftig und mit allerlei Symptomen: Juckreiz, Rötungen, trockenen oder nässenden Ekzemen, Verdickung, Ausdünnung, Eiterungen, Pilzbefall, Haarbruch, Haarausfall, Pigmentstörungen usw.

Mal sind die Veränderungen auf bestimmte Partien begrenzt, mal über die gesamte Körperoberfläche verteilt. Mal tritt der Juckreiz zu bestimmten Gelegenheiten, Tageszeiten oder an bestimmten Orten auf, mal besteht er nahezu ununterbrochen. Die Symptome sind meist so unspezifisch, dass man aus ihnen nicht auf die Ursache schließen kann.

Was Sie tun können

Ursachenforschung

Wenn Sie sich erhoffen, hier die ultimative Lösung für die chronischen Hautprobleme Ihres Hundes zu finden, müssen wir Sie leider enttäuschen. Die erfolgreiche Behandlung gleicht der Suche nach der berühmten Stecknadel im Heuhaufen und erfordert viel Geduld.

Arbeiten Sie mit einem Tierheilpraktiker oder Tierarzt zusammen und versuchen Sie, nach und nach alle potenziellen Auslöser zu ermitteln und – soweit möglich – zu beseitigen oder zu reduzieren.

Um bloß nichts von den vielen Dingen zu übersehen, die an der Entstehung einer Allergie beteiligt sind, ist es sinnvoll, zusammen mit dem Tierheilpraktiker/Tierarzt eine Checkliste zu erstellen und nach und nach alle Punkte „abzuarbeiten".

Um dabei mögliche Zusammenhänge zu erkennen, hat es sich bewährt, ein Allergietagebuch zu führen. Darin notieren Sie alles, was am Tag bei Ihnen los war, z. B. Besuch von Oma (könnten etwa die Hundekekse, die sie mitbringt, mit den wiederkehrenden Juckattacken zu tun haben?) Welche Spazierwege sind Sie gegangen? (Führten sie vielleicht am Badesee vorbei, in den Ihr Hund so gern reinspringt? Und macht die Haut prompt am nächsten Tag mit allerlei Ausschlägen auf sich aufmerksam?) Waren Sie zusammen im Auto unterwegs? (Vielleicht wird Ihnen plötzlich klar, dass die Hautbeschwerden immer danach schlimmer werden und finden prompt Flöhe im Autositz; oder Ihr Hund verbindet etwas Traumatisches mit dem Auto und fährt deshalb aus der Haut.) Mit welchen Hunden hat er gespielt? Wie sieht die Haut aus? Welche Stellen sind besonders betroffen? Besteht Juckreiz? Wenn ja, wo/wann usw. Was wurde gefüttert? Zu welchen Tageszeiten treten die Beschwerden auf? Gibt es einen bestimmten Platz im Haus, wo Ihr Hund sich besonders viel kratzt oder völlig entspannt ist?

Versuchen Sie sich zu erinnern, wann die Hautprobleme anfingen und was in der Zeit zuvor in Ihrem Familienrudel los war. Vielleicht ist eines der Kinder ausgezogen und der vierbeinige Freund leidet darunter?

Sie sehen: Fragen über Fragen. Sie sind jedoch sehr nützlich, um bestimmte regelmäßig auftretende Juckreiz-„Muster" zu erkennen und führen im Idealfall irgendwann zum Kernproblem und zu dessen Lösung.

Fangen Sie beim Abarbeiten der erwähnten Checkliste mit den beiden häufigsten Allergieauslösern an: dem Futter und Ektoparasitenbefall (vor allem allergische Reaktionen auf Flohspeichel, Milben bzw. Milbenkot). Das bedeutet eine konsequente Ausschlussdiät und Bekämpfung von Flöhen und Konsorten.

Viel schwieriger gestaltet sich das Erkennen der vielen Umweltallergene, weil sie schwer zu fassen sind.

Hier kann sich das Bioresonanz-Verfahren, das von vielen Tierheilpraktikern, aber auch Tierärzten angeboten wird, als sehr nützlich erweisen, um sich in dem Wust der möglichen Allergene zu orientieren. Wenn Sie ein Allergen dingfest gemacht haben, ist die beste Maßnahme, es komplett zu beseitigen. Wenn Sie feststellen, dass das Halsband Ihres Hundes Allergieschübe auslöst, ist es einfach, es zu ersetzen. Wenn Ihr Vierbeiner aber auf Birkenpollen reagiert, wird es mit der völligen Vermeidung des Allergens schwierig. Mithilfe der Bioresonanz lassen sich nicht nur Allergene erkennen, es ist auch möglich, die bestehende Allergiebereitschaft zu reduzieren bzw. zu beheben. Auch **Heilzeichen** leisten hier gute Dienste (siehe Seite 23 ff.).

Lokale Behandlung

Um bestehenden Juckreiz zu lindern, Wundsekret oder Krusten zu entfernen und die Hautregeneration zu unterstützen, gibt es verschiedene Möglichkeiten: Baden, lokale Waschungen oder Umschläge. Es gibt viele Shampoos auf dem Markt speziell für allergische Hautprobleme, die mit Sicherheit alle ihren Wert haben. Aber sie enthalten meist eine Vielfalt an Inhaltsstoffen, teils auch Wirkstoffe gegen Bakterien oder Pilze. Da erscheint es sinnvoller, die ohnehin schon überempfindliche Haut mit möglichst wenigen Substanzen zu bearbeiten. Daher bieten sich zur Hautreinigung oft Kräutertees an. Besonders gut eignet sich hierzu Tee aus **Ringelblume**, **Stiefmütterchen** oder **Salbei**, wenn die Haut nässt und entzündet ist. Wenn die Haut aussieht, als sei Ihr Hund durch Brennnesseln gelaufen, also sehr rot und geschwollen ist mit kleinen Bläs-

Stiefmütterchen eignet sich zur Hautreinigung.

chen, dann kann ein Tee aus **Brennnesseln** gute Dienste leisten. **Malventee** (in diesem Fall nicht mit kochendem Wasser zubereiten, sondern die Blüten etwa 1 bis 2 Stunden in kaltem Wasser unter gelegentlichem Umrühren ziehen lassen) eignet sich bei trockenen Hautausschlägen. Die gründliche Reinigung der Haut erfolgt so oft wie nötig und so wenig wie möglich, also in Abhängigkeit von den Beschwerden Ihres Vierbeiners.
Darüber hinaus sind (mehrmals) tägliche Einreibungen der erkrankten Hautpartien sehr wohltuend, denn sie beruhigen nicht nur den Juckreiz und die damit verbundene Unruhe Ihres geplagten Hausgenossen, sondern auch Ihre eigenen Nerven, die wegen der dauernden Knabberei sehr angespannt sind.

Bei feuchten Ekzemen eignet sich alles, was eher abtrocknend wirkt. Sehr gut geeignet ist **Hübner Original Silicea Balsam**, ein Gel, das sich gut auftragen lässt, nicht klebt, heilungsfördernd und juckreizstillend wirkt.
Bei sehr trockener, schuppiger Haut hat sich **Jojobaöl** bewährt. Es zieht sehr schnell ein.

Innerliche Behandlung

Bei allen chronischen Hautproblemen ist eine Darmsanierung (siehe Verdauung, Seite 103 ff.) dringend notwendig. Denn der Darm ist nicht nur ein Verdauungsorgan, sondern hat auch eine große Bedeutung innerhalb des Immunsystems, und das ist bei Allergien schließlich aus dem Lot geraten.

Der zweite wichtiger Pfeiler besteht in der Beseitigung und Behandlung der (mühsam) ermittelten Begleitkrankheiten bzw. Auslösern.

Die Auswahl eines passenden homöopathischen Mittels gehört bei chronischen Hautproblemen eindeutig in die Hand des erfahrenen Homöopathen. Sonst geht es Ihnen wie vielen anderen Hundebesitzern, die in Eigenregie erfolglos die klassischen Empfehlungen wie Sulfur oder Psorinum ausprobiert haben und sich ganz enttäuscht von der Homöopathie abwenden und wertvolle Zeit verloren haben, den Beschwerden ein Ende zu machen.

Isopathie

Cortisonum 12, eine homöopathische Aufbereitung aus Kortison, kann helfen, symptomatisch den Juckreiz zu lindern und, wenn Ihr Hund wegen der Allergie Kortison vom Tierarzt bekommt/bekommen hat, dessen unerwünschte Nebenwirkungen zu verringern.

Heilzeichen

Wenn Ihr Hund allergisch auf etwas reagiert und es nicht möglich ist, den Allergenkontakt abzustellen, z. B. bei Allergie auf Pollen, dann können Heilzeichen hilfreich sein.

Der Bewegungsapparat

Die Bewegung ist ein kompliziertes Zusammenspiel von Muskeln, Sehnen, Gelenken und Schaltstellen im Gehirn und Rückenmark.

Damit Ihr Vierbeiner sich überhaupt von seinem Platz erheben kann, um mit Ihnen den gemeinsamen Spaziergang anzutreten oder auf Ihren Wunsch hin brav „Sitz" oder „Platz" zu machen, muss in seinem Inneren allerhand in Gang gesetzt werden, allem voran die verschiedenen Anteile des Bewegungsapparates. Man unterscheidet – entsprechend der unterschiedlichen Funktionen – den passiven und den aktiven Bewegungsapparat.

Zum passiven Bewegungsapparat zählt alles, was eine strukturierende, haltende, stützende, also statische Funktion hat: die Knochen, Gelenke, Bänder und Bandscheiben. Ohne diese Anteile würden sich Hunde (Menschen und alle anderen Wirbeltiere ebenso) gar nicht in voller Größe präsentieren können, sondern sich wie wabbelige Quallen fortbewegen müssen.

Der aktive Bewegungsapparat umfasst Muskeln, Sehnen samt Sehnenscheiden und Schleimbeutel, die mit dem passiven Bewegungsapparat eng verbunden sind. Sie ermöglichen, dass unser Hund sich (und sein statisches Grundgerüst) in Bewegung setzen kann, um seine Welt zu erkunden.

Damit die einzelnen Teile des Bewegungsapparates überhaupt tätig werden können, brauchen sie natürlich Nahrung (Energie in Form von Zucker, Sauerstoff, Mineralstoffen usw.), die ihnen über die Blutgefäße angeliefert wird. Diese transportieren bei dieser Gelegenheit gleich den „Abfall" aus vorheriger Muskeltätigkeit ab. Und schließlich wird noch eine zentrale Schaltstelle (Gehirn und Rückenmark) benötigt, um die verschiedenen Bewegungsabläufe zu koordinieren: Sie gibt über Nervenbahnen Impulse („Befehle") an die Anteile des Bewegungsapparates. Andere Nervenbahnen sind dafür zuständig, Informationen (z. B. die Meldung „Muskelschmerz im rechten Oberschenkel") aus dem Bewegungsapparat an das Rückenmark und Gehirn zu leiten.
Bei Erkrankungen des Bewegungsapparates ist meist nicht nur ein Einzelteil betroffen: Bei einem Knochenbruch sind beispielsweise meist auch Muskeln und Sehnen, Blutgefäße und Nerven betroffen, in Gelenknähe außerdem die Gelenke und Bänder.

In der Traditionellen Chinesischen Medizin ist der Knochenstoffwechsel eng mit der Niere verknüpft. Aus diesem Grund unterstützt eine regelmäßige Kur zur Stärkung der Nieren (siehe Seite 118) auch die Knochen, ob bei jungen Tieren im Wachstum oder bei erwachsenen und älteren Tieren.

Erkrankungen des Bewegungsapparates äußern sich meist als Lahmheit und durch Schmerzäußerungen.

Leider lässt sich aus der Art, wie Ihr Hund humpelt, nicht ohne Weiteres schließen, welcher Teil dieses komplexen Systems Beschwerden macht. Es kann sich auch schwierig gestalten, die Stelle, die schmerzt, genau zu ermitteln. Um die geeigneten Therapiemaßnahmen auszuwählen, ist es allerdings wichtig, das Problem möglichst genau zu erkennen und zu lokalisieren.

Beobachten Sie zunächst, wie Ihr Hund sich verhält. Fällt ihm das Aufstehen oder das Hinlegen schwer? Nimmt er im Liegen eine andere Position ein als sonst? Nimmt er im Stehen eine Schonhaltung ein? Wird ein Bein gar nicht aufgesetzt oder kaum belastet? Humpelt er? Und wenn ja, auf welchem Bein? Setzt er das erkrankte Bein eher vorsichtig auf und belastet es nur kurz? Oder macht es ihm Probleme, in der Bewegung das erkrankte Bein nach vorn zu führen (der Schritt erscheint dann verkürzt).
Bei sichtbaren Verletzungen ist es gut erkennbar, welcher Körperteil betroffen ist. Schwieriger ist es für Sie zu unterscheiden, ob die Beschwerden eher vom passiven oder aktiven Teil des Bewegungsapparates ausgehen oder – auch das ist natürlich möglich – die Blut- oder Nervenversorgung gestört ist.

Wachstum

In der Wachstumsphase – ganz besonders in den ersten drei bis neun Lebensmonaten – kann man fast zusehen, wie der Welpe wächst. Sein Nährstoff- und Energiebedarf ist so hoch wie danach nie wieder, muss aber, als Voraussetzung für eine gesunde Entwicklung, seinem Bedarf korrekt angepasst sein. Zu schnelles Größenwachstum, aber auch eine zu hohe Gewichtszunahme im Vergleich zu gleichaltrigen Hunden können u. a. Skelettentwicklungsstörungen wie Hüft- und Ellenbogengelenkdysplasien und damit eine Arthrose begünstigen (siehe Arthrose Seite 184 ff.).

Was Sie tun können

Ernährung

Das Angebot an Fertignahrung für junge, wachsende Hunde ist riesig. Ob die Zusammensetzung tatsächlich dem Nährstoffbedarf Ihres Hundes entspricht, lässt sich nur mit einer individuellen Futterberechnung ermitteln.

Besonders bei so großen Rassen wie Doggen sollte das Wachstum nicht durch eine Überversorgung beschleunigt werden.

Auch wenn Sie Ihren Hund BARFen ist eine Rationsberechnung nötig. Damit können Sie sowohl extreme Über- als auch Unterversorgungen vermeiden.
Gerade bei schnell wachsenden Welpen großer Rassen hat es sich bewährt, mit entsprechenden Zusätzen den Knochenstoffwechsel zu regulieren, z. B. mit **Perna Junior** (enthält u. a. Grünlippmuschelextrakt) oder **Arthroluxyl® C Tabletten** (eine fein abgestimmte Mischung von Kräutern mit Mineralien und Spurenelementen).

Homöopathie

Neben der Ernährung spielt natürlich auch die Konstitution eine wesentliche Rolle bei der Entwicklung eines Hundes. Hundewelpen brauchen auffällig oft **Calcium carbonicum**, **Calcium phosphoricum** oder **Silicea** als Konstitutionsmittel und genau diese Mittel haben einen großen Bezug zum Knochensystem, den Bändern und Sehnen. Obwohl anhand eines Buches kaum eine Konstitutionstherapie möglich ist und wir empfehlen, Ihren Vierbeiner einem homöopathisch arbeitenden Tierarzt oder Tierheilpraktiker vorzustellen, soll kurz auf die wesentlichen Eigenschaften dieser drei großen Mittel eingegangen werden.

Calcium carbonicum C30 eignet sich für Welpen schwerfälliger, großer Hunderassen und auch für „Flaschenkinder". Calcium carbonicum ist ein wichtiger Bestandteil der Knochen, was den Einsatz dieses Mittels bei Entwicklungsstörungen des Skelettsystems erklärt. Hunde, die dieses Mittel brauchen, verfügen über einen ausgesprochen guten Appetit, sind aber als Welpen oft trinkfaul. Es muss darauf geachtet werden, dass sie nicht zu schwer werden, da sonst Erkrankungen besonders des Rückens und der Beine schon vorprogrammiert sind. Vielleicht fällt Ihnen auf, dass Ihr Fellbündel überaus gern Eier frisst und ein Verlangen nach Unverdaulichem wie Sand, Steine, Mörtel und Kalk hat. Auffällig ist außerdem die Unverträglichkeit von Milch (auch Muttermilch), die zu Durchfall führt (siehe Silicea).
Calcium phosphoricum C30 ist angezeigt, wenn Wachstumsschmerzen im Vordergrund stehen, da dieses Mittel die Mineralisierung der Knochen fördert. Die Junghunde sind schlank, um nicht zu sagen mager, feingliedrig und schießen enorm schnell in die Höhe.
Silicea C30, die Kieselsäure, ist ein wichtiges Mittel für das Knochenwachstum. Es wird oft für zu früh geborene, zartgliedrige, untergewichtige Welpen benötigt, die eher schwach sind und in Konkurrenz zu ihren kräftigeren Geschwistern Mühe haben, eine Zitze zu ergattern. Wenn sie dann endlich trinken, erbrechen sie die Milch (ob Muttermilch oder Welpenaufzuchtmilch) häufig wieder. Sie wollen nicht richtig gedeihen, sind bewegungsschwach und verfroren.

Verletzungen

Hinkt oder humpelt Ihr Hund, muss das nicht unbedingt ein Zeichen von Krankheit sein. Manchmal hat sich etwas – eine Granne, ein Stein oder sonstiger Fremdkörper – zwischen die Zehen gesetzt, das entfernt werden muss, damit Ihr Vierbeiner wieder ungehindert herumtollen kann. Deshalb werfen Sie, sollte Ihr Hund plötzlich Schwierigkeiten beim Laufen haben, zuerst einmal einen kritischen Blick auf seine Pfoten. Ist dort alles okay, tasten Sie ihn systematisch ab, um sich einen ersten Überblick über mögliche Verletzungen zu verschaffen, und versuchen Sie herauszufinden, ob und wo Ihre Berührung ihm Schmerzen bereitet. Es ist nicht einfach zu erkennen, ob und in welchem Ausmaß Hunde Schmerzen verspüren, und es erübrigt sich wohl zu sagen, dass es auch bei ihnen die Mimosen gibt, die bei der kleinsten Kleinigkeit ein Wehgeschrei anstimmen, und dann auch die, die extrem hart im Nehmen sind.

Was Ihnen auffällt

Neben der Lahmheit können Zeichen für Schmerzen sein, wenn Ihr Vierbeiner

- an bestimmten Körperteilen besonders berührungsempfindlich ist, vielleicht sogar mit Reizbarkeit reagiert;
- nur mühsam aufstehen kann;
- auffällig ruhig oder auch unruhig ist;
- häufig die Liegeposition wechselt;
- zittert;
- eine Körperstelle immer wieder beleckt, ohne dass eine Verletzung sichtbar ist;
- keine Lust zum Spielen oder Spazierengehen hat;
- sich weigert, Treppen zu gehen oder ins Auto zu springen;
- staksig, steif, hoppelnd oder wankend läuft;
- den Rücken krümmt.

In vielen Fällen kann durch eine gründliche fachkundige Lahmheitsuntersuchung recht genau festgestellt werden, wo der Grund für die Beschwerden liegt. Wenn dies nicht möglich ist, sind weitergehende Untersuchungen erforderlich, z. B. Röntgen oder Ultraschall.

Was Sie tun können

Hier ist Fingerspitzengefühl und eine gute Beobachtungsgabe gefragt: Scheint die Verletzung nur leicht und ist das Allgemeinbefinden Ihres Hundes weiterhin gut, können Sie ein bis zwei Tage abwarten und **Traumeel® ad us. vet. Tropfen** (alkoholhaltig) oder **Tabletten** (im Akutfall alle 2 bis 3 Stunden 5 Tropfen oder 1 Tablette), alternativ die Chakrablüten Essenzen **Zell Essenz** und/oder **Balsam Essenz** verabreichen. Bessern sich die Beschwerden in dieser Zeit nicht deutlich oder tritt eine Verschlechterung ein, stellen Sie Ihr Tier dem Tierarzt vor.

Homöopathie

Arnica C30 ist ein großartiges Verletzungsmittel, geben Sie einmalig 3 bis 5 Globuli. Je nach Art der Beschwerden können Sie dann ein weiteres Mittel heraussuchen und Ihrem Hund nach Ablauf von 2 bis 3 Stunden verabreichen (für Details siehe Haus- und Notfallapotheke, Seite 196 f.).

Blutergüsse

Hamamelis C30

Bänderriss

Rhus toxicodendron C30

Muskelverletzungen, Muskelriss

Arnica C30
Calendula C30

Muskelverspannungen

Ginkgo biloba D3, 3-mal täglich, löst Muskelverspannungen und Beschwerden durch Überlastung.

Nerven-/Rückenmarksverletzungen

Hypericum C30

Pfotenverletzungen

Hypericum C30

Die Pfoten sind reichlich mit Nervenfasern ausgestattet, daher die gute Wirkung von Hypericum, dem Hauptmittel bei Nervenverletzungen.

Verstauchungen, Prellungen, Zerrungen

Arnica C30
Bellis perennis C30
Rhus toxicodendron C30

Besonders im Hundesport wird der Gelenkapparat stark belastet.

Knochenbrüche (Frakturen)

Bei Knochenbrüchen wird zwischen geschlossenen und offenen Brüchen unterschieden. Während beim geschlossenen Bruch keine offene Wunde besteht, sind bei der offenen Fraktur Haut und Muskeln sichtbar verletzt und eventuell Knochenteile erkennbar. In diesem Fall ist die Gefahr von bakteriellen Infektionen des Knochens besonders groß, welche die Heilung stark behindern.
Spätere Beeinträchtigungen treten am ehesten auf, wenn die Verletzung nicht rechtzeitig oder nicht fachgerecht versorgt werden konnte oder der Hund sein Bein nicht ausreichend schont. Fehlstellungen und Arthrosen sind die Folge.

Was Ihnen auffällt

Ihr Hund leidet im Bereich der Fraktur unter starken Schmerzen und einer Schwellung mit Druckempfindlichkeit, was ihn veranlasst, eine mehr oder weniger deutliche Schonhaltung einzunehmen. Handelt es sich um einen offenen Bruch, können Sie eine Wunde sehen. Ist eine Gliedmaße betroffen, kann sie eine völlig ungewohnte Position einnehmen bzw. kann ihre Beweglichkeit eingeschränkt oder unnatürlich erhöht sein.
Einen Knochenbruch stellt der Tierarzt anhand einer Röntgenaufnahme fest.

Was Sie tun können

Bevor Sie den Hund zum Tierarzt fahren, stellen Sie, wenn möglich, den betroffenen Körperteil ruhig, z. B. mit einem Verband. Offene Wunden decken Sie mit einem sauberen Tuch ab.

Homöopathie

Als erstes Mittel wird eine Gabe **Arnica C30** verabreicht. Es ist das Mittel der Wahl bei Verletzungen von Weichteilen (Muskeln) und bei Blutungen, wirkt abschwellend und schmerzstillend.

Als nächstes Mittel wird nach etwa 2 bis 3 Stunden **Symphytum C30** gegeben, das die Knochenschmerzen lindert und die Kallusbildung (Knochenheilung) anregt.
Sind Nerven betroffen, wird zusätzlich zu Arnica und Symphytum nach weiteren drei Stunden **Hypericum C30** gegeben.
Calcium phosphoricum C30 wird benötigt, wenn die Fraktur eine schlechte Heilungstendenz hat und der Hund vermehrt Beschwerden bei Kälte hat.
Handelt es sich um einen komplizierten Bruch mit Knochenhautprellung oder -verletzung, der auch nach Wochen noch starke Schmerzen verursacht, wird eine einmalige Gabe **Ruta C30** helfen. Typisch: Der Hund ist auffallend ruhelos, am gebrochenen Knochen sind knotige Verdickungen zu ertasten.

Chakrablüten Essenzen

Die **Jacumbofee Essenz** beschleunigt die Knochenheilung.
Die **Princess Flower Essenz** ist nicht nur bei körperlichen Wunden hilfreich, sondern auch, um den seelischen Schock zu verarbeiten.
Die **Balsam Essenz** ist das Mittel der Wahl, um Schmerzen zu lindern.

Heilzeichen

Bei ganz frischen Verletzungen schreiben Sie einen Zettel (siehe Abbildung) und legen ihn unter oder neben Ihren Hund. Wenn Sie kein Schreibzeug zur Hand haben, zeichnen Sie mit dem Finger dicht über der verletzten Stelle quasi „in die Luft".

Bandscheibenvorfall (Dackellähme)

Ursachen und Symptome

Der Bandscheibenvorfall oder die „Dackellähme", wie er im Volksmund gern genannt wird, wird durch den Vorfall einer Bandscheibe in den Wirbelkanal hervorgerufen und kann selbstverständlich auch bei anderen Hunden auftreten. Nichtsdestotrotz hat die Bezeichnung Dackellähme ihre Berechtigung: Aufgrund des langen Rückens und der kurzen Beine tritt die Erkrankung häufig bei Dackeln auf. Die Wirbelsäule ist aus den einzelnen Wirbeln mit zwischengelagerten Bandscheiben aufgebaut. Letztere bestehen aus einem Faserring, dessen Mitte ein Bindegewebskern bildet. Die Bandscheiben dienen als hochelastische Puffer, die Belastungen abfangen, Stöße abfedern und zusammen mit den kleinen Wirbelgelenken die hohe Beweglichkeit der Wirbelsäule ermöglichen.

Zum Vorfall kann es kommen, wenn der Bindegewebsring einreißt und Teile des Faserrings in den Wirbelkanal eindringen oder durch Verlust der Festigkeit und dadurch bedingte Vorwölbung des Faserrings in den Wirbelkanal. Beides führt zu Druck auf das Rückenmark und Symptomen wie Bewegungseinschränkungen, Bewegungsunlust, Koordinationsstörungen im Bewegungsablauf, Lahmheit, Schmerzen usw.

Auftreten und Ausmaß der Symptome sind abhängig von der Geschwindigkeit, mit der der Vorfall auftritt, sowie dem Grad der Vorwölbung, von der Lokalisation (Hals-Brust-, oder Lendenwirbelsäule) und natürlich vor allem vom Grad der Zerstörung des Rückenmarks.

Am häufigsten kommen Bandscheibenvorfälle im Bereich der Lendenwirbelsäule vor; dementsprechend betreffen die auftretenden Symptome die hintere Körperpartie.

Ein Bandscheibenvorfall tritt häufig bei Hunden mit langem Rücken und kurzen Beinen auf.

Was Ihnen auffällt

Folgende Symptome deuten auf einen möglichen Bandscheibenvorfall hin:
Beschwerden treten oft plötzlich, mitten im Spiel auf. In vielen Fällen verursacht der Bandscheibenvorfall starke Schmerzen, Ihr Hund mag sich dann nicht mehr bewegen. Häufig will er noch nicht einmal berührt werden. Aufstehen und Hinlegen fallen ihm schwer, zuweilen schreit er vor Schmerzen auf. Er geht steifbeinig, oft auch mit gekrümmtem Rücken und eingeklemmter Rute.

Bei einem vollständigen Bandscheibenvorfall treten mehr die Lähmungserscheinungen in den Vordergrund. Bei Vorfällen im Lendenwirbelbereich hat Ihr Hund keine Kraft und kaum oder kein Gefühl in den Hinterbeinen. Er kann nicht einmal mehr stehen, geschweige denn gehen, kann nicht mehr mit dem Schwanz wedeln und verliert die Kontrolle über Mastdarm und Blase.

Bereits beim leisesten Verdacht, bei Ihrem Hund könne ein Bandscheibenvorfall vorliegen, gehört er schnellstmöglich zum Tierarzt!

Die Diagnose wird mittels Röntgenaufnahme oder Computertomografie gestellt. Anhand der Befunde wird Ihr Tierarzt mit Ihnen beraten, ob eine Operation angebracht ist.

Was Sie tun können

Homöopathie

Die genannten Mittel eignen sich sowohl zur Versorgung von Bandscheibenvorfällen, bei denen die Schmerzen im Vordergrund stehen, als auch bei Lähmungserscheinungen. Wenn der Bandscheibenvorfall plötzlich aufgetreten ist, geben Sie als erstes Mittel eine Gabe **Arnica C30** und nach etwa 2 bis 3 Stunden eine Gabe **Hypericum C30**.
Bryonia C30 ist dadurch gekennzeichnet, dass die Schmerzen für den Hund zu ertragen sind, solange er sich nicht regt; Bewegung verschlimmert seine Beschwerden extrem. Er möchte am Rücken nicht berührt werden, es sei denn, man übt starken Druck aus. Wärme und Hitze, auch warmes Wetter verschlimmern seine Beschwerden, kühle, frische Luft dagegen verbessert sie.
Nux vomica C30 (siehe Konstitutionsmittel) lässt sich am besten daran erkennen, dass die Hunde ausgesprochen reizbar und schmerzempfindlich sind sowie auf Berührung, besonders des Rückens, deutlich aggressiv reagieren. Dieses Mittel ist auch bei Lähmungserscheinungen

sehr hilfreich. Die Beschwerden treten oft sehr plötzlich auf und können so heftig werden, dass der Hund apathisch wird. Bei allmählich auftretenden Beschwerden, die eher beim älteren Hund vorkommen, weigert sich der Hund, Treppen zu gehen, hat Probleme beim Aufstehen und Hinlegen und zeigt einen steifen Gang mit kurzer Schrittlänge.

Schüßler Salze

Nr. 7 Magnesium phosphoricum D6 wirkt krampflösend und schmerzlindernd.

Chakrablüten Essenzen

Die **Magnetische Essenz** ist ein wichtiges Mittel bei Reizungen des Rückenmarks, ob durch Bandscheibenvorfall oder Entzündungen.
Bei Bandscheibenvorfällen haben sich auch Akupunktur bzw. Akupressur, Magnetfeld- oder Lasertherapie bewährt.
Fragen Sie bei Tierärzten bzw. Tierheilpraktikern in Ihrer Umgebung nach, ob sie diese Verfahren anbieten und bei Ihrem Sorgenkind für angebracht halten.

Hinterhandschwäche (Cauda equina Syndrom)

Ursachen und Symptome

Hinter der Schwäche der Hinterbeine steckt meist eine zunehmende Einengung im Bereich der hinteren Lendenwirbelsäule und des Kreuzbeins. Dadurch werden die dort austretenden Nerven gereizt, was zunächst zu mehr oder weniger starken Schmerzen führt. Bei Fortschreiten der Beschwerden kommt es zu Nervenausfällen und Lähmungserscheinungen.
Meist sind große Hunde mittleren Alters, allen voran Schäferhunde, betroffen.

Was Ihnen auffällt

Die Beschwerden beginnen schleichend. Bei einer „verkehrten Bewegung" jault der Hund plötzlich auf, mag sich nicht mehr bewegen geschweige denn springen.
Er hat einen steifen Gang, lahmt mal auf dem einen, mal auf dem anderen Hinterbein. Recht typisch für das Cauda equina Syndrom ist, dass der Hund die Hinterbeine beim Laufen nicht richtig anhebt. Dadurch schleifen die Krallen über den Boden und nutzen sich stärker ab.

Im Lauf der Erkrankung kommt es zu Lähmungen der Hinterbeine, des Schwanzes und der Schließmuskeln von Blase und Darm und damit zu unkontrolliertem Kot- und Harnabsatz. Röntgenaufnahmen zeigen die Einengungen des Wirbelkanals.

Was Sie tun können

Siehe Behandlungsvorschläge unter Bandscheibenvorfall (Seite 182).

Gelenkprobleme

Bewegliche Verbindungen zweier oder mehrerer Knochen werden als Gelenk bezeichnet. Ganz egal an welcher Stelle des Hundekörpers sich ein Gelenk befindet, der Aufbau ist vom Prinzip immer gleich: Gelenke bestehen aus den beteiligten Knochen, deren Enden vom Gelenkknorpel überzogen sind, einer bindegewebigen Kapsel, welche die Knochenverbindung umgibt, und Bändern, die das Ganze stabilisieren. Runde, harmonische Bewegungsabläufe sind nur dann möglich, wenn alle beteiligten Komponenten korrekt zusammenpassen.
Hunde sind Bewegungstiere, die ausgedehnte Spaziergänge ebenso lieben wie Spielen, Toben und Rennen – vorausgesetzt, sie sind gesund und munter. Doch leider sind schmerzhafte Gelenkprobleme wie Arthrose, Hüft-

gelenkdysplasie und andere bei unseren Vierbeinern gar nicht einmal so selten. Die Ursachen sind vielfältig und reichen von der genetischen Disposition über Fütterungs- und Haltungsfehler bis hin zu Abnutzungserscheinungen im Alter. Die wichtigsten Auslöser werden unten im Einzelnen besprochen.

Arthrose

Ursachen und Symptome

Unter einer Arthrose wird der übermäßige Verschleiß eines Gelenkes durch eine Knorpelrückbildung verstanden. Der schützenden Knorpelschicht beraubt, reiben die Knochen direkt aufeinander, wodurch eine normale Bewegung des Gelenks schwierig und schmerzhaft wird. Es handelt sich um eine schleichende Entwicklung, bei der als Auslöser das Gewicht Ihres Tieres eine wesentliche Rolle spielt. Können Sie bei Ihrem Vierbeiner die Taille nicht mehr sehen, lässt sich das kaum mehr mit Sätzen wie „Das ist doch nur sein aufgebürstetes Fell!" abtun, sondern der Hund ist schlichtweg zu dick – und das geht auf die Gelenke. Am häufigsten sind die Gelenke betroffen, die großer Belastung ausgesetzt sind, wie die der Beine und Hüfte, aber auch die der Wirbelsäule.

Als Auslöser kommen alle Faktoren, die zu einer Fehlbelastung der Gelenke führen, infrage, beispielsweise

- zu schnelles Wachstum,
- Erkrankungen des Gelenks selbst durch Frakturen, Verletzungen, Kapselrisse oder Entzündungen,
- Verletzungen der Sehnen und Bänder,
- degenerative Prozesse im Alter,
- Überlastungen des Gelenks,
- Hüftgelenkdysplasie,
- Infektionskrankheiten wie die Borreliose.

Was Ihnen auffällt

Ihr Vierbeiner hat Schwierigkeiten beim Hinlegen und Aufstehen und braucht vor allem nach längeren Ruhephasen eine gewisse Anlaufzeit, bis er sich „eingelaufen" hat. Er läuft nicht mehr so sicher wie früher, humpelt und hat insgesamt wenig Spaß an Bewegung. Er tut sich schwer, Treppen zu steigen oder ins Auto zu springen, wechselt aufgrund der Schmerzen immer wieder seine Liegeposition und bevorzugt weiche und warme Liegeplätze.
Die Diagnose wird anhand einer Röntgenaufnahme gesichert.

Was Sie tun können

Homöopathie

Harpagophytum D6, die Teufelskralle, hat einen großen Bezug zum Knorpel und ist darum das Hauptmittel bei Arthrosen. Wenn Sie unter den beschriebenen Mitteln kein wirklich ähnliches für Ihr Tier finden, geben Sie Harpagophytum immer wieder einmal kurmäßig 3-mal täglich über einen Zeitraum von etwa vier bis sechs Wochen.
Calcium carbonicum C30 (siehe Konstitutionsmittel) siehe Wachstum Seite 177 f.
Calcium fluoricum C30 wirkt besonders gut, wenn die Arthrose durch Überlastung hervorgerufen wurde. Hunde, die gut auf dieses Mittel ansprechen, sind fast immer ausgesprochen schlechte Futterverwerter und werden im Krankheitsfall – so unruhig und hektisch sie normalerweise sind – sehr schnell antriebslos.
Causticum C30 eignet sich gut für überlastete Hunde. Sie stolpern sogar auf ebenem Boden und ihre Gelenke knacken bei Bewegungsbeginn. Auch gähnen die Tiere auffallend oft. Ihre Beschwerden verschlimmern sich morgens und durch jede Art von Aufregung. Besser geht es ihnen, wenn sie warm eingerollt im Körbchen liegen. Sie lassen sich ausgesprochen widerwillig untersuchen.

Rhododendron D6 hat als wohl auffälligstes Symptom die Verschlechterung durch stürmisches Wetter. Oftmals geht es dem Hund trotz Arthrose ganz gut – bis ein Sturm aufzieht und er kaum mehr laufen kann. Besser geht es ihm nach dem Sturm und durch Wärme.
Rhus toxicodendron D6 hilft bei Schmerzen, die besonders ausgeprägt in der Ruhe sind, sich durch Bewegung erst für eine Weile deutlich bessern, bei fortgesetzter Bewegung jedoch wieder verschlimmern. Der Hund ist unruhig, ändert ständig seine Liegeposition. Seine Beschwerden verschlimmern sich durch Nässe, Nasswerden, nasskaltes Wetter und bessern sich durch Wärme.
Silicea C30 (siehe Konstitutionsmittel) ist neben Harpagophytum ein weiteres Hauptmittel, das sich bei allen möglichen Lahmheiten, vor allem für verfrorene Hunde, bewährt hat. Die Schmerzen verschlechtern sich deutlich durch Kälte, Nasswerden und im Winter und bessern sich durch Wärme.

Komplexhomöopathie

Zeel® ad us. vet. Tabletten

Futterzusätze

Grünlippmuschelextrakt (z. B. Perna Adult oder Perna Senior) oder **Arthroluxyl® C Tabletten** (eine fein abgestimmte Mischung von Kräutern mit Mineralien und Spurenelementen) verbessern die Nährstoffversorgung des Gelenkknorpels und machen ihn elastischer. Das führt wiederum dazu, dass die Gelenkschmerzen meist deutlich abnehmen. Die Wirkung dieser Präparate setzt erst nach etwa drei bis vier Wochen ein, also nicht zu früh absetzen. Sie sollten über mehrere Monate gegeben werden.

Danach können Sie – je nach Befinden Ihres Vierbeiners – entscheiden, ob Sie die Behandlung langfristig beibehalten oder kurmäßig wiederholen.

Wärmeanwendungen wie hier durch eine Rotlichtlampe lindern Arthrosebeschwerden.

Sonstiges

Die meisten Hunde, die an und unter einer Arthrose leiden, genießen Wärme sehr. Gerade im Herbst und Winter tragen **Wärmeanwendungen** dazu bei, dass Ihr Hund die kalte oder kalt-feuchte Witterung gut übersteht. Gute Dienste leistet ein warmes Körnerkissen oder eine Rotlichtlampe, aber leider hält die Wärme nicht lange vor bzw. die Lampe sollte nur unter Aufsicht angeschaltet werden.
Eine gute Alternative ist eine Unterlage aus möglichst unbehandelter **Schafwolle**. Vielleicht hält jemand in Ihrer Nachbarschaft Schafe oder Sie suchen Im Internet nach einem Schafscherer in Ihrer Umgebung. Dort fragen Sie nach ungewaschener Wolle, die Sie für wenig Geld erstehen können. Je nach Größe Ihres Hundes und der Zahl der Liegeplätze, die Sie ihm ausstaffieren wollen, reichen etwa 500 bis 1000 g (das Vlies eines einzigen Schafes bringt meist 2 bis 3 kg auf die Waage). Naturbelassene

Wolle riecht leider recht streng, aber gerade der hohe Wollfettanteil macht einen großen Teil der segensreichen Wirkung aus. Wem der Geruch zu penetrant ist, wäscht die Wolle mit einem milden Shampoo oder Wollwaschmittel in warmem Wasser, spült mehrmals gut durch (nicht wundern, das Spülwasser wird richtig schmutzigbraun) und lässt die Wolle trocknen. Zupfen Sie die Wolle ein wenig auseinander und stecken Sie sie in einen alten Kopfkissen- oder Bettbezug, damit sie sich nicht überall in der Umgebung verteilt. Dann legen Sie das Kissen in den Hundekorb oder auf den Lieblingsplatz. Die meisten Hunde schätzen diese wunderbar weiche und wärmende Unterlage sehr.

Hüftgelenkdysplasie (HD)

Ursachen und Symptome

Eine Hüftgelenkdysplasie ist eine Fehlbildung des Hüftgelenks; die Gelenkpfanne und der Oberschenkelknochen passen nicht richtig zueinander. So kommt es zu Schmerzen und im Laufe der Zeit durch die ständige Reibung des lockeren Gelenks zur Knorpelabnutzung und damit zur Arthrose. In den meisten Fällen sind beide Hüftgelenke betroffen. Die HD kommt in den unterschiedlichsten Ausprägungen vor und ist vererbbar. Besonders häufig tritt sie bei großen Rassen wie Schäferhund, Berner Sennenhund, Rottweiler, Golden Retriever, Boxer und Labrador Retriever auf. Zu schnelles Wachstum, hohes Körpergewicht und übermäßige Belastung vor allem in jungen Jahren wie Treppensteigen und Springen fördern die Ausbildung einer HD.

Was Ihnen auffällt

Der Hund leidet unter Schmerzen, was sich durch Bewegungsunlust äußert: Beim Spaziergang setzt oder legt er sich häufiger hin oder weigert sich sogar weiterzulaufen. Die Schmerzen können so stark sein, dass er auf Ihre Aufforderungen, doch endlich weiterzugehen, aggressiv reagiert.

Daneben lassen sich, abhängig vom Ausmaß der Gelenklockerung, die unter Arthrose aufgeführten Symptome erkennen. Die Diagnose wird anhand einer Röntgenaufnahme gestellt.

Prävention

- Da die HD erblich ist, ist es Aufgabe der Züchter, vorbelastete Hunde von der Zucht auszuschließen.
- Bei adipösen Hunden ist eine Gewichtsreduktion erforderlich, die zwar die HD nicht beseitigen kann, aber die Gelenke entlastet.
- Die Zusammensetzung des Hundefutters muss alters- und bedarfsgerecht sein.
- Auf altersgerechte Bewegung achten, da sowohl ein Zuviel als auch Zuwenig an Aktivität sich negativ auf die Knochenentwicklung auswirken kann.
- Überlastung meiden, indem beispielsweise verhindert wird, dass der junge Hund zu früh Treppen läuft oder ins Auto hinein- und hinausspringt.

Was Sie tun können

Siehe Kapitel Arthrose Seite 184 f.

Homöopathie

Bryonia C30 ist dadurch gekennzeichnet, dass es dem Hund grundsätzlich gut geht, solange er ruht, und alle Arten von Bewegung seine Schmerzen verschlimmern. Er möchte an den erkrankten Gelenken nicht berührt werden, es sei denn, man übt starken Druck aus. Wärme und Hitze, auch warmes Wetter verschlimmern seine Beschwerden, kühle, frische Luft dagegen verbessert sie.
Calcium carbonicum C30 siehe Wachstum Seite 177 f.

Ellenbogengelenkdysplasie (ED)

Ursachen und Symptome

Die Ellenbogengelenkdysplasie entwickelt sich in der Wachstumsphase des Ellenbogengelenks. Die an der Gelenkbildung beteiligten Knochen passen nicht richtig zueinander, wodurch es zu einer Fehlstellung mit Schmerzen und Lahmheit im Bereich der Vorderbeine kommt. Die ED ist, ebenso wie die Hüftgelenkdysplasie, erblich und auch hier sind eher die großen Rassen betroffen. Begünstigt wird sie durch schnelles Wachstum, hohes Körpergewicht und übermäßige Belastung (Hinauf- und Hinunterrennen von Treppen, lange Wanderungen), aber auch durch Traumen und Unfälle, die zu Verletzungen der Wachstumsfugen führen. Die Ellenbogengelenkdysplasie kann sich auch als Folge einer HD entwickeln, wenn der Hund durch eine Schonhaltung der Hinterhand die Vorderbeine stärker belastet.

Was Ihnen auffällt

Der Hund zeigt Lahmheiten, Gangunsicherheiten und oft auch eine typische Schonhaltung mit nach außen gedrehten Pfoten. Je nach Ausprägung kommen früher oder später die Zeichen einer Arthrose hinzu (siehe Arthrose Seite 184 f.).
Die Diagnose wird anhand einer Röntgenaufnahme, bei Bedarf auch zusätzlich mittels Gelenkspiegelung (Arthroskopie) gestellt.

Prävention

Siehe Hüftgelenkdysplasie Seite 186.

Was Sie tun können

Siehe Arthrose (Seite 184 f.) und Hüftgelenkdysplasie (Seite 186).

Besonders bei recht großen, schweren Rassen tritt HD oder ED häufig auf.

Verhaltensprobleme

Wenn Ihr Hund Verhaltensauffälligkeiten entwickelt, macht er dies nicht ohne Grund. Bevor Sie ihn zurechtweisen oder bestrafen, versuchen Sie herauszufinden, was dahintersteckt. Vereinfacht ausgedrückt gibt es drei wichtige Auslöser.

Zeigt ein Hund Verhaltensauffälligkeiten, können die Ursachen auch körperliche Beschwerden sein.

1. Körperliche Beschwerden

Hat ihr Vierbeiner körperliche Beschwerden, zieht er sich möglicherweise zurück und wirkt traurig, weil er sich nicht wohl fühlt in seiner Haut. Oder er hat Schmerzen und weicht Berührungen aus, reagiert abwehrend mit Knurren, Schnappen oder Beißen, was fälschlicherweise als aggressives Verhaltensproblem gedeutet wird. Lassen Sie beim Tierarzt abklären, wo bei Ihrem Hund „der Schuh drückt", damit das Grundproblem behandelt werden kann.

2. Erziehungsfehler

Hunde sind Rudeltiere und benötigen eine klare Struktur und Hierarchie. Daher ist es wichtig, dass alle zweibeinigen Mitglieder (auch Kinder) des Rudels eine höhere Position innerhalb der Rangordnung einnehmen als der Hund. Wenn Sie als Rudelführer sich nicht eindeutig, klar und bestimmt verhalten, gerät die geordnete Welt Ihres Vierbeiners ins Wanken. Je nach seinem Grundnaturell wird er entweder eher unsicher und ängstlich, weil ihm die Orientierung fehlt, oder er versucht, die Rolle des Leittieres zu übernehmen, um sein Rudel zu beschützen, indem er dominante oder aggressive Verhaltensweisen an den Tag legt.

In diesen Fällen liegt das Grundproblem nicht allein beim Hund, sondern auch bei Ihnen und den übrigen zweibeinigen Familienmitgliedern. Suchen Sie unbedingt Hilfe bei einem erfahrenen Hundetrainer. Zur Unterstützung können naturheilkundliche Mittel eingesetzt werden, um den Hund zu stabilisieren.

Die Veranlagung des Hundes

Hier kommen beispielsweise rassebedingte Eigenschaften zum Tragen. Ein Dobermann wird typischerweise eher Haus und Hof mit seinen Zähnen verteidigen als ein Cavalier King Charles Spaniel, der diese Aufgabe gern anderen überlässt und selbst beschützt werden will.
Die individuelle psychische Verfassung des Hundes, seine Empfindungen und Erfahrungen, die ihn geprägt haben, können ebenfalls zu auffälligem Verhalten führen. Wenn Ihr Hund sich vernachlässigt fühlt, kann er dies nicht mit Worten zum Ausdruck bringen. Er wird möglicherweise immer dann, wenn er lange allein zu Hause bleiben muss, Gegenstände zerkauen oder gegen das Sofa pinkeln. Versuchen Sie zu ergründen, was Ihren Vierbeiner auf der Seele liegt, und suchen Sie nach Lösungsmöglichkeiten. Besonders homöopathische Mittel oder Bachblüten helfen dem Hund, gelassener mit der ihn belastenden Situation umzugehen bzw. eine entspannte Einstellung dazu zu bekommen.

Angst/Ängstlichkeit

Ursachen und Symptome

Angst ist ein natürlicher und sinnvoller Schutzreflex, der in bedrohlichen Situationen den Körper in Alarmbereitschaft versetzt, um ihn auf Kampf oder Flucht vorzubereiten. Die Ausprägung dieses Schutzmechanismus, der zur Ausschüttung verschiedener Stresshormone führt, ist höchst individuell und macht den Unterschied zwischen einem gelassenen und einem ängstlichen Hund aus.
Ängste können angeboren oder erworben sein. Ihre Erscheinungsformen sind abhängig vom Wesen und der Rasse sowie von äußeren Faktoren wie Prägung, Erziehung und Erlebtem. Auch altersbedingte Beschwerden, Krankheit und Schmerz können Ängste auslösen. Angstsymptome zeigen sich bei jedem Hund anders und variieren in Abhängigkeit von Schwere und Häufigkeit.

Angst aus Sicht der Traditionellen Chinesischen Medizin

In der TCM ist die Emotion Angst dem Organpaar Niere/Blase und dem Element Wasser zugeordnet. Die Nieren werden auch als die Wurzel des Lebens bezeichnet, da sie die Erbenergie speichern, die der Welpe bei der Zeugung von den Eltern erbt. Die Nierenenergie kann nicht aufgefüllt werden, sondern verbraucht sich im Laufe des Hundelebens stetig – bis zum Tod unseres Vierbeiners. Wie oben beschrieben ist Angst primär ein natürlicher

Angst ist ein natürlicher Schutzreflex, kann aber sehr unterschiedlich ausgeprägt sein.

Schutzreflex, der einem Hund in bestimmten Situationen das Leben retten kann. Fürchtet sich ein Hund allerdings vor allem und jedem, ist das nicht nur schlecht für unsere Nerven, sondern auch für seine Lebensenergie und seine Nieren. Übermäßige Angst führt zu gesundheitlichen Störungen im Wasserelement.
Auch im Westen kennen wir den Zusammenhang Niere/Blase – Angst. Nicht umsonst finden sich in unserem Sprachgebrauch Aussprüche wie „Das geht mir an die Nieren" oder „Ich mache mir vor Angst in die Hose". Aber auch der umgekehrte Fall ist möglich: Hunde mit einer schwachen Nierenenergie neigen zu Angst und Unsicherheit. Deshalb sollten Sie gerade bei ängstlichen Tieren regelmäßig die Nieren entgiften und unterstützen. **Brennnesseln** als Tee oder getrocknete Blätter eignen sich gut, weil sie nicht nur die Harnwege reinigen, sondern mit ihrem hohen Gehalt an Kieselsäure (einem wichtigen Bestandteil des Bindegewebes und der Knochen) sinnbildlich dem ängstlichen Hund den Rücken stärken.

Brennnesseln eignen sich zum Reinigen der Harnwege.

Was Ihnen auffällt

Oft ist es für Sie nicht erkennbar, weshalb Ihr treuer Begleiter von einer Sekunde zur nächsten aus dem Gleichgewicht gerät. In anderen Fällen lässt sich ein konkreter Auslöser für ängstliches Verhalten benennen. Viele Hunde reagieren auf laute Geräusche, besonders auf Knallgeräusche (Schüsse, Gewitter, Silvester) mit Unruhe, Winseln oder Zittern. Später kann sich eine regelrechte Phobie daraus entwickeln und der Hund sucht sogar schon das Weite, wenn der Staubsauger oder ein Küchengerät in Betrieb genommen wird.
Wenn ein Hund mit dem Autofahren etwas Unangenehmes verbindet, wird jeder Versuch, ihn in den Wagen zu bekommen, zu panischen Reaktionen führen.
Auch mit zunehmendem Alter ist die Wahrscheinlichkeit groß, dass sich Ängste entwickeln. Schließlich lässt im Alter die Funktion der Sinnesorgane nach. Der Hund hört und sieht nicht mehr so gut wie früher, er bekommt Angst im Dunkeln oder reagiert erschrocken, wenn sich jemand unbemerkt nähert.

In manchen Fällen kann die Unsicherheit oder Angst in Aggression umschlagen. Der Hund wird zum Angstbeißer, wenn er die Erfahrung macht, dass in bedrohlichen Situationen Angriff die beste Art der Verteidigung ist.

Was Sie tun können

Reagieren Sie als Tierhalter selbst auf bestimmte Situationen ängstlich, überträgt sich diese Angst auf Ihren Hund. Da hilft nur eins, seien Sie für Ihr Tier der „Fels in der Brandung" und strahlen Sie Ruhe aus! Holen Sie sich bei Bedarf Unterstützung bei einem erfahrenen Hundetrainer, mit dem Sie und Ihr Hund üben können, Krisensituationen souverän zu meistern.
Eine weitere wertvolle Hilfe bieten naturheilkundliche Mittel, die entsprechend der bestehenden Symptome ausgewählt werden.

Homöopathie

Aconitum C30 wirkt gegen Angstzustände, die sich in den Abendstunden auffallend verschlimmern. Es ist das Mittel der Wahl für die Folgen einer Schrecksituation (Silvester, Schüsse, Traumen usw.). Die Angst steht dem Tier buchstäblich ins Gesicht geschrieben. Der Hund möchte nicht berührt werden, geht sofort in Abwehrhaltung. Er reagiert überempfindlich auf Licht, Geräusche und sogar Gerüche, ist unruhig und fährt im Schlaf auf. Seine Angst kommt einer Panik gleich und kann so heftig sein, dass er völlig kopflos wird und flüchtet.

Argentum nitricum C30: Hunde, die gut auf dieses Mittel ansprechen, sind häufig nervös und unruhig. Beschwerden treten auf, wenn sie befürchten, dass etwas Bestimmtes eintreten wird (Lampenfieber). Der Durchfall tritt vor dem gefürchteten Ereignis auf, z. B. vor einem Tierarztbesuch (im Unterschied zu Gelsemium).

Arnica C30 bei Traumen, die durch Unfall oder Verletzung entstanden sind, egal wie lange die Ereignisse zurückliegen mögen. Der Hund hat Angst vor Berührung.

Borax C30: Hunde, die Borax brauchen, haben Angst vor Abwärtsbewegungen, wie sie sie z. B. im Aufzug oder beim Bergabgehen oder -fahren erleben.

Gelsemium C30: Hunde, die gut auf Gelsemium ansprechen, wirken meist nicht ganz so nervös und gehetzt wie Argentum nitricum Hunde. Auch sie haben Angst vor dem Eintreten eines ganz bestimmten Ereignisses (Lampenfieber), aber im Unterschied zu Argentum nitricum treten die Beschwerden erst während eines Ereignisses oder danach auf. Sie können sich äußern als starkes Zittern, deutlich erkennbare Ängstlichkeit, Verstecken und Durchfall.

Isopathie

Mucedokehl® D5 Tropfen helfen bei Ängsten aller Art.

Bachblüten

Rescue® Remedy (Notfalltropfen) eignen sich hervorragend als Basismittel für Notsituationen aller Art, also auch, wenn Ihr Hund vor Angst völlig aus dem Gleichgewicht ist oder Sie keinen Grund für das Verhalten benennen können.

Aspen ist die Blüte für unbestimmte Ängste und allgemeine Ängstlichkeit. Sie wird häufig gebraucht für Hunde, die von klein auf ängstlich, nervös und schreckhaft sind und nicht gut allein bleiben können.

Cherry Plum hilft bei Ängsten, die sich in unkontrollierten Temperamentsausbrüchen äußern können. Typisch ist, dass der Hund in einem Moment ruhig und gelassen wirkt, um im nächsten völlig auszurasten. Hunde, die diese Blüte brauchen, haben eine übersteigerte Kampf-Flucht-Reaktion, sind nervös und unbeherrscht, was sich bis zur völligen Panik steigern kann. Die Blüte baut Gelassenheit auf und ist in den Notfalltropfen enthalten.

Mimulus ist die Blüte bei konkreten Ängsten. Der Hund ist scheu, unsicher und ängstlich, hat oft Angst vor dem Alleinsein, vor lauten Geräuschen, Gewitter und im Dunkeln.

Rock Rose hilft in Paniksituationen, auch in Fällen, in denen der Hund nicht unmittelbar betroffen ist, aber mitbekommt, wie ein Mensch oder Tier in Not gerät. Die Blüte baut Mut und Gelassenheit auf.

Emotionscode nach Dr. Bradley Nelson

Leider sprengt es den Rahmen dieses Buches, diese Methode näher zu beschreiben. Wir erwähnen sie wegen der guten Erfahrungen und oft verblüffenden Erfolge, die sich damit erzielen lassen. Der Emotionscode ist leicht zu erlernen und einfach durchzuführen: Emotionale Blockaden lassen sich aufspüren und auflösen (siehe Literaturempfehlungen am Ende des Buches).

Protestpinkeln/Stubenunreinheit

Wenn Ihr Hund sich aus irgendwelchen Gründen unzufrieden fühlt, kann es sein, dass er dies zum Ausdruck bringt, indem er Urinmarken oder Kothaufen in den Wohnräumen verteilt.
Dieses Markierungsverhalten kann auf ein Rangordnungsproblem hinweisen oder ausgelöst sein durch Ängste, Aufregung sowie durch umweltbedingte oder hormonelle Reize, z. B. Besucher, Hundesitter, Haustiere oder läufige Hündinnen in der Nachbarschaft.

Was Ihnen auffällt

Das Protestpinkeln kann heimlich oder gezielt vor Ihren Augen erfolgen. Ob in kleinen Mengen oder als regelrechte Pfützen, auf jeden Fall wird der Urin willentlich, ganz bewusst und problemlos, also ohne Schmerzäußerungen oder mühevolles Pressen, abgesetzt. Dadurch lässt sich Protestpinkeln bereits recht gut von organischen Störungen wie z. B. einer Harnwegsinfektion oder Inkontinenz abgrenzen. Lassen Sie dennoch zumindest eine Urinuntersuchung durchführen, um eine Harnwegserkrankung auszuschließen.

Wenn Ihr Hund Kothaufen in der Wohnung verteilt, klären Sie zunächst, ob er Verdauungsprobleme hat und den Kot nicht halten kann.

Was Sie tun können

Überlegen Sie, was sich im gemeinsamen Alltag geändert haben mag und Ihren Vierbeiner zu solch einer drastischen Art der Unmutsbekundung gebracht haben kann. Diese Suche kann manchmal dem Aufspüren der berühmten Stecknadel im Heuhaufen gleichen, da Ihr Hund sich nicht in Worten ausdrücken kann. Wenn Sie so gar keine Gründe herausfinden, kann eine Tierkommunikation sehr hilfreich sein.

Vielleicht lässt sich der Grund für das Protestverhalten ganz einfach ermitteln und beheben, sodass Ihr Hund wieder aufhört, die Wohnungseinrichtung zu bewässern oder mit Tretminen zu versehen.

Wenn die Suche nach einem Auslöser erfolglos ist oder Ihr Sorgenkind trotz aller Verbesserungen weiterhin markiert, können vor allem homöopathische Mittel und Bachblüten hilfreich sein.

Homöopathie

Nux vomica C30 (siehe Konstitutionsmittel) ist hilfreich bei Protestverhalten.
Origanum vulgare C30, wenn dominante Rüden oder Hündinnen mit einem ausgeprägten Geschlechtstrieb dazu neigen, ihre (vermeintliche) Leitposition mit dem Setzen von Duftmarken in der Wohnung zu demonstrieren.

Bachblüten

Beech, **Heather**, **Vervain** und/oder **Vine** passen zu Hunden, die recht selbstbewusst oder dominant sind und ihre Verärgerung durch Protest zum Ausdruck bringen.
Scleranthus und **Wild Oat** eignen sich für diejenigen, die sich nicht ausgelastet und dadurch unzufrieden fühlen.
Hunde, die eher aus einer Traurigkeit oder Schwermütigkeit heraus markieren, sprechen gut auf **Elm** und **Mustard** an.
Unsicherheit und geringes Selbstvertrauen lassen sich mit **Cerato** und/oder **Gentian** mildern.

Emotionscode nach Dr. Bradley Nelson (siehe oben unter Ängste).

Notfälle

Auch für einen Hund gibt es Situationen, die lebensbedrohlich sind und schnelles und vor allen Dingen richtiges Handeln erfordern. Bei einem Notfall muss Ihr Vierbeiner unverzüglich zum Tierarzt oder in die Tierklinik.
Natürlich wollen wir hoffen, dass Sie bzw. Ihr Hund nie in eine Notfallsituation kommen, aber wenn, dann ist es zu spät, dieses Buch zur Hand zu nehmen und nachzulesen, was es zu tun gilt. Deshalb legen wir Ihnen ans Herz, dieses wichtige Kapitel mehrmals durchzulesen, damit Sie im Falle eines Falles ruhig und überlegt handeln können.
Viele Hundeschulen und -vereine bieten Erste-Hilfe-Kurse für den Hund an. Dort können Sie viele nützliche Handgriffe erlernen (verschiedene Verbände anlegen, die richtige Lagerung bei Verletzungen usw.). Allerdings ist es sinnvoll, diese Dinge regelmäßig zu üben, damit sie „in Fleisch und Blut übergehen".

Was ist ein Notfall?

Notfälle – das ist jedem klar – benötigen so schnell wie möglich fachkundige (tier-)medizinische Versorgung.
Aber was genau ist ein Notfall? Und woran kann man ihn möglichst frühzeitig erkennen?
In der Medizin bezeichnet man jede Situation, die ohne sofortige medizinische Behandlung zu schweren bleibenden Schäden oder dem Tod führt, als Notfall.

In manchen Fällen sind die auftretenden Symptome dann auch wirklich so deutlich, dass sie eindeutig als Notfall einzustufen sind:

- Lebensbedrohliche Zustände wie starke Blutungen oder Verletzungen, großflächige Verbrennungen oder Vergiftungen.
- Plötzlich auftretende, heftige Beschwerden, bei denen zunächst keine Lebensgefahr besteht, sie sich aber entwickeln kann oder wenn ohne schnelle Hilfe die Gefahr bleibender Schäden besteht. Beispiel: Eine akut auftretende Lähmung der Hinterbeine, die vielfach durch einen Bandscheibenvorfall ausgelöst wird, ist kein akut lebensbedrohlicher Zustand, aber ohne zügige Behandlung drohen bleibende Lähmungen.

In anderen Fällen kann erst eine medizinische Untersuchung Klarheit verschaffen, ob die bestehenden Beschwerden einen Notfall darstellen oder nicht:

- Plötzlich auftretende, heftige Beschwerden, bei denen Sie nicht unterscheiden oder beurteilen können, ob sie schwerwiegend sind oder nicht. Beispiel: Wenn Ihr Hund plötzlich vehemente Schmerzen am Auge hat, es tränt, rot und stark geschwollen ist, kann dahinter eine eher harmlose Bindehautreizung stecken, aber auch eine Hornhautverletzung oder ein akuter Glaukom-Anfall (Grüner Star = Erhöhung des Augeninnendrucks). In den letztgenannten beiden Fällen besteht Erblindungsgefahr, wenn nicht umgehend und zielgerichtet behandelt wird.
- Auch wenn Ihr Hund plötzlich heftige Symptome zeigt, für die Sie keine Erklärung haben, ist eine baldige Untersuchung nötig, um möglicherweise lebensbedrohliche Erkrankungen zu erkennen. Wenn Ihr Hund aus heiterem Himmel umfällt und krampft, ist vielleicht Ihr erster Gedanke „ein epileptischer Anfall" oder „eine Vergiftung" – beides ist möglich, aber es gibt noch einige andere mögliche Ursachen, z. B. eine Herzschwäche. Egal welche Ursache dahintersteht, der Hund muss schnellstmöglich zum Tierarzt.

Schwieriger wird es, wenn sich die Befindlichkeitsstörungen nicht so offensichtlich als Notfall einstufen lassen.

- Bei Durchfall und Erbrechen, die zwar nicht sehr massiv, dafür aber anhaltend sind, kann die Ursache ebenso gut eine harmlose Verdauungsstörung wie auch eine ernsthafte Erkrankung sein. Sobald zusätzlich Symptome wie Fieber, Schwäche, Schmerzen, eventuell sogar Apathie auftreten, die Ausscheidungen Blut enthalten und auch dann, wenn der Hund unter einer Vorerkrankung wie beispielsweise einer Bauchspeicheldrüsenerkrankung leidet, suchen Sie bitte umgehend einen Tierarzt auf!
- Setzt ein Hund über einen längeren Zeitraum, maximal 24 Stunden, keinen Harn ab, oder versucht er gehäuft zu urinieren, ohne dass Harn abgesetzt wird, ist auch das ein Grund, unverzüglich den Tierarzt aufzusuchen.

Und schließlich hängt es auch von Ihrer Erfahrung und Ihrem Wissen ab, was für Sie ein Notfall ist.

- Wenn Sie zum ersten Mal erleben, wie Ihre Hündin ihre Welpen bekommt, sehen Sie womöglich Risiken, die für einen erfahrenen Züchter zum Alltag gehören.

Für den Ernstfall gerüstet sein

Auch wenn jeder wünscht, niemals mit seinem Hund eine Notfallsituation zu erleben, ist es sinnvoll, für den Ernstfall vorbereitet zu sein.
Dazu können Sie folgende Checkliste durchgehen:

- Das Allerwichtigste (und vermutlich Schwerste) ist, einen klaren Kopf zu bewahren. Das ist natürlich leichter geschrieben und gesagt als getan. Denn während Sie die Sorge um Ihren vierbeinigen Freund vereinnahmt, müssen Sie gleichzeitig so gut wie möglich die auftretenden Symptome einschätzen und über die geeignete Erste Hilfe entscheiden.
- Halten Sie die Telefonnummern Ihres Tierarztes/der nächsten Tierklinik/des tierärztlichen Notdienstes griffbereit, z. B. im Telefon speichern oder als Visitenkarte an einer Pinnwand. Dann können Sie sich schnell per Telefon geeignete Erste-Hilfe-Maßnahmen und Empfehlungen für den Transport in die Praxis geben lassen. Außerdem kann sich das Praxisteam bis zu Ihrem Eintreffen auf die Notfallversorgung vorbereiten.
- Halten Sie für alle Notfälle immer eine Flasche mit Rescue® Remedy (Notfalltropfen) griffbereit. Wie der Name schon sagt, ist das Mittel für Notfälle aller Art als Erste-Hilfe-Maßnahme bestens geeignet, sei es nach Verletzungen, körperlichen oder psychischen Schocksituationen, Krampfanfällen usw. Es hat sich bei Tieren bewährt, in Intervallen von wenigen Minuten ein paar Tropfen (3 bis 5 genügen, aber halten Sie sich nicht mit Zählen auf!) auf die Haut im Nacken zu träufeln und zu verreiben. Wenn Sie merken, dass sich der Zustand stabilisiert, können Sie die Abstände vergrößern. Diese Anwendung ist einfach, sicher und effektiv. Man kann die Tropfen auch direkt ins Maul geben, aber in Gefahrensituationen reagieren Hunde oft panisch und beißen eventuell zu.

Auch den beteiligten Menschen tut es gut, Rescue® Remedy zu nehmen, z. B. auf das Handgelenk (etwa dort, wo man den Puls zählt) oder auf die Zunge.

Notfallsituationen

Was Sie bei einem Notfall tun können

Verschaffen Sie sich – soweit möglich – einen Überblick:

- Was ist passiert (z. B. Beißerei, Autounfall, Sturz)? Wenn es keinen erkennbaren Auslöser für die auftretenden Beschwerden gibt, überlegen Sie, was der Hund vorher getan hat (z. B. kommt eine Magendrehung typischerweise bei großen Hunden vor, wenn sie kurz zuvor gefressen oder getrunken haben und anschließend herumtoben).

- Welche ungewöhnlichen Symptome zeigt der Hund? Wie verhält er sich? Reagiert er auf Sie oder ist er bewusstlos? Krampft er? Zeigt er Speichelfluss, Unruhe, Schwäche usw.?
- Welche speziellen Symptome bemerken Sie und an welchem Körperteil?

Die folgenden Beschwerden können unbehandelt eine Gefahr für das Leben Ihres Hundes darstellen und bedürfen der **sofortigen** tierärztlichen Versorgung:

- **Wespen-, Bienen- oder andere Stiche im Maul**, weil die Schwellung die Atmung behindern und zur Erstickung führen kann. Erste Hilfe auf dem Weg zum Tierarzt: **Rescue® Remedy**, eventuell Eiswürfel ins Maul geben, mit verdünntem Essigwasser spülen, **Apis C30** (siehe Haus- und Notfallapotheke).

Ein Insektenstich im Maul kann ein Notfall sein, wenn die Atmung behindert wird.

- Wenn der Hund plötzlich einen **aufgeblähten Bauch** hat, der an Umfang schnell zunimmt. Außerdem wirkt der Hund sehr unruhig, panisch oder verstört, versucht zu erbrechen, speichelt, atmet schwer. Diese Symptome deuten auf eine Magendrehung hin, die schnellstens operiert werden muss.
  Erste Hilfe auf dem Weg zum Tierarzt: **Rescue® Remedy** und zur Kreislaufunterstützung **Carbo vegetabilis C30** einmalig 3 bis 5 Globuli, dieses Mittel ist angebracht bei eiskalter Haut, eiskaltem Atem, kalten Extremitäten und starker Atemnot. Alternativ **Veratrum album C30** bis zum Eintreten einer Besserung viertelstündlich wiederholen, wenn der Hund kalte Extremitäten hat, sehr schwach ist, Zunge und Mundschleimhaut trocken sind.
  Heilzeichen: Das Zeichen 2-Strich-Sinus mit einem Stift oder dem Finger auf den Bauch malen, je nachdem wie Ihr Hund liegt, an eine Stelle, die gut zugänglich ist.

- **Starke Blutungen**, z. B. nach Beißereien, Tritt in Glasscherben, Nasenbluten usw. Erste Hilfe auf dem Weg zum Tierarzt: Wenn möglich einen **Druckverband** anlegen, dazu ein sauberes Tuch auf die Wunde legen, mit einer elastischen Binde fest umwickeln. Wenn ein Druckverband nicht möglich ist, wie bei einer Wunde am Hals (der Hund muss ja noch Luft holen können), dann ein sauberes Tuch auf die Wunde legen und kräftig gedrückt halten. **Arnica C30** oder **Traumeel® ad us. vet. Tabletten** verbreichen.

- **Unfälle**, z. B. Zusammenstoß mit einem Auto, Stürze aus großer Höhe, Beißereien usw. Dadurch können einerseits Verletzungen entstehen, die von außen sichtbar sind, z. B. Knochenbrüche oder Hautwunden. Andererseits können innere Organe verletzt werden (z. B. Lungen- oder Zwerchfellriss), die für den Laien nicht erkennbar sind.
  Erste Hilfe auf dem Weg zum Tierarzt: **Recue Remedy, Arnica C30** oder **Traumeel® ad us. vet. Tabletten**. Den Hund für den Transport am besten auf eine Decke legen und wie in einer Hängematte tragen, damit er sich möglichst wenig bewegt.

- **Krampfanfälle**, dabei kann der Hund ansprechbar sein (also auf Sie reagieren) oder bewusstlos. Häufig hat der Hund „Schaum vorm Maul". Besitzer äußern in diesen Fällen meist die Befürchtung, der Hund habe einen epileptischen Anfall oder eine Vergiftung (oder Tollwut wegen des Speichelns). Krampfanfälle können aber viele Ursachen haben, z. B. Herz-Kreislauf-Störungen, Nierenversagen. Deshalb ist Vorsicht vor übereilten Eigendiagnosen geboten.
  Erste Hilfe auf dem Weg zum Tierarzt: **Rescue® Remedy**. Die Fenster öffnen, damit der Hund Frischluft bekommt.

- Wenn der Hund keinen Harn mehr absetzen kann (Anurie), unter Schmerzen, Erbrechen, Appetitlosigkeit, Schwäche und Apathie leidet.

Grundausrüstung für Ihre Haus- und Notfallapotheke

Mit dieser kleinen Grundausstattung sind Sie für Notfälle, aber auch für kleinere Unpässlichkeiten aller Art gut gerüstet:

- Fieberthermometer (die Normaltemperatur beim Hund beträgt 38 bis 39 °C)
- **Rescue® Remedy** (Notfalltropfen): Bei Notfällen wie Aufregung, Unruhe, Schwäche, Verletzungen aller Art ein paar Tropfen eingeben oder in die Haut im Nacken einreiben bzw. auf die betroffene Stelle träufeln. Zu Beginn in 5- bis 10-minütigen Abständen wiederholen, bis sich der Hund stabilisiert. Bei Bedarf die zugehörigen Menschen ebenfalls mit Rescue® Remedy versorgen.
- **Balsam Essenz** (Chakrablüten Essenz) Tropfen haben eine segensreiche schmerzstillende Wirkung bei Schmerzuständen aller Art.
- **Traumeel® ad us. vet.** Tropfen (alkoholhaltig) oder Tabletten (Trauma bedeutet Wunde, Verletzung).

Anwendung bei Verletzungen aller Art wie Prellungen, Verstauchungen, Biss-, Schnittverletzungen usw.

- Verbandmaterial (elastische Mullbinden, Watte, Pflaster, Schere)
- Zeckenzange/-Karte oder „Kuhfuß"
- **Heilerde:** Sie kann sowohl innerlich als auch äußerlich angewendet werden. Bei Verdauungsproblemen ins Futter oder Trinkwasser geben oder mit Wasser zu einem dünnen Brei anrühren und mit einer Einmalspritze eingeben. Bei Hautproblemen, Ekzemen, Insektenstichen, Prellungen, Blutergüssen mit (kaltem) Wasser zu einem Brei anrühren und auftragen. Eventuell einen Verband anlegen. Heilerde wirkt abschwellend, kühlend, juckreiz- und schmerzstillend. Wenn der Heilerde-Brei getrocknet ist, lassen sich die Rückstände an Haut und Fell einfach „abstauben".
- **Vetokehl® Not/Notakehl® D5** Tropfen werden bei verschmutzten Wunden lokal aufgeträufelt und zusätzlich innerlich verabreicht als vorbeugende Maßnahme gegen Eiterungen. Außerdem können sie bei bakteriell bedingten Erkrankungen aller Art, ob Blasenentzündung, Nagelbettentzündung oder Zahnvereiterungen, eingesetzt werden (dies sind keine Notfälle, aber es ist gut, etwas zur Behandlung griffbereit zu halten).
- **Quentakehl® D5** Tropfen sind ein wichtiges Basismittel bei Virusinfektionen, z. B. Erkältungen. Diese gehören ebenfalls nicht zu den Notfällen, aber es ist gut, zügig eine Behandlung zu beginnen, um die Infekte im Keim zu ersticken.

In vielen Fällen ist es nicht möglich, anhand der bestehenden Beschwerden zu erkennen, ob z. B. ein Atemwegs- oder Magen-Darm-Infekt viral oder bakteriell bedingt ist. In diesen Fällen werden Vetokehl® Not/Notakehl® D5 und Quentakehl® D5 kombiniert, in akuten Fällen mehrmals täglich im Wechsel.

Homöopathische Versorgung bei Notfällen

Nachfolgend nennen wir bewährte homöopathische Erste-Hilfe-Mittel.
Verabreichen Sie immer nur ein Mittel – und dann gilt es, so schwer das manchmal auch sein mag, abzuwarten, ob sich eine Wirkung zeigt und das gegebene Mittel das richtige Mittel war. Ist auf die Mittelgabe hin eine Besserung zu erkennen, wird kein weiteres Mittel verabreicht, solange die positive Wirkung anhält. Ausnahmen sind bei den Behandlungsvorschlägen ausdrücklich vermerkt.
Erst wenn die Besserung nachlässt, kann das gleiche Mittel noch einmal verabreicht werden. Tritt innerhalb von 30 Minuten bis wenigen Stunden, je nach Art der Beschwerden, keine Linderung auf, kann ein anderes Mittel gegeben werden.
Bei hoch akuten Zuständen suchen Sie bitte gleichzeitig mit der Mittelgabe einen Tierarzt auf. Wenn das Mittel gut gewählt war, dürfte sich die Symptomatik bis zum Eintreffen in der Praxis deutlich gebessert oder gar aufgelöst haben und der Tierarztbesuch ist überflüssig geworden – wenn nicht, sind Sie in jedem Fall auf der sicheren Seite.

Unabhängig von der Körpergröße, also egal ob Dackel oder Dogge, werden 5 Globuli (Kügelchen) als einmalige Gabe direkt ins Maul gegeben. Der Hund muss die Globuli nicht unbedingt schlucken, es reicht, dass die Mundschleimhaut mit dem Mittel in Kontakt kommt. Nur wenn der Hund sich absolut nicht überreden lässt, sein Maul zu öffnen, sollte auf Tricks wie das Verstecken der Globuli in Streichleberwurst oder Ähnliches zurückgegriffen werden.

Bitte verwenden Sie alle unten aufgeführten Mittel in einer C30, da sich diese Potenz im Notfall bestens bewährt hat.

Repertorium

Augenverletzungen ➜ Aconitum, Arnica, Ledum, Staphisagria, Symphytum
Bänderriss ➜ Rhus toxicodendron
Bisswunden ➜ Calendula, Ledum
Bluterguss ➜ Arnica, Hamamelis
Blutungen ➜ Arnica, Hamamelis
Geburt ➜ Arnica, Bellis perennis, Calendula
Heimweh ➜ Ignatia
Insektenstiche ➜ Apis, Ledum
Knochenbrüche ➜ Symphytum
Knochenhautprellung/-verletzung ➜ Ruta
Kopfverletzungen ➜ Arnica, Hypericum
Kreislaufkollaps ➜ Carbo vegetabilis, Veratrum
Muskelkater ➜ Arnica
Muskelverletzung/ -riss ➜ Arnica, Calendula
Muskelzerrung ➜ Arnica, Calendula
Narkose ➜ Nux vomica
Nervenverletzungen ➜ Hypericum
Operationen ➜ Arnica
Pfotenverletzungen ➜ Hypericum
Prellung ➜ Arnica, Bellis perennis
Quetschung ➜ Arnica, Bellis perennis, Hamamelis, Ledum
Sehnenriss/-verletzung ➜ Rhus toxicodendron
Sonnenstich ➜ Belladonna, Glonoinum
Trennungsschmerz ➜ Ignatia
Überanstrengung ➜ Arnica, Rhus toxicodendron
Verbrennungen ➜ Cantharis
Verletzungen ➜ Arnica, Bellis perennis, Hypericum, Ruta, Staphisagria
Wirbelsäulenverletzungen ➜ Arnica, Hypericum
Wunden ➜ siehe Verletzungen
Zahnextraktionen ➜ Arnica, Hamamelis
Zerrung ➜ Rhus toxicodendron

Aconitum C30
Anwendung: Bei Verletzungen des Auges durch einen Fremdkörper (Kralle, Stachel usw.).
Leitsymptom: Heftigste Schmerzen mit Angst und Unruhe.
Ausnahme: Befindet sich ein Fremdkörper im Auge, wird erst Staphisagria und nach der Fremdkörperentfernung Aconitum gegeben.

Apis mellifica C30
Anwendung: Apis ist ein hervorragendes Mittel, um die Folgen von Bienen- oder Wespenstichen zu behandeln.
Leitsymptome: Die Wunde ist heiß und geschwollen, der Hund ist berührungsempfindlich.
Ausnahme: Neben der Einnahme der Globuli besteht die Möglichkeit, äußerlich den Stich mit 5 in einem Glas Wasser aufgelösten Globuli zu betupfen.
Achtung, bei Stichen in die Maulhöhle sofort den Tierarzt aufsuchen!

Arnica montana C30
Arnica wird als erstes Mittel bei jeder Verletzung gegeben, die einen Bluterguss nach sich zieht, auch blutige Augenverletzungen durch Schlag oder Stoß. Arnica soll immer erst nach Operationen oder Zahnextraktionen gegeben werden.
Anwendung: Bei stumpfen Verletzungen wie Prellungen, Quetschungen, die zum Bluterguss führen; nach Operationen; nach Zahnextraktionen; nach der Geburt zum Verheilen der Geburtswunde; bei Muskelkater, Muskelzerrungen oder Muskelrissen, die durch ungewohnte körperliche Betätigung entstanden sind (nach gewohnter Bewegung: Rhus toxicodendron).
Leitsymptome: Schmerzen, große Schwäche, Erschöpfung, Angst vor Berührung. Der Hund scheint unruhig, was aber allein damit zusammenhängt, dass er keine Lage findet, in der er bequem liegen kann.

Ausnahme: Bei allen Kopf- und Wirbelsäulenverletzungen wird immer als Erstes Arnica gegeben, da es in der Lage ist, innere Blutungen zu stoppen; etwa 1 bis 2 Stunden danach wird Hypericum gegeben, das Hauptmittel bei Nervenverletzungen und deren Folgen.
Der Hund muss sofort in tierärztliche Behandlung.

Belladonna C30
Anwendung: Bei Sonnenstich.
Leitsymptome: Heißer Kopf, mit sehr starken Schmerzen (die Tiere schlagen mit dem Kopf), die sich durch Licht, Bewegung, Berührung des Kopfes, Geräusche und Erschütterung verschlimmern. Die Pupillen sind weit, die Schleimhäute hochrot.

Bellis perennis C30
Bellis perennis ist ein ähnlich wichtiges Verletzungsmittel wie Arnica, das vor allem bei Verletzungen der Weichteile wie Bauch- und Beckenorgane benötigt wird.
Anwendung: Nach körperlichen Misshandlungen mit Prellungen, Quetschungen, psychischen Traumen; nach Prellungen und Quetschungen im Bereich der Bauch und Beckenorgane, z. B. nach gynäkologischen Operationen oder nach der Geburt.

Calendula officinalis C30
Calendula fördert die Wundheilung und verhindert Eiterungen bei allen Wunden mit Gewebeverlust.
Anwendung: Wunden aller Art wie Schürfwunden, Risswunden (z. B. durch Verletzung mit Stacheldraht, Bisswunden, Dammriss bei der Geburt); stark verunreinigte Wunden; bei Muskelzerrungen oder Muskelrissen, die sich durch die Gabe von Arnica nicht gebessert haben.
Leitsymptome: Klaffende Wunden.
Ausnahme: Zusätzlich zur inneren Anwendung äußerlich in Form von Calendulasalbe oder Calendulatinktur (1 : 5 mit Wasser verdünnen) verwenden.

Cantharis vesicatoria C30
Anwendung: Bei Verbrennungen.
Es beugt bei Verbrennungen der Blasenbildung vor und vermindert die Narbenbildung.
Je nach Ausmaß der Verbrennung muss unbedingt der Tierarzt aufgesucht werden.

Carbo vegetabilis C30
Anwendung: Eines der wenigen Mittel, die in der Lage sind, in lebensbedrohlichen Situationen (Kollaps nach Operationen, Schock, massiven Flüssigkeitsverlusten) die Lebensgeister zu wecken.
Leitsymptome: Eiskalte Haut, eiskalter Atem, kalte Extremitäten und starke Atemnot. Dem Hund geht es besser, sobald er an die frische Luft kommt bzw. durch Öffnen der Fenster frische Luft bekommt.

Glonoinum C30
Anwendung: Ein wichtiges Mittel gegen Sonnenstich.
Leitsymptom: Heißer Kopf mit geröteten Augen, weiten Pupillen, trockenem Maul und Unsicherheiten in der Bewegung. Erbrechen lindert die Beschwerden. Besser geht es dem Hund im Freien, schlechter durch Wärme und im Liegen. Wenn der Hund sich hinlegt, wird er versuchen, mit erhöhtem Kopf zu liegen.

Hamamelis virginiana C30
Anwendung: Bei Traumen mit Quetschungen und großflächigen Blutergüssen, bei Blutungen mit dunklem Blut, nach Zahnextraktionen, wenn Arnica keine Besserung herbeigeführt hat.
Leitsymptome: Schmerzen und Berührungsempfindlichkeit gleichen der von Arnica, aber das Tier wirkt deutlich schwächer, als es aufgrund der Größe der Blutung normalerweise sein dürfte.

Hypericum perforatum C30
Bei Nervenverletzungen zeigt Hypericum eine gute schmerzstillende Wirkung und unterstützt die Regeneration von Nerven, wenn nicht allzu viel Gewebe beschädigt wurde.
Anwendung: Verletzungen von Nervengewebe wie bei Quetschung nervenreicher Körperteile, z. B. der Rute oder Pfoten; bei herausgerissenen Krallen; Wirbelsäulenverletzungen; für die Nachbehandlung von Operationen an nervenreichem Gewebe wie Pfoten, After, Rute.

Ignatia amara C30
Anwendung: Bei Heimweh, Trennungsschmerz.

Ledum palustre C30
Anwendung: Bisswunden aller Art, sei es durch andere Hunde bzw. Katzen oder Insekten wie beispielsweise Zecken; Stichwunden durch scharfe, spitze Gegenstände wie Nägel und Nadeln.
Bei einem „blauen Auge" mit Bluterguss der Lider. Zuerst wird Arnica gegeben, dann nach etwa 30 Minuten Ledum.
Quetschungen, bei denen trotz Arnica dunkle Flecken auf der Haut zurückgeblieben sind – die man natürlich nur sieht, wenn das Fell an diesen Stellen nicht allzu üppig wuchert.
Leitsymptom: Die Wunde juckt heftig und Kratzen bringt keine Erleichterung.
Ausnahme: Bei Insektenstichen durch Bienen oder Wespen zuerst Apis geben. Tritt nach 1 bis 2 Stunden keine Besserung ein und fühlt die Wunde sich nicht heiß, sondern eher normal bis kalt an, wird Ledum gegeben.
Ausnahme: Zusätzlich zur inneren Anwendung kann Ledum äußerlich als Tinktur gegeben werden; das Verdünnungsverhältnis beträgt 1 Teelöffel Tinktur auf ¼ Liter Wasser.

Nux vomica C30
Anwendung: Nach einer Narkose, wenn der Hund Schwierigkeiten hat zu erwachen oder sich noch nach Tagen wie benommen verhält.

Rhus toxicodendron C30
Bei Sehnen- und Bänderverletzungen.
Anwendung: Schmerzhaftigkeit durch Durchnässung, beispielsweise durch Baden oder Durchregnen; nach Überanstrengung durch eine gewohnte körperliche Betätigung (ungewohnte Tätigkeit = Arnica); Sehnenentzündung durch Überanstrengung; Zerrung; Bänderriss, Sehnenriss.
Leitsymptome: Der Hund zeigt deutliche Unruhe, kann nicht still stehen oder liegen, die Beschwerden sind zu Beginn einer Bewegung stärker, bessern sich unter Bewegung (der Hund „läuft sich ein"); Verschlechterung der Symptome zum Abend hin.

Ruta graveolens C30
Ruta hat eine hervorragende Wirkung auf die Knochenhaut und Sehnen.
Anwendung: Bei Folgen von zu starker Beanspruchung; Quetschungen und Prellungen mit Knochenhautbeteiligung (also an Körperstellen, wo die Knochen kaum von Muskeln geschützt sind wie am Ellenbogen); knotige Verdickungen an der Knochenhaut (Überbeine); Schleimbeutelentzündungen als Verletzungsfolge.
Leitsymptome: Zerschlagenheitsgefühl, Unruhe, die Beschwerden verschlimmern sich durch feuchtkaltes Wetter.

Symphytum officinalis C30
Anwendung: Knochenbrüche; Verletzungen des Auges durch einen stumpfen Gegenstand (Schlag oder Hieb).
Leitsymptome: Bei Verletzungen des Auges hält das Tier das Augenlid oft krampfhaft geschlossen.

Staphisagria C30
Anwendung: Glatte Schnitte durch scharfe Messer, z. B. Skalpelle (nach Operationen), Krallen oder Glasscherben; Hornhautverletzungen des Auges z. B. durch Krallen.
Leitsymptome: Der Hund möchte nicht berührt werden, vor allem nicht im Bereich der Wunde. Aufgrund der Schmerzen möchte er sich nicht bewegen; die Wunde wird nicht geleckt.
Ausnahme: Wurde ein Fremdkörper aus dem Auge entfernt, wird zusätzlich Aconitum gegeben.

Veratrum album C30
Anwendung: Kreislaufkollaps nach Aufregung, Schreck und massiven Durchfällen.
Leitsymptome: Der Hund hat Durst auf kaltes Wasser, das er aber sofort wieder erbricht. Seine Extremitäten sind kalt, er ist schwach. Zunge und Mundschleimhaut sind trocken. Seine Beschwerden bessern sich durch Wärme.

Sterbebegleitung

Allein aufgrund der kürzeren Lebenserwartung unserer Tiere erleben wir häufiger bei ihnen einen Abschied als bei Mitmenschen. Ob das Tier von allein stirbt oder durch Euthanasie – es ist ein Ereignis, das uns im Tiefsten trifft. Mit jedem Tod eines geliebten Gefährten geht auch ein Stück unseres eigenen Lebens zu Ende.

Auf dem gemeinsamen Lebensweg kommt unweigerlich irgendwann die Zeit, da sich unser Hund seinem Lebensende nähert. Möglicherweise schreiten schon länger bestehende Beschwerden kontinuierlich fort und beeinträchtigen mehr und mehr seine Lebensqualität. Oder innerhalb kürzester Zeit bricht eine schwere Erkrankung aus, für die es keine aussichtsreiche Behandlung gibt. Oder Ihr treuer Begleiter ist einfach schon sehr alt und seine Lebenszeit geht ihrem Ende entgegen, der Docht seiner Lebenskerze ist bald verbraucht.

Diese Zeit ist für alle Betroffenen mit vielfältigen Emotionen verbunden. Die Vorstellung, künftig den Alltag ohne unseren treuen Wegbegleiter zu (er)leben, scheint schier unerträglich. Gleichzeitig möchten wir nicht, dass er leiden oder Schmerzen ertragen muss. Die Möglichkeit des Einschläferns ist Erleichterung und Last zugleich, denn sie stürzt uns in einen Entscheidungskonflikt: Dürfen wir über Leben bzw. Tod unseres Hundes entscheiden oder ist es ein letzter Freundschaftsdienst, den wir ihm erweisen? Die meisten Menschen wünschen sich, dass ihr Tier ihnen die Entscheidung abnimmt und stirbt. Die Realität sieht jedoch meist anders aus.

Häufig sind Menschen nach dem Tod ihres Vierbeiners – ob er einschlief oder eingeschläfert wurde – nicht nur von Trauer erfüllt, sondern auch von Schuldgefühlen, weil sie nachträglich mit ihrer getroffenen Entscheidung hadern. Während erfahrungsgemäß die schmerzhafte Trauer irgendwann der Dankbarkeit für die gemeinsame Zeit weicht und frohen Erinnerungen Platz macht, bleiben die quälenden Schuldgefühle lange bestehen und beeinträchtigen uns in einem Umfang, die das Tier sich niemals wünschen würde. Die Tierkommunikation zeigt, dass verstorbene Tiere mit unserer Entscheidung im Reinen sind. Daher ist es wichtig, in dieser Zeit des Abschieds und der Entscheidung sorgsam nicht nur auf das Wohl Ihres vierbeinigen Weggefährten, sondern auch auf sich zu achten.

Wenn der Abschied naht

Wir können die verbleibenden gemeinsamen Tage gestalten, sodass unser Hund friedlich in sein neues Leben gehen kann und wir in unserer Trauer keine Schuldgefühle entwickeln. So kann sich ganz allmählich Freude und Dankbarkeit über die gemeinsamen Jahre und Erlebnisse ausbreiten. Wie Sie sich dann auch entscheiden, es wird immer eine Entscheidung aus Liebe sein.

Den Hund am Ende seines Lebens zu begleiten und aus dem hiesigen Leben zu verabschieden, ist der letzte Freundschaftsdienst, den wir ihm erfüllen können. Dieser Gedanke möge uns trösten, wenn die Zeit des Abschiednehmens gekommen ist.

Denn wenn sich der Lebensweg unseres Vierbeiners dem Ende nähert, stürzt uns das in ein Wechselbad der Gefühle: Lähmung, Unsicherheit, Handlungsunfähigkeit, Trauer. Möglicherweise stehen wir vor einer Entscheidung, die wir am liebsten gar nicht treffen möchten: Bei einem sterbenskranken Tier stellen wir uns die Frage, ob wir ihm den Sterbeprozess abnehmen können/dürfen/sollen/müssen. Allein die Tatsache, dass es die Möglichkeit gibt, ein

Diese Hündin mit ihren stolzen 16 Jahren hat noch Lebensfreude, lässt aber alles ruhig angehen.

Tier einzuschläfern, kann einen großen Gewissenskonflikt auslösen.

Homöopathie

Arsenicum album C200: Sterbenskranke Menschen können ihre Zerrissenheit angesichts des nahen Übergangs zum Ausdruck bringen: Einerseits fürchten sie sich vor dem Sterben und können den Gedanken, die Angehörigen zurückzulassen, kaum ertragen; andererseits haben sie den Wunsch, ihre Schmerzen und Leiden mögen ein Ende nehmen. Tieren geht es ähnlich, auch wenn sie dies nicht in Worte fassen können. Ob bei Mensch oder Tier, eine Gabe Arsenicum wirkt – wie auch immer – klärend. Meist tritt innerhalb von spätestens drei Tagen beim Sterbenskranken eine friedevolle Klarheit ein. Sie kann dazu führen, dass Ihr Hund sich wieder dem Leben zuwendet (für welche Dauer auch immer) oder aber er zeigt ganz deutlich, dass seine Lebenskerze am Ende ist. Die Veränderung, die dabei eintritt, ist schwer zu beschreiben, aber wer sie erlebt hat, wird sie bestätigen können. Ob Ihr treuer Gefährte seinen Todeszeitpunkt selbst bestimmt oder ob Sie tierärztliche Hilfe in Anspruch nehmen – der Übergang wird mit der homöopathischen Unterstützung friedevoll verlaufen.

Bachblüten

Gorse entspricht von der Wirkung dem homöopathischen Mittel Arsenicum.
Zusätzlich helfen die **Rescue® Remedy** Notfalltropfen sowohl Mensch als auch Hund, die Abschiedsphase zu meistern.

Chakrablüten Essenzen

Die **Herzchakra Essenz** wirkt ähnlich klärend wie die homöopathischen Mittel.
Die **Balsam Essenz** oder **Sunrise Essenz** ist hilfreich, wenn Ihr Hund sichtlich Schmerzen hat.

Wünsche erfüllen

Unsere Tiere können ihre Wünsche nicht mit Worten zum Ausdruck bringen, deshalb ist es unsere Aufgabe, erfindungsreich zu sein. Wir können überlegen, was unserem Hund immer besonders viel Vergnügen gemacht hat, z. B. an einem See spazieren zu gehen. Oder es gibt bestimmte Menschen, die dem Hund im Leben wichtig waren. Die können wir einladen. Auch Lieblingsessen kann serviert werden. Selbst wenn Ihr Hund nicht mehr fressen mag, ist er vielleicht einfach des gewohnten Futters überdrüssig. Probieren Sie die aberwitzigsten Nahrungsmittel aus, ob Butterkuchen, Käsebrote, Bratwurst roh, gebraten oder gekocht (schon das kann einen Unterschied machen). In dieser Phase spielt artgerechte oder gesunde Ernährung keine Rolle, es geht schlicht darum, Ihrem Hund eine kleine Freude zu machen.
Vielleicht ziehen Sie eine/n Tierkommunikatorin/en zu Rate, die/der Ihren Vierbeiner befragen kann, welche besonderen (oder absonderlichen) Gelüste er hat. Möglicherweise hat Ihr Hund noch allerlei kleine Wünsche: eine besondere Decke, ein Kissen in einer bestimmten Farbe, Musik – lauter Dinge, auf die wir nie von selbst kämen und die so gar nicht „typisch Hund" sein müssen.

Euthanasie

Die Meinungen gehen weit auseinander, ob wir überhaupt das Recht zum Einschläfern haben. Auf der einen Seite nehmen wir damit dem Tier die Möglichkeit, über seinen eigenen Tod zu bestimmen. Auf der anderen Seite kann die Euthanasie ein langes Leiden ersparen.
Aber wessen Leid ist es tatsächlich? Leidet der Hund tatsächlich? Oder ist es die eigene subjektive Wahrnehmung?
Wenn beispielsweise ein Hund humpelt, schließen wir daraus, er habe Schmerzen. Das mag zutreffen, aber auch ein Tier mit unterschiedlich langen Beinen humpelt und

ist dabei schmerzfrei. Und schließlich kann Humpeln auch eine Schmerzvermeidungsstrategie sein.
Wir sehen also, dass wir uns vor voreiligen Schlüssen in Acht nehmen müssen. Viel Feingefühl und Beobachtungsgabe ist gefragt, um zu spüren, wie sich der schwerkranke Hund in seiner Haut fühlt.

Egal wie man sich entscheidet, die Entscheidung sollte mit dem ganzen Herzen getroffen werden, um spätere Schuldgefühle zu vermeiden. Denn die Schuldgefühle vergehen nie, während die schmerzende Trauer allmählich den freudigen Erinnerungen und „Weißt du noch"-Geschichten weicht. („Weißt du noch, als damals unser Wuffel die Geburtstagstorte vom Tisch stibitzt hat?")

Welche Kriterien können helfen, zu einer Entscheidung zu kommen?

- Beobachten Sie Ihren Hund und prüfen Sie möglichst neutral immer wieder in kleinen Zeitabständen: Wie ist sein Befinden? Freut er sich, wenn Sie ihn füttern, über Streicheleinheiten, Besuch usw.? Alle diese Kleinigkeiten bedeuten Lebensqualität, auch wenn Ihr Hund durch Krankheit oder Altersschwäche sehr eingeschränkt ist.
- Können Sie die Bedürfnisse Ihres Vierbeiners noch erfüllen und ihm ein würdiges Dasein geben? Beispiel: Ein Hund, der sich kaum noch bewegen kann und unkontrolliert Harn oder Kot absetzt, wird sehr wohl noch würdig leben, wenn seine Besitzer viel zu Hause sind und ihm aufhelfen können, Kot und Urin gleich wegwischen und das Fell säubern können. Für einen Hund, der zwölf Stunden am Tag allein ist, wäre dieser Zustand unwürdig.
- Achten Sie auf Ihr eigenes Nervenkostüm. Wenn Sie mit Ihrer Kraft völlig am Ende sind, tun Sie Ihrem Hund keinen Gefallen, sich vor der Entscheidung der Euthanasie zu drücken. Tiere spüren unsere Trauer oder unseren eventuellen unterschwelligen Ärger darüber, dass der Teppichboden zum zehnten Mal am Tag von Urin, Kot oder Sonstigem getränkt ist. In diesem Fall wird das Dasein für das Tier auch unwürdig, denn es braucht freundliche und liebevolle Unterstützung. Und unser geliebtes Fellbündel soll uns so in Erinnerung in sein neues Leben mitnehmen können, wie es uns im Alltag erlebt hat. Die Entscheidung für die Euthanasie kann daher sehr erleichternd und befreiend sein.

Sprechen Sie mit Ihrem Tierarzt und klären Sie, ob er, wenn eine Euthanasie ansteht, zu Ihnen nach Hause kommt und ob er auch nachts oder am Wochenende erreichbar ist, falls die Entscheidung plötzlich konkret wird.

Vorbereitungen treffen

Die Meinung ist weit verbreitet, es sei verboten, den Hund im eigenen Garten zu beerdigen. Von Gesetzes wegen ist es jedoch prinzipiell erlaubt; Ausnahmen: das Grundstück befindet sich im Wasserschutzgebiet. Beachten Sie außerdem die Vorschriften Ihrer Stadt oder Gemeinde.
Wer also einen Garten hat, in dem das Beerdigen von Heimtieren gestattet ist, und den treuen Gefährten beerdigen möchte, hat eine wunderbare Möglichkeit, sich zu verabschieden.
Andere Alternativen sind ein Grab auf einem Tierfriedhof, das Einäschern und schließlich die Tierkörperbeseitigungsanstalt. Treffen Sie rechtzeitig eine Entscheidung, damit Sie sich nicht mitten in der tränenreichen Trauer um solche Dinge kümmern müssen.
Überlegen Sie, ob Sie Ihrem Hund auf seiner Reise seine Decke, sein Lieblingsspielzeug, sein Halsband, ein Foto oder einen Abschiedsbrief mitgeben wollen, vielleicht auch seinen Futternapf und etwas von seinem Lieblingsfutter.

Der Abschied

Ob Sie sich für die Euthanasie entscheiden oder Ihr Hund von allein stirbt, es fällt meist unglaublich schwer, mit seinem Sterben zurechtzukommen.

Menschen, die in den natürlichen Rhythmen des Lebens eingebunden sind, akzeptieren das Sterben und den Tod als einen ganz natürlichen Teil des Lebens. Auch Tiere gehen ohne Scheu ihrem Abschied entgegen. Sterben ist für sie ein ganz natürlicher Vorgang, auf den sie sich innerlich vorbereiten, wenn sie nicht durch menschelndes Dazutun daran gehindert werden.
Während Ihr Hund sich immer mehr aus diesem Leben zurückzieht, kann es eine vorübergehende Phase geben, in der er nicht berührt werden möchte und sich von Ihnen zurückzieht. Akzeptieren Sie sein Bedürfnis nach Distanz, bleiben Sie aber für ihn erreichbar.
Versuchen Sie, seine Wünsche zu erspüren und zu erfüllen. Vielleicht möchte er anders liegen oder ein wenig trinken oder gestreichelt werden?
Bei Bedarf versorgen Sie sowohl Ihren Hund als auch sich mit Bachblüten oder Chakrablüten Essenzen (siehe oben).

Nach dem Tod: Trauern

Nachdem Ihr treuer Weggefährte seinen letzten Atemzug getan hat, Sie seinen Körpers versorgt und bestattet haben, machen sich meist unterschiedliche Gefühle wie Erleichterung, Erschöpfung, Zorn oder Trauer breit. Nun ist es wichtig, dass Sie auch für sich sorgen und allen widersprüchlichen Gefühlen Raum geben.

Machen Sie sich klar, dass alle Entscheidungen, die Sie zum Lebensende Ihres geliebten Weggefährten gefällt haben, nach bestem Wissen erfolgten, damit Schuldgefühle sich nicht in Ihre Seele fressen.

Eventuell helfen Ihnen Bachblüten oder Chakrablüten Essenzen (siehe oben), um die Trauer zu bewältigen. Vielleicht pflanzen Sie Blumen oder einen Baum an die Grabstelle.
Es kann auch sehr hilfreich sein, Ihrem Hund einen Abschiedsbrief zu schreiben. Bringen Sie alles zu Papier, was Sie ihm noch mitteilen möchten, was Sie bedrückt. Dann übergeben Sie den Brief, idealerweise bei Neumond, der besten Zeit zum Loslassen, der Erde, indem Sie ihn eingraben. Sie können den Brief auch verbrennen und die Asche in den Himmel fliegen lassen oder in kleine Stücke zerreißen und in einen Fluss (vielleicht dort, wo der Hund gern gebadet hat) werfen.

Viele Besitzer können sich nicht vorstellen, sich einen neuen Hund anzuschaffen, sei es aus Trauer oder aus dem Gefühl, den Verstorbenen zu verraten, ihm untreu zu werden.
Das schlechte Gewissen ist fehl am Platz, denn Tiere sind viel unkomplizierter und unpragmatischer als wir Menschen. Wenn Sie mit Ihrer Trauer nicht zurechtkommen, kann es Ihnen helfen, eine Tierkommunikation mit Ihrem verstorbenen Hund durchführen zu lassen.

Jedes Tier, das uns durch viele Jahre unseres Lebens begleitet hat, hinterlässt mit seinem Tod eine Lücke, die traurig macht. Aber dennoch – wie wunderbar ist es doch, überhaupt diese gemeinsamen Jahre, Erlebnisse und Erinnerungen durchlebt zu haben. Es gibt dazu den wunderschönen Satz des bengalischen Dichters Tagore:

„Leuchtende Tage –
weine nicht, dass sie vorüber,
sondern lächle,
dass sie gewesen."

Ein neuer Anfang!

Anhang

Danksagung

Das Schreiben dieses Buches war vergleichbar mit der Aufzucht eines Hundes. Es brauchte intensive Zuwendung, eine Menge Geduld, manchmal auch sanfte Korrekturen von außen und vor allem viel Erfahrung, bis aus dem kleinen Fellbündel schlussendlich ein treuer Wegbegleiter wurde.

All denen, die mich dabei begleitet haben, möchte ich ein ganz besonderes Dankschön aussprechen.
Meiner Familie, deren Geduld ich in den letzten Wochen, auch wenn sie es mir so nicht ins Gesicht gesagt haben, doch arg strapaziert habe.

Meiner Co-Autorin Camilla Fischer für die vielen hilfreichen, wenn nötig aufmunternden, immer aber lockerlustigen Gespräche und Ideen.

Und last but not least ein ganz besonders wuffiges Dankeschön an all die Vierbeiner – samt zugehöriger Frauchen und Herrchen –, die sich vertrauensvoll in meine Hände begeben und mir zu unzähligen tierischen Erfahrungen verholfen haben.

Tina von der Brüggen

Da dieses Buch von Tiermedizin handelt, stehen an erster Stelle jene zwei TierMedizinmänner, die mir sehr geholfen haben, „meinen" medizinischen Trampelpfad zu beschreiten. Erstens danke ich Dr. med. vet. Hans Wolter für seine große Bereitwilligkeit, sein immenses homöopathisches und sonstiges (medizinisches) Wissen dem geneigten tiermedizinischen Grüngemüse weiterzugeben. Das Feingefühl, das er seinen Patienten und deren Besitzern entgegenbrachte, hat mich sehr berührt und ist mir Anregung und Vorbild geworden.

Zweitens Dr. med. vet. Mutze Faensen, von dem ein großer Teil meines tiermedizinischen handwerklichen Könnens stammt und von dem ich so manche seiner in schwierigen Situationen gelassen ausgesprochenen Weisheiten („Wo Leben ist, ist Hoffnung") gerne verwende. Mich beeindruckt außerdem immer wieder, wie er mit seinen kräftigen Händen selbst komplizierteste Operationen zu einer Übung in filigraner Leichtigkeit macht.

Alle anderen zwei-, drei- und vierbeinigen Wegbegleiter/innen, die den Teppich meines Lebens flauschig, trittfest, warm und bunt machen: Seht mir bitte nach, dass ich euch aus Platzgründen nicht einzeln nenne, sondern alle zusammen mit diesem einen großen, warmen, funkensprühenden und fröhlich-glucksenden Dank überschütte.

Camilla Fischer

Wir danken unserer Lektorin Dr. Gabriele Lehari, ohne die wir gar nicht erst die Möglichkeit und das Vergnügen gehabt hätten, dieses Buch zu schreiben, für die völlig unkomplizierte Zusammenarbeit und die liebevoll ausgewählten Fotos, die den Text ansprechend in Szene setzen.

Tina von der Brüggen und Camilla Fischer

Literaturverzeichnis

Bassols Rheinfelder, Layena: Heilen mit Zeichen für Tiere, Nymphenburger Verlag München, 1. Auflage 2013

Bassols Rheinfelder, Layena: PraNeoHom® Lehrbuch Band 1 - Praxisorientierte Neue Homöopathie, 3. Auflage 2012

Baumgart, Liesel und Hand, Marlies:
Bach-Blüten für Tiere: Selbsthilfe – schnell und einfach, Oertel + Spörer Verlag, 4. Auflage 2014

Bayer Vital GmbH Leverkusen:
http://www.parasitenfrei.de/de/parasiten-um-uns/ am 23.07.2015

Biebach, Renate: Homöopathische Materia medica, Renate Biebach Verlag, 1. Auflage 2001

Boericke, William: Homöopathische Mittel und ihre Wirkungen, Verlag Grundlagen und Praxis Leer, 10. Auflage 2011

Boericke, William: Homöopathisches Taschenbuch, Barthel & Barthel Verlag, 1991

Hahn, Nina Dorothee: Zur Pyometra beim Hund, München 2009
http://edoc.ub.uni-muenchen.de/11298/1/Hahn_Nina.pdf am 21.07.2015

Haidvogel. Max (unter Mitarbeit von Anton Rohrer): Homöopathie für Kinderärzte, Ferdinand Enke Verlag, 1997

Hamilton, Don: Homöopathie für Hunde und Katzen: Kleine Gaben für kleine Tiere, Sonntag Verlag, 2005

Horviller, Alain: Enzyklopädie der homöopathischen Therapie, Haug Verlag, 1. Auflage 1987

Kent, James Tyler: Homöopathische Arzneimittelbilder: Vorlesungen zur homöopathischen Materia medica, Band 1, Haug Verlag, 1998

Kent, James Tyler: Homöopathische Arzneimittelbilder: Vorlesungen zur homöopathischen Materia medica, Band 2, Haug Verlag, 1999

Kent., James Tyler: Homöopathische Arzneimittelbilder: Vorlesungen zur homöopathischen Materia medica, Band 3, Haug Verlag, 2001

Krüger, Christiane P.: Praxisleitfaden Homöopathie vom Arzneimittelbild zum Leitsymptom, Sonntag Verlag, 2. überarbeitete Auflage, Mai 2010

Lage-Roy, Carola: Das Handbuch der Chakrablüten Essenzen, Lage & Roy Verlag für homöopathische Literatur Mannheim, 2. Auflage 2010

Laubender, Eberhard: Homöopathie in Freizeit und Sport, Sonntag Verlag, 1994

Lindenberg, Anne: Bachblütentherapie für Haustiere, Econ Taschenbuchverlag Düsseldorf, 1. Auflage 1988

Nash, Eugène Beauharis: Leitsymptome in der Homöopathischen Therapie, Barthel & Barthel Verlag, 1993

Nelson, Bradley: Der Emotionscode, VAK Verlag, 1. Auflage 2014

Pawletko, Petra: Heilpflanzen für Tiere, Oertel + Spörer Verlag, 2014

Perko, Sandra: Die homöopathische Behandlung der Grippe, Narayana Verlag, 1. Ausgabe 2007

Pitcairn, Richard und Susan H.: Natürliche Gesundheit für Hund und Katze: Mit Homöopathie und Naturheilkunde, Narayana Verlag, 1. Ausgabe 2012

Puls, Berbel: http://www.schuessler-forum.de/ am 12.07.2015
(Enthält Anwendungsempfehlungen für Mensch und Tier)

Quast, Carolin: Homöopathische Konstitutionsmittel für Hunde, Sonntag Verlag, 1. Auflage, Oktober 2006

Reichling, Jürgen: Heilpflanzenkunde für die Veterinärpraxis, Springer Medizin Verlag Heidelberg, 2. Auflage 2008

Reuter, Hein: Homöopathie in der Sportmedizin, Sonntag Verlag, 1994

Steingassner, Hans Martin: Homöopathische Materia Medica für Veterinärmediziner, Verlag Maudrich, 4. Überarbeitete Auflage, 2007

Suter, Peter: Praktikum der Hundeklinik, Enke Verlag Stuttgart, 11. Auflage 2011

Tiefenthaler, Alois: Homöopathie und biologische Medizin für Haus- und Nutztiere, Haug Verlag, 1994

Westerhuis, Ate Haaijo: Homöopathie für Hunde: Ein praktischer Leitfaden zur Erkennung und Behandlung von Hundeerkrankungen, Droemer Knaur, 2000

Zimmermann, Bettina: Schilddrüse und Verhalten, MenschHund!Verlag Zossen, 3. Auflage 2011

Register

A

Abszess 102, 159, **160**, 165, 167
Ähnlichkeitsregel 13
Akupunktur, Akupressur 22, 143, 183
Allergie 24, 25, 54 f., 72 ff., 94, 98, 163 ff., 172, **173 ff.**
Analdrüsen 99, **101**
Angst, Ängstlichkeit 19, 92, 93, 98, **189 ff.**
Antiparasitika 168, 170
Anurie (fehlender Harnabsatz, Harnverhalten) **131**,196
Appetitlosigkeit 24, 25, 60, 74, 77, **88 f.**, 95, 110, 196
Arrhythmie, physiologische 67
Arthrose 177, 180, 183, **184 ff.**
Asthma 76, 79
Aszites 69
Atemwege 46, 67, **71 ff.**
Augen **43 ff.**, 73, 74 f., 111, 193, 198 ff.
Augenausfluss 73, 84
Augenverletzungen **49**, 198 ff.

B

Bachblüten **19 f.**, 124, 191, 204
Backpulver 170
Ballenverletzung **165 ff.**
Bänderriss 179, 198, 200
Bandscheibenvorfall 100, 123, **181 ff.**
Bandwurm **103 ff.**, 168
BARFen 55, 66, 128, 178
Bauchspeicheldrüse (Pankreas) 88, 89, 94, 98, 102, **113 ff.**, 194
Bernstein 172
Bewegungsapparat **176 ff.**
Bindehautentzündung (Konjunktivitis) **44 ff.**
Bioresonanz 174
Bissverletzungen 158 ff., 197, 198
Blähungen (Flatulenzen) **102 f.**
Blasenentzündung (Zystitis) **119 ff.**, 156, 197
Blasengries/-steine 119 ff., **125 ff.**
Blutarmut 68, 168
Bluterguss (Hämatom) 49, 57, 58, 179, 197, 198
Blutohr (Othämatom) **57 f.**
Blutung 57 f., 75, 81 ff., 87, 94, 119 ff., 125 ff., 139, 142 f., 158 ff., 195, 198
Blutvergiftung 148
Blutzucker 109, 113, **115 f.**
Bronchitis 73, **76 ff.**

C

Cauda equina Syndrom (Hinterhandschwäche) **183**
Chakrablüten Essenzen **20**
Cushing Syndrom 165
Cystinsteine 126, **130**

D

Dackellähme 181
Dalmatiner 126, **129**
Darmsanierung 105
Darmverschluss 90, 94
Deckakt **138 f.**
Demodexmilben 168
Dermatitis **162 ff.**
Diabetes mellitus (Zuckerkrankheit) 43, 50, 88 f., **115 f.**, 119, 136, 164
Diarrhö (Durchfall) **94 ff.**
Dosierungen **15 ff.**
Duftdrüsen (Analdrüsen) 99, **101**
Durchfall (Diarrhö) **94 ff.**
Durst 115, 148

E

Ektropium 44
Elektrosmog 23, 25, 123 f.
Ellenbogengelenkdysplasie (ED) 177, **187**

Emotionscode **25**, 191
Entropium 46
Epuliden (Zahnfleischwucherungen) 81, 83
Erbrechen (Vomitus) 54, 60 f., **90 ff.**, 103, 110 f., 113, 128, 131,148
Erziehungsfehler 188
Ethylenglykol (Frostschutzmittel) 119, 128
Euthanasie 202, **204 ff.**

F
Fell **158 ff.**
Flatulenzen (Blähungen) **102 f.**
Flöhe 103, 105, 163, **167 ff.**
Frakturen (Knochenbrüche) **180 f.**, 184
Fremdkörper 44, 49, 54 f., 72 f., 75 f., **87**, 90, 94 f., 165,179, 198, 201
Frostschutzmittel (Ethylenglykol) 119, 128
Futtermilben 168
Futtermittelallergie/-unverträglichkeit 54, 88

G
Galle **109 ff.**
Gastritis (Magenschleimhautentzündung) 90
Gebärmutterentzündung 133, 136 ff., **148 f.**
Geburt **141 ff.**
Gehörgangentzündung (Otitis externa) **54 ff.**
Gelenkprobleme **183 ff.**
Gesäugeentzündung (Mastitis) 146 ff.
Gesäugetumore 136, **150 f.**
Geschlechtstrieb, übersteigerter (Hypersexualität) **155 f.**, 192
Giardien 94, 103, **106 ff.**
Gingivitis (Zahnfleischentzündung) **80 ff.**
Glaukom (Grüner Star) 43, **51 f.**
Gleichgewichtsorgan 60
Gleichgewichtsstörungen 54, 60
Grauer Star (Katarakt, Linsentrübung) 43, **50 f.**
Grüner Star (Glaukom) 43, **51 f.**

H
Haarlinge **167 ff.**
Hakenwurm **103 ff.**
Hämatom (Bluterguss) 49, 57, 58, 179, 197, 198
Harnabsatz, fehlender (Anurie, Harnverhalten)) **131**, 196
Harnblasengries/-steine 119 ff., **125 ff.**
Harndrang/häufiges Wasserlassen **119 ff.**
Harninkontinenz **123 ff.**, 131
Harnorgane **117 ff.**
Harnsteine (Urolithen) 121, 123, **125 ff.**
Harnträufeln 123 ff., 136, 155 f.
Harnverhalten (Anurie, fehlender Harnabsatz)) **131**, 196
Haus- und Notfallapotheke **196 f.**
Hausstaubmilben **168 ff.**
Haut **158 ff.**
Hautfaltentest 90
Hautpilz 164 f.
Heilerde 95, 102, 105, 197
Heilzeichen **23 ff.**, 181
Heimweh 31, 198, 200
Herbstgrasmilben 165, **168 ff.**
Herz **67 ff.**
Herzfrequenz 67
Herzhusten **69 f.**, 76
Herzschlag 66, **67**
Herzwurm **68f**
Heuschnupfen **72ff**, 76
Hinterhandschwäche (Cauda equina Syndrom) **183**
Hitze (Läufigkeit) **134 ff.**
Homöopathie **13 ff.**, **27 ff.**, **197 ff.**
Honig, Medizinal- 161
Hormonchip **155**
Hornhautverletzung 43 f., **49**, 51, 201
Hot Spot **161 ff.**
Hüftgelenkdysplasie (HD) 177, **186**
Husten 66, 67 ff., 73 ff., **76 ff.**

Hypersexualität (Geschlechtstrieb, übersteigerter) **155 f.**, 192
Hyperthyreose (Schilddrüsenüberfunktion) **66 f.**
Hypothyreose (Schilddrüsenunterfunktion) 54, **63 ff.**, 68, 99, 137, 164 f.

I

Immunsystem 63, 65, 98, 133 f., 142, 146, 153, 160, 163, 175
Indikatorpapier 127
Innenohrentzündung 54
Insektenstiche 197 f., 200
Isopathie **17**

J

Juckreiz 54, 101, 163 ff., 167 ff., 173 ff., 197

K

Kaisernatron 170
Kalziumoxalatsteine **128 f.**
Karottensuppe nach Prof. Moro 94
Kastration 123 f., 136 f., 149 f., 155
Katarakt (Linsentrübung, Grauer Star) 43, **50 f.**
Keratokonjunktivitis sicca (Trockenes Auge) **47 f.**
Knochenbrüche (Frakturen) **180 f.**, 184
Knochenhautprellung 198
Kokzidien 94, 103, **108**
Komplexmittel, homöopathische **17 f.**
Konjunktivitis (Bindehautentzündung) **44 ff.**
Konjunktivitis follikularis 44 f.
Konstitutionsbehandlung 27 ff.
Konstitutionsmittel 27 ff.
Krallenverletzung **165 ff.**
Kratzverletzungen 158 ff.
Kreislaufkollaps **68 ff.**, 198
Kropf 66
Krüppelohr 57
Kumarinvergiftung (Rattengiftvergiftung) 75, **91**, 94
Kurzatmigkeit **67 ff.**, **72**, 76

L

Lactatio falsa (Scheinträchtigkeit) **145**
Lahmheit 64, 159, **177 ff.**
Läufigkeit (Hitze) **134 ff.**
Läufigkeitsunterdrückung **136 f.**, 148
Läuse **167 ff.**
Leber, Lebererkrankungen 43, 53, 88f, 94, 98, 105, **109 ff.**, 116, 129, 149, 173
Leberentgiftung 111 f.
Leinsamen 102
Leishmaniose 75, 126
Linsentrübung (Grauer Star, Katarakt) 43, **50 f.**
Lungenödem **69 f.**, **76 f.**

M

Magen 88 ff.
Magen-Darm-Würmer (siehe auch Parasitenbefall) 76, 107
Magendrehung 92, 195
Magenschleimhautentzündung (Gastritis) 90
Magnetfeldtherapie 183
Mastitis (Gesäugeentzündung) 146 ff.
Maul 54, 58, **80 ff.**, 87
Medizinalhonig 161
Mikrosporie 164
Milben 165, **167 ff.**, **173 ff.**
Milchmangel **144**
Mittelohrentzündung (Otitis media) **58 ff.**
Möhren 94
Muskelkater 198
Muskelverletzung 179, 198

N

Nasenausfluss 67, **73 ff.**, 76
Nasenbluten 73, **75**

Nickhaut 44
Niereninsuffizienz (Nierenversagen) 88, **131 ff.**
Nosoden **17**, 108
Notfalltropfen (Rescue® Remedy) **19**, 194
Notfallapotheke **196 f.**
Notfälle 19, **193 ff.**

O

Obstessig 20, 170
Obstipation (Verstopfung) 64, 81, **99 f.**, 152
Ödeme 69, 70, 76, 77, 147
Ohren **53 ff.**, 159, 118, 163, 168
Ohrenspülung **55**
Ohrenzwang **54 ff.**
Ohrmilben 54, 56, 168 f.
Operationen 100, 198
Organpräparate **18**
Othämatom (Blutohr) **57f**
Otitis externa (Gehörgangentzündung) **54 ff.**
Otitis media (Mittelohrentzündung) **58 ff.**
Oxalatsteine 126, **128 f.**

P

Pankreas (Bauchspeicheldrüse) 88, 89, 94, 98, 102, **113 ff.**, 194
Parasitenbefall 76, 94, **103 ff.**, 170, 174
Parvovirose 94
Pfotenverband **165 ff.**
Pfotenverletzung 160f, **165 ff.**, 180, 198
pH Wert 126 ff.
Phytotherapie **21 ff.**
Potenzierung (Homöopathie) 14
Präputialkatarrh (Vorhautentzündung) **153**
Prellung 180, 197 ff.
Prostata (Vorsteherdrüse) **155 f.**
Prostatavergrößerung **155 f.**
Protestpinkeln **192**
Pyometra (Gebärmutterentzündung) 133, 136 ff., **148 f.**

Q

Quarkumschläge 146
Quetschung 198 ff.

R

Rattengiftvergiftung (Kumarinvergiftung) 75, **91**, 94
Räudemilbe 168
Reisekrankheit **92 f.**
Repertorium **198 ff.**
Rescue® Remedy (Notfalltropfen) **19**, 194
Rote Bete 95, 119
Rotlicht 185
Rückwärtsniesen 72

S

Schafwolle 185
Scheidenentzündung (Vulvovaginitis) **133 f.**
Scheinträchtigkeit (Lactatio falsa) **145**
Schilddrüse **63 ff.**
Schilddrüsenüberfunktion (Hyperthyreose) **66 f.**
Schilddrüsenunterfunktion (Hypothyreose) 54, **63 ff.**, 68, 99, 137, 164 f.
Schimmelpilzbefall 72 ff.
Schirmer Tränentest 47
Schlittenfahren 101, 106
Schnittverletzungen **158 ff.**, 197
Schnupfen **72**, **73 ff.**
Schüßler Salze **18**
Schwerhörigkeit **61 f.**
Schwindel, akuter (Vestibulärsyndrom) **60 f.**
Sehnenverletzung 198
Sonnenstich 198
Spulwurm **103 ff.**
Star, Grauer (Katarakt, Linsentrübung) 43, **50 f.**
Star, Grüner (Glaukom) 43, **51 f.**
Sterbebegleitung **202 ff.**

Sterilisation 137
Struvitsteine **127 f.**
Stubenunreinheit **192**

T

Taubheit **62**
TCM siehe Traditionelle Chinesische Medizin
Tierkommunikation 192, 202, 204, 206
Tod 117, 189, **202 ff.**
Trächtigkeit **140 f.**
Traditionelle Chinesische Medizin **22**, 43, 53, 63, 111, 117f, 150, 158, 177, 189
Trauer 202 ff., **206**
Trennungsschmerz 198, 200
Trinkmenge 115, 131
Trockenes Auge (Keratokonjunktivitis sicca) **47 f.**

U

Überanstrengung 198
Uratsteine **129 f.**
Urinprobe **120**
Urolithen (Harnsteine) 121, 123, **125 ff.**

V

Verband (siehe auch Pfotenverband) 160
Verbrennung 198
Verdauungsstörung **90 ff.**
Vergiftungen 75, 90 ff., 94 128
Verhaltensprobleme **188 ff.**
Verkleppern **16**
Verletzungen/Fremdkörper **87 f.**,198
Verletzungen
- Augen- **49**
- Bewegungsapparat- **179f**
- Krallen-, Ballen- **164ff**
- Muskel- 179
- Nerven-/Rückenmarks- 180
- Pfoten-180
- Schnitt-, Biss-, Kratz- **158 ff.**

Verstopfung (Obstipation) 64, 81, **99 f.**, 152
Vestibulärsyndrom (akuter Schwindel) **60 f.**
Vomitus (Erbrechen) 54, 60 f., **90 ff.**, 103, 110 f., 113, 128, 131,148
Vorhautentzündung (Präputialkatarrh) **153**
Vorsteherdrüse (Prostata) **155 f.**
Vulvovaginitis (Scheidenentzündung) **133 f.**

W

Wachstum **177**
Wasserbedarf siehe Trinkmenge
Wirbelsäulenverletzung 158 ff.
Wunden 87, 141, 167, 180, 197, 198
Wunden, eitrig **160 f.**
Wurmbefall 72, 94, 98, 101, **103 ff.**
Wurmkur 94, 96, **105**

Z

Zahnerkrankungen 82, 84 f.
Zahnextraktion 95, 198, 199
Zahnfleischentzündung (Gingivitis) **80 ff.**
Zahnfleischwucherungen (Epuliden) 81, 83
Zahnstein **80 f.**
Zahnwurzelentzündung 73, 75, 84
Zecken 163, **167 ff.**, 200
Zerrung 180, 198, 199, 200
Zuckerkrankheit (Diabetes mellitus) 43, 50, 88 f., **115 f.**, 119, 136, 164
Zwingerhusten 73, 75, **76**
Zwischenzehenekzem **165 ff.**
Zystitis (Blasenentzündung) **119 ff.**, 156, 197